全国注册结构工程师继续教育必修教材（之七）

职业结构工程师业务指南

住房和城乡建设部执业资格注册中心　组织编写

丁洁民　赵　昕　主编

U0254349

中国建筑工业出版社

图书在版编目(CIP)数据

职业结构工程师业务指南/丁洁民，赵昕主编. 一北京：中国建筑工业出版社，2013.10
全国注册结构工程师继续教育必修教材（之七）
ISBN 978-7-112-15976-5

Ⅰ.①职… Ⅱ.①丁…②赵… Ⅲ.①建筑结构-工程师-继续教育-教材 Ⅳ.①TU3

中国版本图书馆 CIP 数据核字（2013）第 239999 号

本书是全国注册结构工程师继续教育系列丛书之一。本书以个人、项目和机构为主线全面系统地阐述结构工程师职业生涯所涉及的各方面内容。从个人角度，着重介绍职业发展领域、能力培养、执业资格、社会责任、专业知识和综合能力；从项目角度，主要介绍工程建设及运营各阶段结构工程师所扮演的角色以及可提供的服务内容，并阐述工程项目管理的相关知识；从机构角度，重点介绍工程机构类型和企业技术研发方面的工作。此外，本书还介绍了工程结构发展简史、建设工程行业的合同、法规体系、行业标准与技术规程和标准图集等。作为结构工程师职业发展的指导性教材，本书一方面可用于全国注册结构工程师继续教育，另一方面也可为广大结构工程师，特别是即将或刚刚步入工作岗位的结构工程师的职业发展提供有益参考。

责任编辑：赵梦梅
责任设计：董建平
责任校对：张 颖 刘 钰

全国注册结构工程师继续教育必修教材（之七）
职业结构工程师业务指南
住房和城乡建设部执业资格注册中心 组织编写
丁洁民 赵 昕 主 编
*
中国建筑工业出版社出版、发行（北京西郊百万庄）
各地新华书店、建筑书店经销
北京科地亚盟排版公司制版
廊坊市海涛印刷有限公司印刷
*
开本：787×1092毫米 1/16 印张：15½ 字数：390千字
2014 年 1 月第一版 2014 年 1 月第一次印刷
定价：46.00 元
ISBN 978-7-112-15976-5
(24767)

编写委员会

序

工程结构是由不同材料结构构件构成的起到骨架作用的空间受力系统。结构的主要任务是正常情况下抵抗各类荷载与作用，同时在非常时期也要能抵抗极端荷载的作用，譬如大风、地震、火灾、爆炸等等带来的破坏和影响。

从结构的初学者成长为一名优秀的结构工程技术和管理人员不是一蹴而就的，这个过程需要不断地学习与积累，同时也要打破陈规不断创新。除结构工程必须具备的力学和材料等专业知识外，必要的实践活动也十分重要。从结构工程师的个人发展来讲，要想成长成才并在工作工程领域取得一番成绩通常需要做到以下三个方面：

热爱专业。兴趣是最好的老师。只有把结构工程当成自己的爱好，才能在实践活动中获得乐趣，才有不断学习和进步的动力。很多结构大师都是将结构工程作为自己的事业，并以浓厚的兴趣和饱满的热情投入到所从事的行业中，从而取得了巨大的成就。

终身学习。工程结构的形式与功能都在随着人类和社会的进步而不断发展，这要求结构工程师不断地学习与创新。随着科学技术的发展，新材料新方法的不断出现，要设计和建造更加经济合理的工程结构，结构工程师需要不断地学习新知识，以迎接不断出现的新挑战。

深入实践。结构工程是一门实践性很强的学科，结构理论中融入了很多经验性的知识而且结构理论通常也引入了相当多的假设，因此结构工程师必须在不断实践的过程中检验理论的正确性。结构工程师的个人实践能够使自身对结构获得更好的认识，在实践过程中发现问题、解决问题，也能够使结构工程师更加快速地成长。

在上述三个方面基础上，要成为出色的结构工程师还要求从业者从更高的层面把握职业定位，将职业发展与人生理想结合起来，在工作与实践中不断探索做事的方向以及如何才能做得更好。

本书全面介绍了工程结构的发展历史、结构工程师的职业发展、结构工程师应具备的专业知识和综合能力、结构工程师的职业实践活动以及相关的工程机构和法律法规等内容。本书的主要内容不仅仅局限于讲解结构工程中的专业知识，还详细介绍了结构工程相关各个实践环节的主要内容与流程。这些内容都十分系统和细致，能够帮助结构工程师全面了解专业领域中的各项事宜，这无论是对结构初学者还是职业结构工程师都具有十分重要的意义。

随着社会的不断发展与进步，土木工程领域也发生了巨大的飞跃。结构工程师作为工程建设的重要力量关系着人民的生命财产安全，也关系着社会和国家的经济发展。相信本书的出版，可以帮助更多的结构工程师实现职业成长和自我发展，从而促进我国建设事业的蓬勃发展和持续进步。

汪大绥

汪大绥

前　言

随着我国社会经济的快速发展和工程建设事业的不断推进，从事工程实践工作的结构工程师具有越来越重要的社会地位，并承担了更多的社会责任。结构工程师的专业技术能力和职业素养直接关系到建设工程项目的安全性和经济性，从而影响到工程建设的质量。自 1997 年我国注册结构工程师执业资格制度建立以来，结构工程专业队伍逐步发展扩大，截至 2013 年 5 月，我国一级注册结构工程师注册人数 41573 人，二级注册结构工程师注册人数 10806 人。在结构工程师的社会认可度得到了不断提高的同时，行业和社会对结构工程师也提出了更高的要求。结构工程师在职业生涯中需要找准发展方向，并不断提升自己以实现职业成长。

受住房和城乡建设部执业资格注册中心委托，同济大学建筑设计研究院（集团）有限公司、上海现代建筑设计（集团）有限公司和 CCDI 悉地国际联合编写了本书，作为结构工程师职业发展的指导性教材。本书一方面可作为全国注册结构工程师继续教育教材使用，另一方面也为广大结构工程师，特别是将要或刚刚步入工作岗位的结构工程师的职业发展提供有益的参考。本书是全国注册结构工程师继续教育系列丛书之一，由于篇幅有限，本书所阐述的工程结构以建筑结构为主。

本书共分 6 章。第 1 章为工程结构发展简史，通过介绍工程结构的历史与发展，阐述结构工程师的职业背景。第 2 章为职业发展，通过介绍结构工程师的职业发展领域，并从结构工程师的能力培养、执业资格和社会责任等方面阐述结构工程师的职业发展历程，指引结构工程师职业发展途径及职业发展过程中需关注的重要因素。第 3 章为专业知识和综合能力，主要对结构工程师执业所需的专业知识和综合能力进行论述，为结构工程师在职业生涯中的知识积累和能力提升提供参考。第 4 章为工程建设及运营，主要讲述结构工程师在工程项目各阶段所扮演的角色以及可提供的服务内容，并阐述了工程项目管理的相关内容，以指导结构工程师实现工程项目的高质量管理和控制。第 5 章为工程机构，主要讲述工程机构的运营与发展相关内容，主要包括工程机构的类型和技术研发等方面的内容。第 6 章为法规体系，主要讲述结构工程师工作中可能涉及的法规体系，包括建设工程行业的合同与法规体系、行业标准与技术规程和标准图集等，并对国外主要的规范体系给出概述。

参与本书编写工作的大致分工如下：第 1 章工程结构发展简史由同济大学建筑设计研究院（集团）有限公司和上海现代建筑设计（集团）有限公司合作完成，第 2 章职业发展由同济大学建筑设计研究院（集团）有限公司和上海现代建筑设计（集团）有限公司合作完成，第 3 章专业知识和综合能力由同济大学建筑设计研究院（集团）有限公司和 CCDI 悉地国际合作完成，第 4 章工程建设及运营由同济大学建筑设计研究院（集团）有限公司完成，第 5 章工程机构由同济大学建筑设计研究院（集团）有限公司和 CCDI 悉地国际合作完成，第 6 章法规体系由同济大学建筑设计研究院（集团）有限公司、上海现代建筑设计（集团）有限公司和 CCDI 悉地国际在进行了相关专业咨询后合作完成。在编写过程中，同济大学建筑设计研究院（集团）有限公司周瑛为本书各章节的文字协调、内容均衡做了大量工作，并负责具体与住房和城乡建设部执业资格注册中心和中国建筑工业出版社沟通协调。全书的文字编排和统稿等工作均由同济大学建筑设计研究院（集团）有限公司在上述工作基础上统一整理和校对，并在咨询各方专家意见基础上最终成稿。

本书在编写过程中进行了多次研讨会以不断丰富和完善各部分内容。在研讨过程中得到了来自高校、设计院、建设单位和施工单位等多位专家的大力支持和帮助，干钢、朱川海、朱兆晴、任庆英、汪大绥、沈祖炎、张小冬、陈以一、陈志华、范重、罗永峰、金炜、周建龙、郑毅敏、赵金城、顾祥林、高承勇、傅学怡、舒赣平、童乐为、曾明根、瞿革（按姓氏笔画排序）等专家学者对本书提出了建设性的指导意见，在此深表感谢。住房和城乡建设部执业注册中心赵春山和齐建生为本书的组编和审定付出了大量劳动，加快了本书的编写过程。同济大学建筑工程系研究生同学董佩伟、姜世鑫、余天意和方朔及上海现代建筑设计（集团）有限公司高文艳参与了编制工作，在此一并表示感谢。

编者在本书的编写过程中参考了很多国内外论文及著作的内容，并尽其所能在参考文献中予以列出，但如有疏漏和未能列出之处，敬请谅解。

由于编者水平有限，且成书时间较紧，书中不妥之处在所难免，敬请广大读者批评指正，我们将在以后的版本中予以改进。

参编单位：同济大学建筑设计研究院（集团）有限公司
        CCDI 悉地国际
        上海现代建筑设计（集团）有限公司

主要编写人员：（按姓氏笔画排序）
丁洁民、王平山、杨展容、周瑛、赵昕、赵旭千、姚鉴清、巢斯、潘钧俊

编　者
2013 年 9 月

目　　录

第1章 工程结构发展简史

工程结构是指工程建造物中由杆、板、壳等结构构件有机组合而成的能够承受和传递荷载作用并具有适当刚度的骨架系统。人类出现以来，为了满足住和行以及生产活动的需要，从构木为巢、掘土为穴的原始工程结构开始，到今天能建造摩天大厦、万米长桥，以至移山填海的宏伟工程，工程结构经历了漫长的发展过程。

工程结构的发展同社会、经济，特别是与科学、技术的发展有密切联系。而工程结构本身的发展可以从工程材料、设计理论以及工程施工三个方面进行描述。为便于叙述，将工程结构发展历程划分为古代工程结构、近代工程结构和现代工程结构三个阶段。其中，近代工程结构的开端以 17 世纪工程结构开始有定量分析为标志，现代工程结构的起点以第二次世界大战后科学技术的突飞猛进为标志。[1]

1.1 古代工程结构

古代工程结构经历了很长的时间跨度，它大致从公元前5000年的新石器时代到17世纪中叶，前后约 7000 年。古代的无数伟大工程建设，是灿烂古代文明的重要组成部分。

古代工程结构最初所用的材料都是取自当地的天然材料，如茅草、竹、芦苇、树枝、树皮和树叶、砾石、泥土等。掌握了伐木技术以后，就使用较大的树干做骨架；有了煅烧加工技术，就使用红烧土、白灰粉、土坯等，并逐渐懂得使用草筋泥、混合土等复合材料。大约自公元前 3000 年，开始出现经过烧制加工的砖和瓦的工程材料，这是工程结构发展史上的一件大事。同时形成了木构架、石梁柱、券拱等结构体系。这些工程材料和结构体系主要应用在宫室、陵墓、庙堂，还有许多较大型的道路、桥梁、水利等工程。古代的工程结构的建造理论主要依靠长期建造经验的总结，并没有系统的理论。建造技术也大多依靠手工工具，主要是石斧、石刀、石锛、石凿等简单的工具，人们也发明了一些简单的施工机械，如打桩机、桅杆起重机等。[2]

在古代工程结构中，人们使用简单的工具和天然材料建房、筑路、挖渠、造桥，工程结构经历了从无到有的伟大时期。在这个时期，一些文明古国如中国、古希腊、埃及和印度等都有不少传世杰作，有些还流传和屹立至今。

1.1.1 房屋建筑结构

初期建造的住所因地理、气候等自然条件的差异，仅有"窟穴"和"橧巢"两种类型。西安半坡村遗址（约公元前 4800～公元前 3600 年）有很多圆形房屋，直径为 5～6m，室内竖有木柱，以支顶上部屋顶；还有的是方形房屋，其承重方式完全依靠骨架，柱子纵横排列，这是木骨架的雏形。当时的柱脚均埋在土中，木杆件之间用绑扎连接，墙壁抹草泥，屋顶铺盖茅草或抹泥。新石器时代已有了基础工程的萌芽，柱洞里填有碎陶片或鹅卵石，即是柱础石的雏形。洛阳王湾的仰韶文化遗址（约公元前 4000～公元前 3000

年）中，有一座面积约 200m² 的房屋，墙下挖有基槽，槽内填卵石，这是墙基的雏形。浙江余姚河姆渡新石器时代遗址（约公元前 5000～公元前 3300 年）中有跨距达 5～6m、联排 6～7 间的房屋，底层架空（属于干栏式建筑形式），构件之节点主要是绑扎结合，但个别建筑已使用榫卯结合。在没有金属工具的条件下，用石制工具凿出各种榫卯是很困难的，这种榫卯结合的方法代代相传，延续到后世，为以木结构为主流的中国古建筑开创了先例。

随着生产力的发展，建造工具日益进步，技术日益精湛，从设计到施工已有一套成熟的经验。古代工程结构进入了成熟时期。古代中国房屋建筑主要是采用木结构体系，古代西方房屋建筑则以石拱结构为主。

中国古代建筑结构以木结构为主，历经低层木架结构、高层木架结构、砖石木建筑结构、殿堂型构建结构，从简单的遮风挡雨、保暖防寒的需求发展到艺术加工与结构造型的统一，体现了中国数千年建筑结构发展的文明史。

中国古代建筑的木结构技术主要有四个特点。一是使用木材作为主要建筑材料。二是保持构架制原则，以立柱和纵横梁枋组合成各种形式的梁架，使建筑物上部荷载均经由梁架、立柱传递至基础。三是创造斗拱结构形式，用纵横相叠的短木和斗形方木相叠而成的向外挑悬的斗拱，本是立柱和横梁间的过渡构件，逐渐发展成为上下层柱网之间或柱网和屋顶梁架之间的整体构造层，这是中国古代木结构构造的巧妙形式。四是实行单体建筑标准化。中国古代的宫殿、寺庙、住宅等，往往是由若干单体建筑结合配置成组群。公元 782 年，中国五台山重建南禅寺大殿，是中国现存最早的木构建筑。佛教传入中国后，古代中国开始兴建高层建筑。公元 516 年，中国洛阳建永宁寺 9 层木塔，高 80m 以上，为有记载的最高木构建筑，且塔的地面下用土夯筑成最厚处达 6m 的夯土体，作为木塔的外围基础，由 124 根木柱的础石和础痕组成的柱网，形成木塔的承重柱础，增强了木塔的稳固性；公元 1050 年建成的山西应县木塔，高 66m，是世界上现存最高大的木构建筑；公元 1001～1055 年，中国建定县开元寺塔，高 84m，是中国现存最高砖塔；公元 857 年，中国五台山建佛光寺大殿，为现存唐代殿堂型构架唯一遗例；坐落于北京城的中心的故宫，占地 1087 亩，合 72 万多平方米，是明、清两代的皇宫，也是世界上现存最大、最完整的古代木结构建筑群。

图 1.1-1　中国古代斗拱结构

图 1.1-2　开元寺塔

图 1.1-3　故宫

图 1.1-4　应县木塔

　　约自公元 1 世纪，中国东汉时，砖石结构有所发展。在汉墓中已可见到从梁式空心砖逐渐发展为券（xuàn）拱和穹窿顶。根据荷载的情况，有单拱券、双层拱券和多层券。每层券上卧铺一层条砖，称为"伏"。这种券伏相结合的方法在后来的发券工程中普遍采用（利用块料之间的侧压力建成跨空的承重结构的砌筑方法称为"发券"）。自公元 4 世纪北魏中期，砖石结构已用于地面上的砖塔、石塔建筑以及石桥等工程结构。公元 6 世纪建于河南登封市的嵩岳寺塔，是中国现存最早的密檐砖塔。

图 1.1-5　中国嵩岳寺塔

图 1.1-6　科尔多瓦大礼拜寺

　　古代西方国家的建筑工程结构也有发展的鼎盛时期。主要结构形式为拱和穹顶结构[1]。

　　希腊早期的神庙建筑用木屋架和土坯建造，屋顶荷重不用木柱支承，而是用墙壁和石柱承重。约在公元前 7 世纪，大部分神庙已改用石料建造。公元前 5 世纪建成的雅典卫城，在建筑、庙宇、柱式等方面都具有极高的水平。其中，如巴台农神庙全用白色大理石砌筑，庙宇宏大，石质梁柱结构精美，是典型的列柱围廊式建筑。

古罗马时期券拱结构进入大发展。公元前 1 世纪，在券拱技术基础上又发展了十字拱和穹顶。公元 2 世纪时，在陵墓、城墙、水道、桥梁等工程上大量使用发券。券拱结构与天然混凝土并用，其跨越距离和覆盖空间比梁柱结构要大得多，如万神庙（120～124 年）的圆形正殿屋顶，直径为 43.43m，是古代最大的圆顶庙。卡拉卡拉浴场（211～217 年）采用十字拱和拱券平衡体系。

进入中世纪以后，拜占庭的建筑结构解决了在方形平面上使用穹顶的结构和建筑形式问题，把穹顶支承在独立的柱上，取得开敞的内部空间。如圣索菲亚教堂为砖砌穹顶，外面覆盖铅皮，穹顶下的空间深 68.6m，宽 32.6m，中心高 55m。8 世纪在比利牛斯半岛上的阿拉伯建筑，运用马蹄形、火焰式、尖拱等拱券结构。科尔多瓦大礼拜寺采用两层叠起的马蹄券。

中世纪西欧各国的建筑结构，意大利仍继承罗马的风格，以比萨大教堂建筑群（11～13 世纪）为代表；其他各国则以法国为中心，发展了哥特式教堂建筑的新结构体系。哥特式建筑采用骨架券为拱顶的承重构件，飞券扶壁抵挡拱脚的侧推力，并使用二圆心尖券和尖拱。巴黎圣母院（1163～1271 年）的圣母教堂是早期哥特式教堂建筑的代表（图 1.1-7）。15～16 世纪，标志意大利文艺复兴建筑开始的佛罗伦萨教堂穹顶（1420～1470 年），是世界最大的穹顶，在结构和施工技术上均达到很高的水平。集中了 16 世纪意大利建筑、结构和施工最高成就的则是罗马圣彼得大教堂（1506～1626 年）。

1.1.2　桥梁及水利工程结构

公元前 12 世纪初，中国在渭河上架设浮桥，是中国最早在大河上架设的桥梁。[3] 公元前 3 世纪，我国已有铁索桥和跨度达 68m 的木结构桥梁——咸阳渭

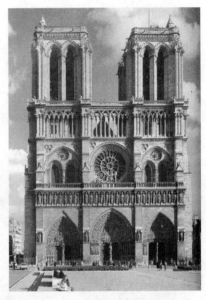

图 1.1-7　巴黎圣母院

河桥[2]，是秦汉史籍记载中最大的一座木桥。还有留存至今的世界著名隋代单孔圆弧弓形敞肩石拱桥——赵州桥（图 1.1-8），无论在结构受力、艺术造型和经济上都达到了极高成就。[2] 在都江堰工程中，为了提供行船的通道，架设了索桥。中国汉代的道路约达 15 万 km 以上，为了越过高峻的山峦，修建了褒斜道、子午道，恢复了金牛道等许多著名栈道，所谓"栈道千里，通于蜀汉"。[3] 公元前 3～公元 2 世纪之间，古罗马采用券拱技术筑成隧道、石砌渡槽等城市输水道 11 条，总长 530km。其中如尼姆城的加尔河谷输水道桥（公元 1 世纪建），有 268.8m 长的一段是架在 3 层叠合的连续券上（图 1.1-9）。

公元前 5 世纪我国已修筑了引漳灌邺工程。[2] 公元前 3 世纪中叶，在今四川灌县，李冰父子主持修建都江堰（图 1.1-10），解决围堰、防洪、灌溉以及水陆交通问题，是世界上最早的综合性大型水利工程结构。公元 7 世纪初，我国隋朝开凿了世界历史上最长的大运河，共长 2500km。[2]

图 1.1-8 赵州桥

图 1.1-9 尼姆城的加尔河谷输水道桥

图 1.1-10 中国都江堰

1.1.3 其他工程结构

春秋战国时期，战争频繁，广泛用夯土筑城防敌。秦代在魏、燕、赵三国夯土长城基础上筑成万里长城，后经历代多次修筑，留存至今，成为举世闻名的长城（图 1.1-11）。埃及人在公元前 3000 年进行了大规模的水利工程以及神庙和金字塔的修建中，积累和运用了几何学、测量学方面的知识，使用了起重运输工具，组织了大规模协作劳动。公元前 27～公元前 26 世纪，埃及建造了世界最大的帝王陵墓建筑群——吉萨金字塔群（图 1.1-12）。这

图 1.1-11 中国长城

图 1.1-12 埃及吉萨金字塔群

些金字塔，在建筑上计算准确，施工精细，规模宏大。人们还建造了大量的宫殿和神庙建筑群，如公元前 16～公元前 4 世纪在底比斯等地建造的凯尔奈克神庙建筑群。

大量的工程实践促进人们不断的深化认识，编写出了许多优秀的工程结构著作，出现了众多优秀工匠和技术人才，如公元前 5 世纪我国以记述木工、金工等工艺为主且兼论城市、宫殿、房屋建筑的专著《考工记》，宋喻皓著《木经》，李诫著《营造法式》，以及公元 1 世纪古罗马建筑师、工程师维特鲁威（Vitruvius）著《建筑十书》和意大利文艺复兴时期阿尔贝蒂（Alberti）著《论建筑》等。欧洲于 12 世纪以后兴起的哥特式建筑结构，到中世纪后期已经有了初步的理论，其计算方法也有专门的记录。另外，这个时期的工程结构在工程技术方面也有进步。分工日益细致，工种已分化出木作（大木作、小木作）、瓦作、泥作、土作、雕作、旋作、彩画作和窑作（烧砖、瓦）等。到 15 世纪意大利的有些工程设计，已由过去的行会师傅和手工业匠人逐渐转向出身于工匠而知识化了的建筑师、工程师来承担。出现了多种仪器，如抄平水准设备、度量外圆和内圆及方角等几何形状的器具"规"和"矩"。计算方法方面取得显著进步，已能绘制平面、立面、剖面和细部大样等详图，并且使用了模型设计的表现方法。

1.2   近代工程结构

工程结构在从 17 世纪中叶到 20 世纪中叶的 300 年间经历了迅猛的发展。这个时期工程结构的主要特征是：在工程材料方面，由木材、石料、砖瓦为主，到开始并日益广泛地使用铸铁、钢材、混凝土、钢筋混凝土，直至早期的预应力混凝土；在设计理论方面，材料力学、理论力学、结构力学、土力学、结构设计理论等学科逐步形成，设计理论的发展保证了工程结构的安全和人力物力的节约；在施工方面，建造技术从手工工具为主发展为大规模使用施工机械。一些性能优异的大型机械不断出现，并创造出各种极有成效的施工方法。人们开始能使用大型施工机械建造结构复杂或所处环境恶劣的工程结构[1]。

1.2.1   工程材料

材料科学的发展是工程结构发展的重要推动力，在近代土木工程发展过程中新材料的出现和应用无疑成为工程结构发展的开端。1824 年英国人 J. 阿斯普丁取得了一种新型水硬性胶结材料——波特兰水泥的专利权，1850 年左右开始生产，作为混凝土的主要原料，水泥的出现使得混凝土在土木工程中得到了广泛的应用，20 世纪初，水灰比等学说得以发表，初步奠定了混凝土强度的理论基础。1856 年大规模炼钢方法——贝塞麦转炉炼钢法发明后，钢材越来越多地应用于工程结构，这使钢结构与组合结构的设计与建造得以大量的实现。

由于水泥的发明和应用，钢材冶炼技术的进步，工程结构告别了以天然的木材、石材、砖瓦为主的材料，迈向了以钢筋混凝土结构和钢结构为主的新时代。1867 年法国人 J. 莫尼埃用铁丝加固混凝土制成了花盆，并把这种方法推广到工程中，建造了一座贮水池，这是钢筋混凝土应用的开端。1875 年，他主持建成第一座长 16m 的钢筋混凝土桥。1886 年，美国芝加哥建成 9 层高的家庭保险公司大厦，初次按独立框架设计，并采用钢梁，被认为是现代高层建筑的开端。1889 年法国巴黎建成高 300m 的埃菲尔铁塔

（图 1.2-1），使用熟铁近 8000t。1930 年，高强钢丝与预应力混凝土研制成功，使钢筋混凝土结构向大跨方向发展成为可能。

1.2.2 科学理论

在近代工程结构的发展进程当中，工程结构的设计与建造理论从主要以总结长期建造经验向重视科学理论兼顾经验转变。这一转换可以从 1638 年意大利的伽利略（Galileo，图 1.2-2）用公式表达了梁的设计理论和 1660 年英国的虎克（Hook，图 1.2-3）提出虎克定律为起点。以后许多研究者从多个不同的领域相继提出了开创性的新理论，如：1687 年英国的牛顿（Newton，图 1.2-4）提出了力学三大定律，为经典理论力学的发展奠定了基础；1744 年瑞典的欧拉（Euler，图 1.2-5）建立柱轴心受压时的屈曲理论，为结构和构件的稳定分析开辟了新天地；1773 年法国的库仑（Coulomb，图

图 1.2-1 埃菲尔铁塔

1.2-6）提出了材料强度的概念和挡土墙上的土压力理论；1825 年的纳维尔（Navier）建立了结构设计的容许应力分析法，为结构设计理论提出了通用的方法；19 世纪末，里特尔（Ritter）应用极限平衡概念，提出了钢筋混凝土设计理论；1886 年美国的杰克逊（Jackson）提出了预应力混凝土的想法，后于 1930 年由法国的弗雷西内（Freyssinet，图 1.2-7）研制成功；20 世纪上半叶美国的克劳斯（Cross）提出了力矩分配法，使刚架结构的分析简便可行，促进了刚架结构的应用；同时期奥地利的泰沙基（Terzaghi）提出了土的固结、侧压力、承载力等理论，奠定了土力学学科的基础。这些近代科学奠基人突破了以现象描述、经验总结为主的古代科学的框框，创造出比较严密的逻辑理论体系，加之对工程实践有指导意义的振动理论、弹性稳定理论等在 18 世纪相继产生，这就促使工程结构的设计理论向深度和广度发展[2]。

图 1.2-2 意大利科学家伽利略

图 1.2-3 英国物理学家虎克

图 1.2-4 英国科学家牛顿

图1.2-5　瑞士数学家欧拉　　　图1.2-6　法国科学家库仑　　　图1.2-7　法国工程师弗雷西内

在这些开创性研究的带领下，工程结构的建造理论逐步发展成为一门完整的学科——结构工程。法国在这方面是先驱，1716年法国成立道桥部队，1720年法国政府成立交通工程队，1747年创立巴黎桥路学校，培养建造道路、河渠和桥梁的工程师。所有这些，表明工程结构的学科文化已经形成。在理论发展的驱动下，各国还制定了各种类型的设计规范。1818年英国不列颠土木工程师学会的成立，是工程师结社的创举，其他各国和国际性的学术团体也相继成立。理论上的突破，反过来极大地促进了工程实践的发展，这样就使结构工程这个工程学科日臻成熟。同时，由于社会经济的进步与发展，人们对于建筑的要求也越来越高——在结构上要求安全和经济，在建筑上要求美观和适用。科学技术发展和分工的需要，促使建筑和结构在19世纪中叶，开始分成各有侧重的两个单独学科分支。

1906年美国旧金山发生大地震，1923年日本关东发生大地震，1940年美国塔科马悬索桥毁于风振。虽然它们给人类带来了巨大的人员伤亡与财产损失，但这些自然灾害推动了结构动力学和工程防灾技术的发展。另外，超静定结构计算方法不断得到完善，在弹性理论成熟的同时，塑性理论、极限平衡理论也得到发展。

中国近代土木工程科学理论与教育事业的发展开始于1895年创办的天津北洋西学学堂（后称北洋大学，今天津大学）和1896年创办的北洋铁路官学堂（后称唐山交通大学，今西南交通大学）。1912年中华工程师会成立，詹天佑为首任会长，20世纪30年代中国土木工程师学会（今中国土木工程学会）成立。到1949年土木工程高等教育基本形成了完整的体系，中国已拥有一支庞大的近代工程结构设计与施工的技术力量。

1.2.3　建造技术

18世纪下半叶，以瓦特发明蒸汽机为标志的工业革命促进了工业、交通运输业等行业的发展，对工程结构与设施提出了更为广泛的要求，这不但为工程结构的发展提供了巨大的历史机遇，而且工业的发展为工程结构的建设提供了更为先进的施工机械和施工方法，使得更为复杂、庞大的工程建造成为可能，尤其是蒸汽机、电动机在抽水、打桩、挖土、压路和起重等施工作业中的应用，开创了工程结构施工机械化和电气化的进程，为快速高效地建造工程结构提供了有力手段。

在工程技术不断进步的推动下，这一时期具有历史意义的工程结构大量兴建。在交通运输方面，有了蒸汽机为动力的汽车、火车与轮船，使航运事业面目一新，这就要求修筑港口工程以及桥梁工程。在桥梁结构方面，早在 1779 年英国就用铸铁建成跨度 30.5m 的拱桥。1826 年英国 T. 特尔福德用锻铁建成了跨度 177m 的麦内悬索桥，1850 年 R. 斯蒂芬森用锻铁和角钢拼接成不列颠箱管桥，1890 年英国福斯湾建成两孔主跨达 521m 的悬臂式桁架梁桥。现代桥梁的三种基本形式（梁式桥、拱桥、悬索桥）在这个时期相继出现了（见图 1.2-8～图 1.2-10）。工业技术的进一步发展与钢材质量和产量的稳步上升，使得桥梁结构的跨度向更高的层级迈进，1918 年加拿大建成魁北克悬臂桥，跨度 548.6m；1937 年美国旧金山建成金门悬索桥，跨度 1280m，全长 2825m，是公路桥的代表性工程；1932 年，澳大利亚建成悉尼港桥，为双铰钢拱结构，跨度 503m。

图 1.2-8　英国福斯湾桁架梁桥

图 1.2-9　美国金门悬索桥

　　工业的发达，城市人口的集中，使工业厂房向大跨度发展，民用建筑向高层发展。日益增多的电影院、摄影场、体育馆、飞机库等都要求采用大跨度结构。1925～1933 年在法国、苏联和美国分别建成了跨度达 60m 的圆壳、扁壳和圆形悬索屋盖。中世纪的石砌拱终于被近代的壳体结构和悬索结构所取代。1931 年美国纽约的帝国大厦落成，共 102 层，高 378m，建筑面积 20 万平方米，结构用钢约 6 万吨，内装电梯 73 部，还有各种复杂的管网系统，可谓集当时技术成就之大成，它保持世界房屋最高纪录达 40 年之久。

图 1.2-10　悉尼港桥

　　中国清朝实行闭关锁国政策，近代工程结构进展缓慢，直到清末出现洋务运动，才引进一些西方技术。1909 年，中国著名工程师詹天佑主持的京张铁路建成，全长约 200km，全路有四条隧道，其中八达岭隧道长 1091m。当时，外国人认为靠中国人自己的力量根本不可能建成，詹天佑的成功大长了中国人的志气，他的业绩至今令人缅怀。在桥梁建设方面，中国 1894 年建成用气压沉箱法施工的滦河桥，1901 年建成全长 1027m 的松花江桁架桥，1905 年建成全长 3015m 的郑州黄河桥，为当时国内最长的钢桁架桥。中国近代市政工程始于 19 世纪下半叶，1865 年上海开始供应煤气，1879 年旅顺建成近代给水工程，相隔不久，上海也开始供应自来水和电力。1889 年唐山设立水泥厂，1910 年开始生产机制砖。

中国近代建筑以 1929 年建成的中山陵（占地 133hm²，上有 392 级石阶和祭堂）和 1931 年建成的广州中山纪念堂（跨度 30m，见图 1.2-11）为代表。1934 年在上海建成了钢结构的 24 层的国际饭店，21 层的百老汇大厦（今上海大厦）和钢筋混凝土结构的 12 层的大新公司。1937 年茅以升先生主持建成了公路铁路两用钢桁架的钱塘江桥（见图 1.2-12），长 1453m，采用沉箱基础[1]。

图 1.2-11　广州中山纪念堂　　　　　　　图 1.2-12　钱塘江大桥（钱江一桥）

1.3　现代工程结构

第二次世界大战结束后，社会生产力出现了新的飞跃。现代科学技术突飞猛进，工程结构进入一个新时代。中国自 20 世纪以来，在工程结构方面先后引进了西方国家的工程结构形式和设计理论，冲破了中国原有的古典土、石、木、砖结构形式和传统的营造法规；特别是 1949 年以后，随着社会主义建设的需要，在工程结构的建筑材料、工程设计、科学理论研究和设备四个领域里发生了急剧的变革，工程结构的面貌焕然一新。在短期内民用工业、国防、港口、水利、电力、公路、铁路等工程进入到现代化的工程结构领域。

1.3.1　高层建筑结构

随着经济的发展，人口的增长，土地集约化利用的要求逐步提高，促进了现代工程结构向更高的方向发展。高层建筑成了现代化城市的象征。1974 年芝加哥建成高达 433m 的西尔斯大厦（图 1.3-1），超过了 1931 年建造的纽约帝国大厦（图 1.3-2）的高度，在被马来西亚的"国家石油公司双塔大厦"（双子塔）超过之前，它保持了世界上最高建筑物的纪录 25 年。在之后的 1968～1974 年间美国建成三幢超过百层的高层建筑。

20 世纪 80 年代以后，是中国现代超高层建筑的发展和繁荣阶段。1980～1999 年，珠三角区域在超高层建筑领域率先突破，以上海为龙头的长三角在一个更高的经济基础起点上，继续接力前进。全国共建成 100m 以上的超高层建筑 124 座，后 10 年中，沪广深等地出现一批 200～400m 之间的超高层建筑。上海金茂大厦（图 1.3-3）是当时中国大陆

图 1.3-1　西尔斯大厦

图 1.3-2　帝国大厦

第一、亚洲第二、世界第三的超高层建筑。在建筑理念方面，金茂大厦也是率先进行单栋多功能和建筑综合体探索的代表项目。在结构体系方面，以金茂大厦为例，出现了包括巨型框架-伸臂桁架组合，巨型支撑框架-伸臂桁架组合等钢-混凝土混合结构。

　　2000～2010 年，超高层建筑得到迅猛发展。到 2010 年全国 200m 以上的超高层建筑接近 250 座。与前十年相比，在数量上实现了百位数的增长，建筑设计理念和建筑技术也日益进步，超高层建筑进入了繁荣期。这个时期的代表作品为：上海环球金融中心（图 1.3-3），它是当时中国大陆地区第一高楼（492m），全世界可上人高度最高的建筑，结构上采用了巨型支撑框架-伸臂桁架的巨型结构体系，安装了中国大陆地区首座超高层建筑自动控制质量调谐阻尼器装置，采用了大陆地区最快的 10m/s 的双轿箱电梯。另外在结构体系方面，出现了纯钢板剪力墙，代表项目为天津津塔（336m，图 1.3-4），成为全世界最高的纯钢板剪力墙结构。伸臂结构体系和巨型结构体系更为成熟，钢-混凝土混合结构成为主流。

　　2010 年以后，超高层结构的数量和高度进一步被刷新。最近几年的超高层发展速度呈现一种爆炸式的发展。根据世界都市高层建筑协会（CTBUH）统计的数据，截至 2012 年，全世界已经建成的最高的 100 栋建筑中，中国占据了 30 栋；全世界已经建成的最高的 10 栋建筑中，中国占据了 4 栋；在建的最高 100 栋中中国占据了 56 栋。目前全国在建的超过 200m 的建筑超过 300 栋。一些主要城市的超高层建筑已进入 500m，甚至 600m 以上的高度。全国在建的 600m 以上的超高层项目有三个，分别为上海中心大厦（632m，图 1.3-3 右）、武汉绿地中心（636m，图 1.3-5）和深圳平安金融中心（660m，图 1.3-6）。

图 1.3-3　上海陆家嘴超高层建筑

环球金融中心（左）金茂大厦（中）上海中心大厦（右）

图 1.3-4　天津津塔

图 1.3-5　武汉绿地中心

图 1.3-6　深圳平安金融中心

1.3.2 空间结构

空间结构是指结构的几何构成呈三维状态、不能拆分为平面子结构且在荷载作用下具有三维受力特性并呈空间工作的结构。平面网架、网壳以及悬索结构等空间结构在我国得到了广泛的应用，已为人们所熟悉。空间结构与平面结构相比具有很多独特的优点，国内外应用非常广泛。特别是近年来，人们生活水平不断提高，工业生产、文化、体育等事业不断进步，大大增强了社会对空间结构尤其是大跨度高性能空间结构的需求。而计算理论的日益完善以及计算机技术的飞速发展使得对任何极其复杂的三维结构的分析与设计成为可能。这些正是空间结构能够扩大应用范围并得以蓬勃发展的主要因素。近几十年来，世界上建造了成千上万的大型体育馆、飞机库、展厅，采用了各类空间结构，展示着优美的造型，成为一道道风景。更有无数的厂房、仓库等采用空间结构，实现了经济、合理的完美统一。

我国空间结构的发展也经历了从无到有、快速发展的历程。20 世纪 80 年代空间结构开始在一些电影院得到应用，这一阶段的特点是跨度小、以局部大空间为主。20 世纪 90 年代以来我国空间结构主要以体育建筑为主，具有代表性的是上海国际网球中心、八万人体育场、虹口体育中心和浦东游泳中心。其中八万人体育场是 1997 年第八届全国运动会的主会场，是国内首次将薄膜结构应用于大型体育建筑，在国际上也属罕见，在膜结构领域具有划时代意义。虹口足球场于 1999 年改建后，成为中国大陆第一座专业足球场，也是亚洲最为先进的专业足球场之一。大型体育场的建成，标志着现代空间结构的出现，也意味着中国空间结构设计水平达到国际水准。这一期间，上海也建成了中国最优秀的机场建筑——浦东机场航站楼，首次采用由型钢和拉索组成的张弦梁结构。张弦梁的出现，让人们重新审视建筑结构体系的合理性——用更少的材料，获得更好的效果。

2000 以后的 10 年间，中国成功举办了 2008 年北京奥运会和 2010 年上海世博会，体现了中国具备世界性社会活动的操控能力。这个时期我国空间结构的发展达到了新的顶峰。如在 2008 北京奥运会和 2010 年上海世博会，建成的奥运田径运动主场馆（鸟巢）、水立方、上海世博轴、世博主题馆等一批优秀空间结构。其中上海世博轴宽度 80m、总长度达到 1000m，采用自由曲面和超大型索膜结构，设计和施工难度世界罕见，创造了中国乃至世界最高设计和施工技术水平。具有代表性的空间结构还有：国家大剧院、中国航海博物馆、哈尔滨国际会展体育中心、上海铁路南站、济南奥林匹克中心和北京机场 T3 航站楼等一系列优秀建筑。

"十一五"至"十二五"期间，随着二三线城市的逐步崛起，掀起了机场、高铁站房建设的风潮。2010 年后建成及在建的有昆明长水机场、南京禄口机场二期、兰州西站、宁波南站等。中国城镇化的不断推进，对体育场馆、展览馆、交通站房等基础设施的需求很大，空间结构仍然具有较大的发展空间。

回顾过去的三十年，空间结构在技术上的发展趋势表现为：尺度越来越大，跨度由最初的 30～50m 到现在的 200m 甚至更大；建筑平面尺度达到了 1000m；材料越来越轻，由最初的钢结构，甚至混凝土结构发展到铝合金结构、索结构、膜结构；体型越来越复杂，由最初的球面、柱面，发展到自由曲面等不规则外形，比如世博轴自由曲面，国家航海博物馆帆形立面；要求越来越高，从最初只考虑抵抗地震、风、雪荷载，发展到抗爆、抗连续倒塌等。

鸟巢

水立方

世博主题馆

世博轴

上海铁路南站

济南奥林匹克中心

图 1.3-7　2000～2010 年间代表性空间结构

昆明长水机场

南京禄口机场二期

图 1.3-8　2010 年以来代表性空间结构（一）

兰州西站   宁波南站

图 1.3-8   2010 年以来代表性空间结构（二）

1.3.3 桥梁结构

桥梁是为了跨越山谷、道路、水体或其他障碍物而建造的一种结构，提供跨越这些障碍的通路，是工程结构的重要组成部分之一。我国详细的桥梁建设的发展历程可见参考文献[3]。

在成立初期，我国新建了许多现代桥梁，其中包括 1957 年建成的武汉长江大桥（见图 1.3-9），它的建成使中国的南北铁路网连接起来。20 世纪 50 年代预应力混凝土简支梁桥的实现，使中国桥梁界初步具备了高强度钢丝，预应力锚具，管道灌浆，张拉千斤顶等有关的材料、设备和施工工艺，为 20 世纪 60 年代建造主跨 50m 的第一座预应力混凝土 T 型钢构桥——河南五陵卫河桥，主跨 124m 的广西柳州桥以及主跨 144m 的福州乌龙江桥创造了条件。同时期，现代拱桥和索桥的建设也如火如荼的展开了，而城市桥梁的建设也开始起步。

在 1958~1966 年国家经济困难时期，由于建筑材料的贫乏和资金的不足使中国的交通建设陷入了困境。少用水泥和钢材的圬工拱桥成为修建大跨度公路桥梁的首选桥型。同时期也兴起了双曲拱桥。由于双曲拱不仅在一个方向上呈拱形，而且在与其垂直的另一方向也呈拱形，因此双曲拱比单曲拱能承受更大的荷载。这一时期，我国桥梁工程也取得了发展，1968 年建成的南京长江大桥（图 1.3-10），是第一座由我国自行设计建造的双层双线公铁两用桥。

图 1.3-9   武汉长江大桥图   图 1.3-10   南京长江大桥

1966~1976 年间，我国进入"文革"时期，国家经济遭到了较大破坏，然而桥梁建设却也取得了一定的成就，建设了多座梁式桥、桁架拱桥和刚架拱桥，并开始试建斜拉桥。其中四川云阳汤溪河桥（图1.3-11）于1975年2月首先建成，是中国第一座斜拉桥。这一时期建成的其他著名桥梁还有重庆长江大桥等。

1976～1990年改革开放初期，斜拉桥得到了推广，并掀起了连续梁桥的建设高潮。国内开始引进和消化国外20世纪60～70年代先进的桥梁技术，而且城市立交桥也开始起步了。这一时期具有代表性的是上海南浦大桥（图1.3-12），它的胜利建成是一个具有里程碑意义的突破，它增强了中国桥梁界的信心，掀起了20世纪90年代在全国范围内自主建设大跨度桥梁的高潮。

图 1.3-11　云阳汤溪河桥

图 1.3-12　上海南浦大桥

在20世纪80年代所取得的成就鼓舞下，中国桥梁工程界在20世纪90年代开始了向世界先进水平攀登。大跨度斜拉桥取得了较大的发展，其中1994年建成的杨浦大桥（图1.3-13）时居世界斜拉桥跨度之首。它是中国大跨度桥梁的又一里程碑，标志着中国正在走向世界桥梁强国之列。同时期，悬索桥开始兴起，钢管混凝土拱桥也异军突起，连续刚架桥得到推广，并且对矮塔和多塔斜拉桥的建设也进行尝试。这一时期具有代表性的桥梁结构有：汕头海湾大桥、重庆万州长江大桥（图1.3-14）和广东虎门辅航道桥等。

图 1.3-13　杨浦大桥

图 1.3-14　万州长江大桥

进入21世纪以后，随着经济的发展和科技的不断进步，超大跨度斜拉桥、悬索桥、拱桥和梁式桥的建设取得了较大的成果。同时，跨海的大桥工程建设也取得了巨大成就。这一时期具有代表性的包括杭州湾跨海大桥（图1.3-15）和苏通大桥（图1.3-16）等。

图 1.3-15   杭州湾跨海大桥

图 1.3-16   苏通大桥

1.3.4   其他工程结构

现代工程结构的快速发展还体现在高耸结构、海洋平台结构、油气管线结构、隧道与地下结构、大型储罐结构、水利水电工程以及港岸工程等各个方面，它们都代表着新的工程科学技术的发展水平。例如，位于我国湖北省宜昌市的三峡水电站是世界上规模最大的水电站，也是中国有史以来建设的最大型的工程项目。此外其他具有代表性的工程结构还有广州新电视塔、秦山核电站等。

图 1.3-17   三峡大坝

图 1.3-18   广州新电视塔

需要指出的是，现代工程结构与环境关系更加密切，在从使用功能上考虑使它造福人类的同时，还要注意它与环境的谐调问题。现代生产和生活时刻排放大量废水、废气、废渣和噪声，污染着环境。环境工程，如废水处理工程等又为工程结构领域增添了新内容。核电站和海洋工程的快速发展，又产生新的引起人们极为关心的环境问题。现代土木工程规模日益扩大，对自然环境的影响也愈来愈大。因此，伴随着大规模现代工程结构的建设产生的保

图 1.3-19   秦山核电站

持自然界生态平衡的课题，也成为工程结构领域需要解决的问题。

第2章 职业发展

本章对与结构工程师职业发展密切相关的知识进行介绍，包括从业范围、专业背景、我国结构工程师资格认定、注册结构工程师执业及其管理以及外国结构工程师资格的认定、结构工程师的执业道德等内容。结构工程师的从业范围除书中所述的建设开发、工程咨询、科技研发、专业教育和行政管理外，还包括工程施工、专业杂志编制、软件编制和专业知识产权管理等，但限于篇幅未对其进行论述。

2.1 职业发展领域

2.1.1 建设开发

目前很多建设开发单位都有专门的研发中心或设计管理部，承担着产品研发、设计管理和现场技术支持等多项职能，其中设计管理又包括设计合同管理、设计进度管理、设计质量管理、内外沟通协调等分项职能。建设开发单位设计管理部门的结构工程师扮演着建设、设计和施工等各方的综合协调角色，对提高建筑品质、减少质量问题、增强结构安全度以及节约成本等方面发挥着重要的作用。因此，建设开发单位是结构工程师职业发展的重要领域之一。

2.1.1.1 服务内容

建设开发单位的结构工程师作为建设开发团队成员，主要服务内容为协调各方工作，成本管控和过程管理等。结构工程师在这类企业中主要负责各设计阶段结构设计管理工作，组织制定工程项目的结构设计计划，参加工程项目的设计招标工作，参与对设计单位的资格审查，协助确定中标单位，审核工程项目中结构设计方案，结构设计成果的评审与确认，控制材料用量，提出优化意见，配合其他专业做好各专业的协调工作等。随着建筑结构设计不断精细化，建设开发单位对结构设计管理工作也越来越重视，从事相关结构设计管理工作也具有较好的发展前景。

由于建设开发单位的不同，结构工程师具体的工作内容也有所差别，通常包括如下几个方面：

（1）参与工程项目招投标工作，配合项目经理及合约部门编制标底和招标书，协助或负责对勘察、场地安评以及设计等结构相关单位的考察与选择。结构工程师对建筑结构的各方面难点及细节具有较为全面的把握并且具有评价承包商结构施工技术能力的条件和经验，因此对协助与配合项目经理进行标底及招标书编制以及对入围单位的考察具有十分重要的作用。

（2）参与工程项目投标资料、文件的审查和评审工作，提出合理化建议。此部分内容通常包括：收集结构设计资料，编写专业设计调研报告；配合合约部门、工程部门等对分项工程施工单位的技术标评标工作；配合工程部门完成施工方案评审等；对建筑设计方案进行检查评审，如对建筑平面布置，柱网尺寸等提出合理化建议及要求，以确保结构设计的经济合理性；对勘察单位的勘察方案及报告进行评审，如检查布孔数量、间距以及深度等，检查经济合理性；对结构体系结构布置、基础选型等进行评审优化，对不同设计方案进行经济性比较，选取最优方案；对其他围护结构、装饰结构等进行结构设计安全性经济性评审等。

（3）督促和控制设计进度、质量，编制本专业进度计划。建设开发单位将设计委托给设计单位后，结构设计管理部门的结构工程师需要对设计单位的设计进行全程跟踪，保证设计的安全经济合理性，确保建设开发单位的设计意图得到体现，协调设计单位与审图机构的沟通，要求设计单位落实审图意见，保证设计任务在合理时间内按质按量完成。

（4）参与图纸会审、重点技术讨论、设计交底以及设计成果验收等工作，负责交底记录整理、签认和发放。通常由建设开发单位的设计管理部门负责组织设计院、施工、监理、设计部等有关单位参加图纸会审。图纸会审的目的是保证建筑规划、结构、设备、水电煤等配套设计做到经济合理、安全可靠。结构工程师需要根据国家相关法律法规以及单位的设计管理要求对会审图纸中结构相关内容进行审阅；理解设计意图并进行检查；对结构设计中的技术难点进行讨论研究，必要时由部门组织专家咨询评审；另外需要与各方保持沟通，向设计方提出建设开发方的要求并配合向施工单位进行图面解释工作等。

（5）协调设计、施工与监理等相关单位处理现场有关专业问题。结构工程师应保证设计单位、监理单位以及施工单位等的沟通渠道畅通，及时发现、反馈和协调处理建设过程图纸还原、构造措施和施工材料等方面的各种问题，确保工程的安全、合理及经济。

（6）负责设计变更资料等的管理工作并落实、监督方案的执行。设计变更是对设计内容进行修改、完善、优化，一般需要设计单位的签字、盖章。结构施工过程中会不可避免的出现结构设计变更。结构工程师需要根据相关单位要求，控制设计变更流程，对设计变更相关资料文件进行存档，并向施工方等相关方说明变更情况和要求等，检查落实方案的执行情况。

（7）协助设计管理部门相关责任人进行本专业的工程技术管理工作。以往的工程经验对建设单位的项目开发具有重要意义，结构工程师需要认真总结经验和教训，对项目建设开发中存在的问题形成专门的指导意见，形成较为系统的设计管理指南，并不断更新与改进。

（8）成本控制以及设计合同管理。成本控制是建设开发单位关心的重要问题之一。结构工程师需要了解不同建筑结构设计的经济成本及限额，对成本影响较大的设计问题进行重点把控，检查并复核设计单位提供的设计图纸及计算书，对结构成本指标进行核算和总结。同时，需要注意设计合同的管理。

（9）其他相关结构问题的处理。对于建筑功能改变，项目改造等建设开发项目，结构工程师需要利用自身专业知识协助寻找合适的机构进行改造设计和施工，并对设计和材料运用、施工等进行把关，保证结构设计的经济合理性。对于建筑使用过程中出现的结构相关问题，如楼面开裂、渗水等，结构工程师需要查明原因并提出相关建议和解决方案。

2.1.1.2 从业资格与条件

从事建设开发单位的结构工程师不仅需要较为扎实的结构设计等相关知识，同时需要有一定的沟通和协调能力。需要保证设计、施工以及监理等各相关方的沟通渠道畅通，并及时将建设单位的意图传达各方。目前从事工程建设开发的单位大多都设立了设计管理部，对结构工程师的需求较大，同时也对应聘人员的专业技能水平，工作经验等各方面提出了具体要求。

［实例］某大型房地产开发单位设计管理部人员要求

某大型房地产开发单位对其设计管理部的应聘人员提出了以下要求：

1）40岁以下，本科以上学历；

2）熟悉国内建筑结构规范和流程，熟知政府部门的有关审批程序；

3）5年以上大中型设计院或3年以上开发商同等工作经验，主持、参与过超高层或其他大型综合体的设计和施工技术管理工作，组织协调及沟通能力强，能够与设计单位及施工单位进行有效沟通，灵活处理结构设计及施工问题；

4）具备良好的团队精神及协作意识，较强的责任心与工作主动性；

5）熟练运用相关软件；

6）担任过大型房地产公司技术管理经验者优先，具有一级注册结构工程师资格者优先。

2.1.2 工程咨询

工程咨询是以技术为基础，综合运用多学科知识、工程实践经验、现代科学和管理方法，为经济社会发展、投资建设项目决策与实施全过程提供咨询和管理的智力服务。建设工程咨询行业是广大结构工程师的主要职业发展领域，按照工作性质和内容的不同，通常可分为建设工程勘察、建设工程设计、施工图设计审查、工程检测、建设工程监理、工程招标代理、工程造价咨询以及工程项目管理等[4]。不同领域的工作内容及从业资格、条件均有所不同。这里主要介绍前面五种结构工程师参与较多的职业领域。

2.1.2.1 工程勘察

工程勘察在是指根据建设工程的要求，查明、分析、评价建设场地的地质地理环境特征和岩土工程条件，编制建设工程勘察文件的活动。根据勘察单位资质的不同其主要人员的从业资格要求也有所不同，详见表2.1-1。

工程勘察专业人员主要技术负责人从业资格和条件   表2.1-1

资质	级别	主要技术负责人从业资格（60周岁及以下）
工程勘察综合资质	甲级	应当具有大学本科以上学历、10年以上工程勘察经历，作为项目负责人主持过本专业工程勘察甲级项目不少于2项，具备注册土木工程师（岩土）执业资格或本专业高级专业技术职称
工程勘察专业资质	甲级	应当具有大学本科以上学历、10年以上工程勘察经历，作为项目负责人主持过本专业工程勘察甲级项目不少于2项，具备注册土木工程师（岩土）执业资格或本专业高级专业技术职称
	乙级	应当具有大学本科以上学历、10年以上工程勘察经历，作为项目负责人主持过本专业工程勘察乙级项目不少于2项或甲级项目不少于1项，具备注册土木工程师（岩土）执业资格或本专业高级专业技术职称
	丙级	应当具有大专以上学历、10年以上工程勘察经历，作为项目负责人主持过本专业工程勘察类型的项目不少于2项，其中，乙级以上项目不少于1项；具备注册土木工程师（岩土）执业资格或中级以上专业技术职称
工程勘察劳务资质	不设级	工程钻探：具有5年以上从事工程管理工作经历，并具有初级以上专业技术职称或高级工以上职业资格。凿井：具有5年以上从事工程管理工作经历，并具有初级以上专业技术职称或高级工以上职业资格

注：本表中"甲级项目"及"乙级项目"标准详见《工程勘察资质标准》（建市［2013］9号）附件3《工程勘察项目规模划分表》

从以上表格可以了解工程勘察机构主要技术负责人的从业资格条件,其他从业人员的从业资格要求可在《工程勘察资质标准》(建市〔2013〕9号)中查询。

2.1.2.2 工程设计

工程设计是指根据建设工程的要求,对建设工程所需的技术、经济、资源、环境等条件进行综合分析、论证,编制建设工程设计文件的活动。工程设计机构中的结构工程师的主要服务内容详见第4.3节。

根据设计单位资质的不同其主要人员的从业资格要求也有所不同,详见表2.1-2。

工程设计主要技术负责人从业资格和条件 表2.1-2

资质	级别	主要技术负责人或总工程师从业资格(60周岁及以下)
工程设计综合资质	甲级	应当具有大学本科以上学历、15年以上设计经历,主持过大型项目工程设计不少于2项,具备注册执业资格或高级专业技术职称
工程设计行业资质	甲级	应当具有大学本科以上学历、10年以上设计经历,主持过所申请行业大型项目工程设计不少于2项,具备注册执业资格或高级专业技术职称
	乙级	应当具有大学本科以上学历、10年以上设计经历,主持过所申请行业大型项目工程设计不少于1项,或中型项目工程设计不少于3项,具备注册执业资格或高级专业技术职称
	丙级	应当具有大专以上学历、10年以上设计经历,且主持过所申请行业项目工程设计不少于2项,具有中级以上专业技术职称
工程设计专业资质	甲级	应当具有大学本科以上学历、10年以上设计经历,且主持过所申请行业相应专业设计类型的大型项目工程设计不少于2项,具备注册执业资格或高级专业技术职称
	乙级	应当具有大学本科以上学历、10年以上设计经历,且主持过所申请行业相应专业设计类型的中型项目工程设计不少于3项,或大型项目工程设计不少于1项,具备注册执业资格或高级专业技术职称
	丙级	应当具有大专以上学历、10年以上设计经历,且主持过所申请行业相应专业设计类型的工程设计不少于2项,具有中级及以上专业技术职称
	丁级(限建筑工程设计)	企业专业技术人员总数不少于5人。其中,二级以上注册建筑师或注册结构工程师不少于1人;具有建筑工程类专业学历、2年以上设计经历的专业技术人员不少于2人;具有3年以上设计经历,参与过至少2项工程设计的专业技术人员不少于2人
工程设计专项资质	不设级	具备工程设计专项资质的企业专业配备齐全、合理,企业的主要技术负责人或总工程师、主要专业技术人员配备符合相应工程设计专项资质标准的规定

注:本表中"大型项目"及"中型项目"标准详见《工程设计资质标准》(建市〔2007〕86号)附件3《各行业建设项目设计规模化分表》

从以上表格可以了解工程设计机构主要技术负责人或总工的从业资格条件,其他从业人员的从业资格在国家文件中未做明确要求,各工程设计机构一般在公司管理制度中加以明确,具体可查阅各公司的相关岗位资格和职责类文件。

2.1.2.3 施工图审查

施工图审查是指建设主管部门认定的施工图审查机构按照有关法律、法规,对施工图涉及公共利益、公众安全和工程建设强制性标准的内容进行的审查。国务院建设主管部门负责规定审查机构的条件、施工图审查工作的管理办法,并对全国的施工图审查工作实施指导、监督。

根据中华人民共和国建设部令第134号《房屋建筑和市政基础设施工程施工图设计文件审查管理办法》,审查机构按承接业务范围分为一类和二类施工图审查机构,不同类别对审查人员的从业资格要求如表2.1-3所示。

施工图审查人员从业资格及条件 表 2.1-3

类 别	审查人员从业资格及条件
一类、二类 共同要求	审查人员应当有良好的职业道德，已实行执业注册制度的专业，审查人员应当具有一级注册建筑师、一级注册结构工程师或者勘察设计注册工程师资格，未实行执业注册制度的，审查人员应当有高级工程师以上职称。审查人员原则上不得超过 65 岁，60 岁以上审查人员不超过该专业审查人员规定数的 1/2
一类	审查人员应当具有 15 年以上所需专业勘察、设计工作经历；主持过不少于 5 项一级以上建筑工程或者大型市政公用工程或者甲级工程勘察项目相应专业的勘察设计。承担超限高层建筑工程施工图审查的，除具备上述条件外，还应当具有主持过超限高层建筑工程或者 100m 以上建筑工程结构专业设计的审查人员
二类	审查人员应当具有 10 年以上所需专业勘察、设计工作经历；主持过不少于 5 项二级以上建筑工程或者中型以上市政公用工程或者乙级以上工程勘察项目相应专业的勘察设计

2.1.2.4 工程检测

结构工程师还可以选择在工程检测与鉴定单位工作。根据中华人民共和国建设部第141号令，建设工程质量检测，是指工程质量检测机构（以下简称检测机构）接受委托，依据国家有关法律、法规和工程建设强制性标准，对涉及结构安全项目的抽样检测和对进入施工现场的建筑材料、构配件的见证取样检测等。

建筑工程检测人员相应的从业资格和条件根据地方或行业要求有着不同的规定，一般必须取得通过地方或行业协会颁发的上岗证后方可执业，例如上海市检测从业人员的要求如下：

1. 从事建设工程检测活动的专业技术人员（以下简称检测专业技术人员）应当按照国家和本市有关规定取得从业资格或者经检测行业协会考核合格。本市检测专业技术人员考核的规定由市建设行政管理部门另行制定。

2. 检测专业技术人员，包括检测机构的检测人员、监理单位或者建设单位的检测见证人员以及施工单位的取样人员。

3. 检测机构应当委派具有相应从业资格或者经考核合格的检测人员实施检测。

其他地区的具体从业资格要求可查阅所从事行业或所属地方建筑工程检测主管机构的相关规定。

2.1.2.5 工程监理

建设项目的顺利建设和安全可靠与工程监理有重要关系。建设工程监理是指具有相关资质的监理单位受建设单位的委托，依据国家批准的工程项目建设文件、有关工程建设的法律、法规和工程监理合同及其他工程建设合同，代替建设单位对承建单位的工程建设实施监控的一种专业化服务活动。工程监理行业是为工程建设提供技术、管理服务的人才密集型咨询服务行业。工程监理人员的素质和从业能力直接决定着工程监理工作水平，影响着建设工程目标的实现。根据建设部相关要求，工程监理从业人员岗位分为总监理工程师、专业工程师和监理员，各岗位任职的基本条件如下：

1. 担任总监理工程师岗位职务的监理人员必须取得《中华人民共和国注册监理工程师注册执业证书》和执业印章，并具有三年以上工程监理实践经验，有与监理工程类别相同工程的专业背景或工作经历。

2. 担任专业工程师岗位职务的监理人员应具有工程类专业大专及以上学历、五年以上工程实践经验，中级及以上技术职称。已取得《中华人民共和国注册监理工程师注册执业证书》和执业印章的专业技术人员,担任专业工程师岗位职务不受限制;没有取得《中华人民共和国注册监理工程师注册执业证书》和执业印章的专业技术人员,应经过工程监理的相关法规和业务知识的培训,经聘用企业考核合格后,方可担任专业工程师岗位职务。

3. 担任监理员岗位职务的监理人员应具有工程类专业大专及以上学历,或具有工程类初级及以上技术职称,并经过工程监理的相关法规和业务知识的培训,经聘用企业考核合格后,方可担任监理员岗位职务。

2.1.3 科技研发

结构工程师也可在建筑相关行业科研院所或高校从事科学研究工作。结构工程领域的科研机构主要可以分为企业性质的研发机构以及科研事业单位性质的研发机构等。以建筑科学研究院和高校土木工程防灾研究机构为例,建筑科学研究院以建筑工程为主要研究对象,以应用研究和开发研究为主,致力于解决工程建设中的关键技术问题,并参与编制工程建设技术标准和规范等;而高校土木工程防灾研究机构则主要面向国家重大工程建设的战略需求和土木工程学科发展的前沿,以结构防灾减灾、工程质量和成本控制等为主要目的,以高层建筑、大跨桥梁、大型空间结构和长大隧道等为主要承载体,开展工程结构抗震及控制研究、结构风工程及控制研究、工程结构抗火安全研究和城市综合防灾减灾研究等各项科学研究工作。这些科研部门对本学科的发展与技术推广应用具有重要的作用。

2.1.4 专业教育

结构工程作为一门实践性很强的学科,丰富的经验及新技术的研发对其知识体系的传承与发展有十分重要的意义。因而专业教育领域也是结构工程师职业发展的一个重要方向。结构工程师可从事的教育工作通常包括学历教育、继续教育以及职业培训工作等。提供教育服务的机构,主要指各高等院校土木类专业院系以及各职业培训机构等。专业教育机构作为专业领域高层次人才聚集的单位,承担着本学科领域技术发展进步与工程实践中技术攻关的任务。从事专业教育的结构工程师主要任务是培养结构工程专业人才,传承知识,同时进行专业技术学术研究,推动行业发展。

2.1.4.1 服务内容

从事专业教育的结构工程师的服务内容通常有:在相关高校从事相关专业教学工作,在职业培训机构进行继续教育及职业培训工作等。

结构工程师参与教育工作的方式通常有:作为教师参与高校教学工作,作为教师参与继续教育工作,作为教师开展职业培训课程或专业讲座等。相关高校也可通过产学研结合,使专业教育与专业实践形成更为紧密的联系,例如聘用有深厚技术积累的工程实践人员作为外聘导师承担教学与科研工作,聘请土木工程相关专业的工程人员授课,利用自身丰富的实践知识开拓学生视野。此外,通过校企合作为在校同学提供工程实践基地等。

继续教育作为我国教育一个重要组成部分,有着面广人多的特点,学生通常来自企业一线。因此,继续教育的创新人才培养对提高全民的文化教育素质和专业技术能力有着到十分重要的作用。从事继续教育工作的结构工程师可以利用自己丰富的专业知识,依托专业教育机构等开展继续教育工作。

在一些专门的职业培训机构的结构工程师提供的服务主要是对学员进行职业技能水平培训,解读建筑结构相关法律法规,解读国家注册考试等相关政策及考试动态等,使之掌握结构设计施工等相关知识,提高设计能力。

2.1.4.2 从业资格与条件

从事教育工作的结构工程师除需具备宽广深厚的专业技术知识能力，还应当培养自身的执教能力，遵守教育工作的规章制度和职业道德。从事教育工作的结构工程师对初学者全面培养专业知识与能力的同时，也要注重对其职业实践、职业道德和法律知识的教育。在培训机构担任培训教师的结构工程师还需根据结构工程师的职业特点和培训对象的水平培训其职业能力，同时还要把握相关政策和考试动态，包括新法律法规、技术标准规范的制定与执行等。在高校等从事专业教育工作的结构工程师需要满足相关高校的具体规定，考核的基本内容通常包括：职业道德、教学、科研、学科建设、国际交流、公共服务、参加教师发展中心在岗位培训等内容。

2.1.5 行政管理

我国建筑行业的行政主管部门是住房和城乡建设部以及各省市建设厅（委）。而结构工程师可以参与的行政管理部门通常有：住房和城乡建设部、交通运输部、以及各省市的住房保障和房屋管理局、住房和城乡建设局以及质量技术监督局等。

2.1.5.1 服务内容

行政管理部门作为公共性服务机构，主要为整个社会及相关行业提供计划、组织、协调和监控职能。以住房和城乡建设部为例，其主要职责包括：承担保障城镇低收入家庭住房建设的责任；承担推进住房制度改革的责任；承担规范住房和城乡建设管理秩序的责任；承担建立科学规范的工程建设标准体系的责任；承担规范房地产市场秩序、监督管理房地产市场的责任；监督管理建筑市场、规范市场各方主体行为；研究拟定城市建设的政策、规划并指导实施；承担规范村镇建设、指导全国村镇建设的责任；承担建筑工程质量安全监管的责任；承担推进建筑节能、城镇减排的责任；负责住房公积金监督管理，确保公积金的有效使用和安全；开展住房和城乡建设方面的国际交流与合作以及承办国务院安排的其他事项等。

从事行政管理工作的结构工程师的主要任务是充分发挥专业特长，为部门提供技术支持，主要服务内容包括：从事相关工程建设规范及标准管理工作；从事公务调研、技术分析以及信息技术管理工作；从事基建项目的立项、施工、档案管理及竣工验收工作；从事建设工程及安全生产质量管理等工作；协助区域规划、开发建设、环境管理及项目审批和推进工作；从事建设项目资金审计工作等。

由于行政管理部门的服务对象通常是整个行业甚至是整个社会，因此其服务质量有十分重要的意义。责任心与问题解决能力对于从事行政管理工作的结构工程师来讲十分重要。随着当前经济与社会的发展，行政管理部门所承担的职责和所发挥的功能等也在不断的发生变化，结构工程师应该依据工作要求不断提升自身业务素质和服务水平。

2.1.5.2 从业资格与条件

根据《中华人民共和国公务员法》第21条规定，录用担任主任科员以下及其他相关层次的非领导职务公务员，采取公开考试、严格考察、公平竞争、择优录取的办法。因此，结构工程师从事行政管理工作需要符合相关条件要求并通过国家公务员考试。

不同的行政管理部门对报名者的专业、学历、学位和基层工作年限等都有具体要求。表2.1-4及表2.1-5分别为2013年国家公务员考试和上海市公务员招生考试简章中土木工程专业可报考的职位及职位要求（节选）。

2013 年国家公务员考试土木工程专业可报考职位及要求（节选） 表 2.1-4

部门名称	职位名称	学历	政治面貌	基层工作最低年限	面试人选与计划录用人数的确定比例	其他条件
住房和城乡建设部	施工安全监管处主任科员及以下	研究生（硕士）	不限	三年	4：1	有施工企业工作经历
审计署	业务处	研究生（硕士）及以上	不限	二年	5：1	2 年以上（含）一线审计业务工作经历或本专业业务工作经历且具有造价工程师等相关职业资格
中国民用航空局华北地区管理局	机场管理监察员	本科及以上	不限	二年	5：1	1. 大学英语四级及以上（大学英语四级考试成绩 425 分以上）2. 国家计算机等级考试二级及以上
中国地震局	抗震设防处主任科员及以下	研究生（硕士）及以上	不限	二年	5：1	——
水利部黄河水利委员会	工管科科堤防工程技术管理职位	本科及以上	不限	不限	3：1	应届高校毕业生，具有相应学历的毕业证书和学位证书
北京出入境检验检疫局	工程建筑管理副主任科员	研究生（硕士）	不限	二年	5：1	必须取得相应学历和学位。大学英语四级考试合格（或 425 分）及以上

2013 年上海市公务员考试土木工程专业可报考职位及要求（节选） 表 2.1-5

用人单位（部门）	职位名称	基层工作最低年限	学历要求	学位要求	政治面貌	其他条件
档案馆	保管科科员	二年	本科及以上	学士	不限	有较强的文字能力和沟通协调能力，熟悉建设工程流程
普陀公安分局	基建管理	不限	本科及以上	不限	不限	符合公安机关录用人民警察条件
曹路镇政府	工程建设管理职位主任科员及以下	不限	本科	学士	不限	——
建交委	交通科科员	不限	本科及以上	学士	不限	专业理论功底扎实。有较强的组织协调能力和文字、语言表达能力；本科生需大学英语四级合格或成绩 425 分及以上，研究生需大学英语四级、六级合格或成绩 425 分及以上
规土局	建管科科员	不限	本科及以上	学士	不限	具备建筑学或土木工程等相关专业基础知识，专业理论功底扎实；有较强的综合协调能力；掌握相关的法律法规知识；本科生需大学英语四级合格或成绩 425 分及以上，研究生需大学英语四级、六级合格或成绩 425 分及以上
海湾旅游区管理委员会	规划建设管理科科员	不限	本科及以上	学士	不限	

由于公务员考试具有公开、公平、竞争和择优的特点，因此，优良的思想政治品质、扎实的专业知识、良好的表达与沟通协调能力和解决复杂问题的能力是选择在政府行政管理部门工作的结构工程师必备的能力。

2.2 职业能力培养

结构工程师需具备一定的专业技术能力，并通过学习与实践不断进行自我提高与发展，才能满足不断提高的行业要求和不断发展的社会需求。结构工程师在接受教育和职业生活中应自觉培养和提高自身职业能力。

结构工程师一般要经历一定的学历教育，以获取专业知识和能力。之后，结构工程师可在职业实践中获取职业经验和解决实际问题的能力。在此期间，结构工程师应通过相关考试取得执业资格，以取得职业发展的通行证。另外，结构工程师可参与社会团体的服务与交流，不断提升自我，加强外部沟通与合作，促进自我发展和行业发展。

2.2.1 学历教育

结构工程师接受系统的专业教育开始于学历教育。同时，学历教育是接受相关专业教育的基础条件。学历教育包括大中专职业教育、大学教育和研究生教育等。

1. 中专教育

中等职业学校是实施中等职业教育的学校，学生毕业属中专学历。招生对象是初中毕业生和具有与初中同等学历的人员，基本学制为三年。其定位是在义务教育的基础上培养大量技能型人才与高素质劳动者，根据职业岗位的要求有针对性地实施职业知识与职业技能教育。

土木工程类的中专教育阶段便根据特定职业岗位要求培养不同专业技术人才，具有一定的针对性，但其培养目标相对较低，毕业生一般从事简单的施工技术操作与管理。例如，工业与民用建筑、市政工程施工、公路与桥梁和水利水电工程技术等专业。土木工程类的中专教育各专业培养目标和主要教学内容见表 2.2-1。

土木工程类中专教育的各专业举例　　　　　　　　表 2.2-1

专业名称	培养目标	主要教学内容
工业与民用建筑	培养工业与民用建筑施工人员和技术管理人员。主要从事施工操作及建筑施工、质量控制、材料检验、编制概预算、资料整理等基层管理工作	建筑制图、建筑测量、建筑材料、建筑力学基础、房屋建筑、建筑结构、建筑设备、建筑施工机械与机械化施工、建筑施工技术、施工组织与管理、建筑工程定额与预算
土建工程与材料质量检测	培养土建工程施工质量控制和工程材料检测人员。主要从事施工质量控制和常用工程材料检测工作	工程材料、工程测量、工程材料质量检测、土建施工技术、无损检测与电测技术、工程质量检测与质量评定、近代测试技术、误差分析与数据处理
市政工程施工	培养市政工程施工和养护操作人员及技术管理人员。主要从事道路、桥涵、管道施工等操作工作和基层管理工作	工程制图、工程测量、工程材料、力学与建筑结构、水力与水文、工程施工机械、定额与预算、施工组织与管理、道路与桥梁工程、管道工程
公路与桥梁	培养公路与桥梁工程施工与养护人员和技术管理人员。主要从事公路与桥梁施工、养护等操作工作和质量控制、材料检测等基层管理工作	工程测量、道路建筑材料、工程地质、应用力学、土工技术、道路勘测设计、路基路面工程、桥梁工程、公路工程现场测试技术、公路施工与养护机械、公路施工与养护管理
铁道施工与养护	培养铁道施工与养护人员和技术管理人员。主要从事一般铁路线路、桥涵、隧道的施工、养护和基层管理工作	建筑力学、工程材料、铁道测量、土力学及地基基础、铁道桥涵、铁道隧道、铁道线路、工程施工机械与公路养护机械、施工组织管理和概预算
水利水电工程技术	培养水利水电工程施工人员与管理人员。主要从事水利水电工程施工与中小型水利水电工程勘测、设计、管理等工作，也可从事河道管理、整治和防洪工作	水利工程制图、水利工程测量、建筑材料、工程地质与土力学基础、水文水资源概论、水力学基础、工程力学基础、建筑结构基础、水工建筑物、水利水电工程施工、水利水电工程造价编制、水利工程管理
港口与航道工程技术	培养港口与航道工程施工人员和技术管理人员。主要在各类港口和航道工程建设企业从事施工操作和现场技术管理工作	工程材料、建筑结构、工程测量、土力学与地基、水力水文基础、航道工程、港口工程、施工技术、施工预算和招投标、施工组织与管理

2. 大专教育

专科学历有时称大专学历，学制 2～3 年。其学科分类与本科相近。而相对于本科教育，专科是以培养技术型人才为主要目标，即大学专科的目标是实用化，是在完成中等教育的基础上培养出一批具有大学知识，而又有一定专业技术和技能的人才，其知识的讲授是以能用为度、实用为本。

土木工程专业的大专教育主要培养具有一定文化知识和专业理论知识、具有较强的实践技能、能适应专科层次的建筑工程设计、施工管理、工程建设监理、工程概预算的实施型技术人才。

3. 本科教育

本科教育的学制为 4～5 年。学生在本科教育阶段主要学习掌握专业基础知识（土木工程学科的相关原理和知识），具备一般建筑工程的设计、施工和管理能力，并具有继续学习的能力。

本科教育的主要专业课程有：《高等数学》、《线性代数》、《工程力学》、《结构力学》、《弹性力学》、《流体力学》、《土力学》、《画法几何及工程制图》、《工程地质》、《测量学》、《基础工程》、《土木工程材料》、《混凝土结构基本原理与设计》、《钢结构基本原理与设计》、《建筑结构抗震》、《土木工程施工》及相关的主要专业课程等。

经过本科四年培养，学生可获得以下方面知识与能力。

（1）科学、技术、职业以及社会经济方面的基本知识：具有人文社会科学、自然科学、英语和计算机等基础知识；具有宽厚的专业知识，包括工程力学、结构力学、流体力学的基本原理和分析方法，工程材料的基本性能和应用，工程制图的基本原理和方法，工程测量的基本原理和方法，工程结构构件的力学性能和计算原理，土力学和基础工程设计的基本原理和分析方法，结构设计理论和方法，土木工程施工和组织的过程和项目管理、技术经济分析的基本方法，土木工程现代施工技术、工程检测、监测和测试的基本方法，了解土木工程的风险管理和防灾减灾基本原理及一般方法等；了解社会发展和相关领域的科学知识，包括与本专业相关的职业和行业的生产、设计、研究与开发的法律、法规和规范，建筑、城规、房地产、给排水、供热通风与空调、建筑电气等建筑设备、土木工程机械及交通工程、土木工程与环境的基本知识；本专业的前沿发展现状和趋势。

（2）科学研究、技术开发、技术应用或管理、合作交流等基本能力：具有获取知识和继续学习的能力，包括：独立思考，自主学习，利用多种方法进行查询和文献检索，获取信息，了解学科内和相关学科的发展方向及国家的发展战略；具有综合运用所学理论、技术方法和手段，学会发现问题、分析问题并解决问题的能力；具有工程实践能力，包括：掌握解决工程问题的先进技术方法和现代技术手段；能从事土木工程项目的设计、施工、管理，以及投资与开发、金融与保险等工作；具有交流、合作与竞争能力和组织协调能力。

4. 研究生教育

继本科教育后的研究生教育更是培养结构工程师研究和解决学科问题能力的更高阶段。研究生除需具备本科生的专业知识与能力外，还需对某专门领域有较深研究和理解，具备较高水平的解决问题的能力和学术研究能力。

研究生教育又分为硕士研究生教育和博士研究生教育。硕士研究生教育是博士研究生教育的基础。研究生教育阶段，结构工程师所在专业是土木工程下的二级学科——结构工程，并各自有明确的研究方向，例如混凝土结构与砌体结构、钢结构与木结构、空间结构、结构分析、结构抗震防灾和控制等。

硕士研究生学制一般为 2~3 年，其中课程学习 1~1.5 年，学位论文工作不少于 1 年。硕士研究生培养的目标是掌握结构工程学科领域内坚实的基础理论、系统的专门知识和技能方法，具有应用一门外语开展学术研究与交流的能力以及良好的计算机应用能力；对本专业学科的现状和发展趋势有基本的了解，具有完成结构分析、试验、工程设计和从事工程技术研究、解决工程实际问题的基本能力。

博士研究生学制一般为 3 年，其中课程学习 0.5~1 年，修读年限最长不超过 5 年。博士研究生培养的目标是掌握结构工程学科领域内坚实宽广的基础理论、系统深入的专门知识和技能方法，具有熟练应用一门外语开展学术研究与交流的能力以及很强的计算机应用能力；对本学科的现状和发展趋势以及所研究方向的最新进展有全面透彻的了解，具有独立、创造性地从事本学科科学研究和有效解决工程实际问题的能力。

硕士研究生教育的建筑工程系结构工程专业学位课一般设有《结构工程研究前沿与发展趋势》、《高等混凝土结构理论》、《高等钢结构理论》、《结构动力学》、《地震工程学》、《结构风工程学》、《弹塑性力学》、《数值分析》、《随机过程》、《高等结构试验》、《专业外语》和《专业实践》等。硕士研究生可根据自身的研究方向适当选择所修课程。

博士研究生教育的专业学位课一般设有《结构工程研究前沿与发展趋势》、《工程防灾理论》、《随机振动理论》、《非线性有限元分析》、《复杂高层建筑结构分析与设计理论》、《空间结构专题理论与实践》、《混凝土结构专题理论与实践》、《钢结构专题理论与实践》和《砌体结构专题理论与实践》等。博士研究生可根据自身的研究方向适当选择所修课程。

研究生应在导师指导下独立完成学位论文。学位论文应具有一定的理论深度和学术水平，学位论文选题为本学科前沿，研究成果应具备一定的社会效益和科学价值。学位论文应具有扎实的理论基础知识及专业知识，材料翔实，推理严密，数据可靠，文笔流畅，表达准确，层次分明，图表规范。

研究生除完成学位论文之外，还需发表高质量的学术论文，论文一般需发表在国际重要学术刊物（SCI、EI 检索源）、国内核心学术刊物上以及国际会议上等。

除上述普通的研究生教育外，近年来也在开展一种新的研究生教育形式—专业学位研究生教育。为了解决大学生就业问题并且避免学术型研究生扩招而导致质量下降，教育部决定增加全日制专业硕士学位，推出了"全日制专业型硕士"。作为一种全新的研究生教育形式，专业学位研究生教育培养特定职业高层次专门人才。从 2010 年开始增加全日制专业型硕士的比例，计划到十二五末期，实现专业型硕士 50%的比例的目标，以促进中国专业型硕士的发展。专业硕士教育的学习方式比较灵活，大致可分为在职攻读和全日制学习两类。专业型硕士重点培养工程研究能力，成为应用型高级人才。

2.2.2　继续教育

2.2.2.1　继续教育

继续教育是面向学校教育之后所有社会成员特别是成人的教育活动，是终身学习体系的重要组成部分。结构工程师作为社会专业技术人员，具有参与继续教育的权利和义务，同时也需响应终身学习的思想，不断补充新鲜血液，提高自身职业能力，跟得上时代进步与发展。

继续教育是一种特殊形式的教育，是一种成人教育，受教育者在学历上和专业技术上已达到了一定的层次和水平。继续教育主要是对专业技术人员的知识和技能进行更新、补充、拓展和提高，进一步完善知识结构，提高创造力和专业技术水平的一种高层次的追加教育。在科学技术突飞猛进、知识经济已见端倪的今天，继续教育越来越受到人们的高度重视，它在社会发展过程中所起到的推动作用，特别是在形成全民学习、终身学习的学习型社会方面所起到的推动作用，越来越显现出来。

按照继续教育的目的，继续教育又可分为非学历继续教育和学历继续教育。非学历继续教育的内容是新知识、新技术、新理论、新方法、新信息、新技能，学习的目的是为了更新补充知识，扩大视野、改善知识结构、提高创新能力，以适应科技发展、社会进步和本职工作的需要。学历继续教育是为了提升自身知识与能力的同时，获取学历，例如某些高校设立的继续教育学院、网络教育学院或继续教育中心提供有高起专、高起本和专升本等学历教育。

继续教育的发展和实行离不开政府的重视与支持。中国政府对职业人员的继续教育非常重视。中华人民共和国教育部下设高等教育司，承担指导各级各类高等继续教育和远程教育工作。在高等教育司设立直属高校工作办公室"继续教育办公室"，其主要职责是：协调推动终身教育体系建设，宏观管理社区教育、职工教育、社会培训等各类非学历继续教育，指导并管理成人教育、网络和远程教育、自学考试等各类学历继续教育。现今，在政府、教育机构和企业的共同努力下，中国继续教育有了显著发展。例如，各高等学校设立继续教育学院、网络教育学院或继续教育中心，以满足成人继续教育的需要。现代社会，任何政府都无力承担继续教育的全部投资费用，因此政府、企业、个人共同分担成为各国继续教育投资的普遍模式。

结构工程师可以通过非学历继续教育来实现自我提升和发展。同时，中华人民共和国建设部第137号《勘察设计注册工程师管理规定》（见附录四）第四章规定，"注册工程师在每一注册期内应达到国务院建设主管部门规定的本专业继续教育要求"。继续教育（非学历继续教育）作为注册结构工程师逾期初始注册、延续注册和重新申请注册的条件。注册结构工程师三年注册期内须完成必修课和选修课各60学时的学习。

结构工程师非学历继续教育的培训内容包括新规范内容学习、设计和施工新方法的学习与讨论、重要设计概念或理念的重新强调和学习等。

结构工程师除了接受建设主管部门规定和组织的非学历继续教育学习外，还可以自行参加有关继续教育培训机构组织的脱产、半脱产、业余培训的学习，也可以采取在岗学习的远程培训方式，从而获得学历提升的机会。学历继续教育的形式有函授、夜大、网络教育等。

除了参加继续教育外，结构工程师也可以通过职业培训来提升自身的专业技术能力。职业培训，也称职业技能培训，是指对准备就业和已经就业的人员，以开发其职业技能为目的而进行的技术业务知识和实际操作能力的教育和训练。职业培训机构可提供职业教育、技能培训、注册考试培训、就业指导及职业规划，让各种学历层次特别是低学历的学生或社会青年能够学有所成、学有所长，拥有一技之长。

相对于继续教育，职业培训机构没有政府的支持与投资，大多是私人或民办的职业培训学校。但职业培训学校也是需要通过劳动与社会保障部的职业培训机构资质审批而获得资质的。

结构工程师参加的职业培训大多是为通过注册考试而进行学习和获取知识。同时职业培训机构也可帮助结构工程师进行就业指导和职业规划。结构工程师参加职业培训也可以针对工程设计或咨询等某一领域内的某项技能进行培训。

另外，结构工程师所在企业、公司或单位也可以组织内部职工的职业培训，帮助结构工程师掌握和提高职业能力。

职业培训的基本内容一般分为基本素质培训、职业知识培训、专业知识与技能培训和社会实践培训。

（1）基本素质培训包括文化知识、道德知识、法律知识、公共关系与社会知识、生产知识与技能。

（2）职业知识培训包括职业基础知识、职业指导、劳动安全与保护知识、社会保险知识等。使求职者了解国家有关就业方针政策以及个人选择职业的知识和方法；掌握求职技巧、创业程序与相关政策；了解职业安全与劳动保护有关政策和知识；掌握社会保险方面的知识和政策；

（3）专业知识与技能培训包括专业理论、专业技能和专业实习。学员在专业理论的指导下掌握一定的专业技能，并通过在企业的实习，提高解决实际问题的能力，为就业打好基础；

（4）社会实践包括各种社会公益活动、义务劳动、参观学习和勤工俭学等。

职业培训也是终身学习的一种形式。结构工程师应重视终身学习的重要意义，主动参加继续教育和职业培训，不断提升自身职业能力，为更好的职业发展做铺垫。

2.2.2.2 学术期刊

学术期刊是一种刊发经过同行评审的学术论文的期刊，具有专业性和学术性的特点。学术期刊主要展示研究领域的成果，其内容以原创研究、综述文章等形式为主。

学术期刊作为一个学术交流的平台，具有传播科学技术知识，造就科学技术人才队伍，促进创新的诞生，展示科学技术难题解决方案，提供新的科学技术方法的作用，对人类进步和科学技术发展有着重要的贡献。

科技人员可以通过学术期刊实现自身的个人价值和社会价值。科技人员可在学术期刊上获取该行业科学技术的最新发展信息，获得思维的启迪和前进的力量，从而在实践中不断发展自身学术水平和创造能力。

1）在学术方面，学术期刊往往代表该行业和领域的发展前沿，是科技人员研究立项的重要信息来源。我国国家自然科学基金项目、重点攻关项目等的研究成果，大多都及时在学术期刊上发表论文，相关论文基本上展示了国内外科学研究的最新进展。科技人员可在期刊上了解行业内需要解决的重要问题及发展情况，从而获取课题研究的灵感和立项依据。

2）在工程实践方面，科技人员可从期刊上学习和借鉴他人的方法、理论以及研究成果，从而应用到实践中去。学术期刊具有传播知识和交流实践经验的作用。

3）科技人员可以通过学术期刊展示自己的研究和实践成果，提高自身表达能力及行业地位。在有一定水平的学术期刊上发表有质量的论文，是评价一位科技工作者创造能力和成果水平的公认指标。

学术期刊不仅活跃了学术气氛，促进科技进步，还有助于培养科技人员发现问题、研究问题和解决问题的能力。结构工程师作为科技人员的一分子，应重视并充分利用期刊的重要价值。结构工程师可充分利用学术期刊这个交流平台来开拓自己的视野，提升自身学术水平和专业能力，为自己的事业发展历程增光添彩。

附录二列举了一些国内外结构工程领域的期刊。

2.2.3 社会团体

几乎每个行业都会有自己的社会团体。这样的社会团体向公众提供信息，设定职业标准、体系或提供服务，帮助会员实现价值。加入行业内社会团体或者参与社会团体组织的活动可以帮助结构工程师丰富职业生活，增进业内交流，促进职业发展。

社会团体是社会组织的一种，是社会群众团体的一个分支。社会团体是由公民或企事业单位自愿组成、按章程开展活动的非营利性社会组织，包括行业性社团、学术性社团、专业性社团和联合性社团。社会团体是当代中国政治生活的重要组成部分。中国目前的社会团体都带有准官方性质。《社会团体登记管理条例》规定，成立社会团体必须提交业务主管部门批准。业务主管部门是指县级以上各级人民政府有关部门及其授权的组织。社会团体实际上附属在业务主管部门之下。

学术性社团：是指主要由专家，学者和科研人员组成的各类学会，研究会等。

行业性社团：是指主要由经济领域各行业相同的企业组成的行业协会，同业公会等。行业协会是行业性社团中的一种，是由同业经济组织以及相关单位自愿组成的非营利性的社团法人。

随着我国社会主义市场经济体制建设的不断完善以及我国科技进步和社会经济的快速发展，行业学会协会等社会团体组织应运而生，其作用和影响不断扩大。

行业学会是由专业工作者自愿组成的结构专业学术性团体，是专业技术发展的必然产物。其根本任务是专业技术研究、学术交流，促进专业技术发展，以及发现、培养、推荐人才，促进专业技术成果转化。代表专业技术工作者与政府沟通，反映专业技术工作者心声，维护专业技术工作者权益。

行业协会是行业中企业家自愿组成的产业性经济团体，是社会经济发展的必然产品。其根本任务是统计行业信息、企业运行情况，市场调研与价格协调。代表企业与政府沟通，参与国家产业政策的研究与制定，反映企业要求，维护企业权益。

各个行业协会和学会都会为其会员提供各种服务，促进会员的职业交流与成长。加入行业组织有助于结构工程师找到组织，有一个更高的发展和交流平台。加入行业学会有助于学术交流；加入行业协会有助于了解行业内经济发展，行业内各企业发展与交流，企业和机构的管理，专业技术的交流与发展。我国结构工程师除了加入国内行业学会协会外，还可以申请加入国外著名的行业学会，以满足自身发展需求。

附录一列举了国内外一些结构工程领域的主要行业学会（学术性团体）和行业协会（行业性团体或专业性团体）以及它们的主要服务内容。

除了加入行业学会/协会成为其会员外，参与其组织的各项活动也是扩展学习交流平台、提升自身能力的重要途径。

　　行业学会组织的活动一般包括学术会议、学术期刊、荣誉或奖项评比等。其中，参加学术会议和在学术期刊上发表科研成果是最常见和主要的参与学术交流的方式。行业协会组织的活动一般包括技术培训班、政策和法规宣传活动、企业间和国际经济技术管理和行业动态资讯等方面的合作与交流活动以及有关荣誉奖项的评比活动等。

　　结构工程相关协会与学会，都具有面向行业服务的功能，积极促进与推动行业的发展。从事相关协会学会工作的结构工程师的主要职责为面向全行业的服务工作。结构工程师应利用好社会团体这个强大和广阔的交流平台，以满足自身发展需求。

2.2.4　职业实践

　　结构工程师在完成一定的专业教育后，便可以在一定领域从事职业活动。结构工程师在职业活动和实践中能够提升自身发现问题解决问题的能力，不断培养团队合作、沟通交流的意识和能力，在实现个人价值的同时，获取社会的认可，并实现社会价值。

　　下面从工程实践、教育科研和行政管理等三个领域分别阐述如何在职业实践中培养自身能力，包括领导力、决策力、交流合作和解决问题等能力。

　　1. 工程实践

　　工程实践包括在建设开发、工程咨询、工程勘察设计和工程施工等机构从事的工程项目实践。结构工程师在工程机构从事工程项目实践活动，不断培养自身职业能力，提高自身竞争力，包括工程技术经验积累、工程项目管理能力、客户沟通与合作、业务拓展和团队合作能力等。

　　结构工程师在职业实践中通过企业和行业举办的评奖评优活动获得相关奖项与荣誉，从而从中获得自我认可、社会认可和荣誉感。附录三给出了结构工程师相关的奖项与荣誉，可供参考。

　　2. 教育与科研工作

　　结构工程师可从事的教育工作是指从事培养新生一代职业能力的工作，包括学历教育、继续教育以及职业培训工作等。

　　从事教育工作的结构工程师除需具备宽广深厚的专业技术知识、工程实践能力外，还应当培养自身的执教能力，遵守教育工作的规章制度和职业道德。结构工程师在全面培养专业知识与能力的同时，也要注重对其职业实践、职业道德和法律知识的教育。在培训机构担任培训教师的结构工程师还需根据结构工程师的职业特点和培训对象的水平培训其职业能力，同时还要把握相关政策和考试动态，包括新法律法规、技术标准规范的制定与执行等。在教育领域从事教育工作的结构工程师一般离不开科研活动，尤其对于从事高等教育的结构工程师更是如此。因此，从事教育工作的结构工程师除具备专业知识能力和执教能力外还需有较强的科研能力。

　　从事科研工作的结构工程师所在单位可能是高等院校（例如同济大学和清华大学等，拥有雄厚的科研队伍和大型实验室）、研究院/所（例如中国建筑科学研究院和中国地震局力学研究所等）和具有研发功能的企业等。从事科研工作的结构工程师应具备一定的科研能力以及申请科研项目的能力等。科研能力包括课题发掘能力、文献检索与阅读能力、课题研究理论方法手段的理解和应用能力、严谨的科研态度、科研成果的表达能力和交流合作能力等。科研成果的表现形式一般有学术论文、专著、专利、研究报告等。申请科研课题经费，首先要关注国家及社会关注的该领域的重点问题，其次需了解科研经费来源。科研经费来源一般包括以下几类：1）国家项目（如 863、973、国家自然科学基金、支撑项目等）；2）部级项目（如行业基金、重点学科基金等）；3）省市级项目（如省市级自然科学基金、攻关计划等）；4）院校项目（校级科研基金项目一般为开展学校重点学科建设和培养在校研究生而设）；5）企业科研（可能是特定工程项目的研究，也可能是为提高企业竞争力的研发）。

3. 行政管理工作

从事行政管理工作的结构工程师首先应当明确所在部门职能及自己所在职位的职责范围；其次应当知晓并积极参与部门的职业活动；在明确上述两个问题后，结构工程师应快速进入角色，担当起自己应当担当的责任，做好自己职责范围内的工作，切实做到"在其位，谋其职"。

行政管理工作主要是面对全行业全社会的服务与管理工作，较多的是法律政策的制定与执行，建筑质量和安全的标准制定、监督与审查，例如住建部下设的法规司（组织起草法律法规草案，承担有关规范性文件的合法性审核工作）、标准定额司（组织拟定工程建设国家标准、定额，并指导监督其实施；指导产品质量认证工作；拟定工程造价咨询单位的资质标准并监督执行）、建筑市场监管司（主要通过项目合同与风险管理和企业资质管理以监管建筑市场）、工程质量安全监管司（主要组织或参与工程重大质量、安全事故的调查处理，组织编制城乡建设防灾减灾规划并监督实施）和人事司（组织制定行业职业标准、执业资格标准、专业技术职称标准，以管理行业人员的职业资格）等。

结构工程师应了解自己所在职位对于推动整个行业发展具有重要作用。结构工程师应关心行业内发展动态，及时了解和洞察工程建设领域的重要问题，听取行业内各单位（包括工程机构、教育科研机构及行业学会协会等）和专业技术人员的意见和建议，以便真正做好自己职责事务，实现服务行业发展的目的。因此，结构工程师在职业活动中应当培养自己良好的沟通表达能力，具有良好的政策执行能力，同时还需要培养良好的领导力，通过调控相关政策实现解决问题的能力等。

2.3 执业资格

2.3.1 中国执业资格认证与管理

结构工程师执业认证即结构工程师执业资格注册制度，它的实施在西方发达国家有100多年的历史，已形成了一整套成熟、先进的管理体制和运行机制。注册制度是对相关领域涉及社会公共安全和人民生命资产安全的相关专业技术管理人员设置的市场准入门槛，其目的是加强对专业人员的管理、监督和考核，使只有具备相关素质的人员才获得在相关领域执业的资格和权力。推进执业资格注册制度有利于明确相关专业人员在行业领域内的主体地位，提高行业技术队伍的专业素质，使人才在市场经济中得到合理的利用；有利于规范行业市场秩序，使市场进一步纳入到法制化轨道；有利于展开国际互认与国际相关领域相接轨。

20 世纪 80 年代末和 90 年代初，伴随着改革开放全面展开，我国社会经济得到了迅猛发展，为完善和规范建筑市场秩序，提高建筑工程技术人员的素质和能力，保证工程质量，有效地引进外资和使我国建筑企业走向世界，建设部参考和借鉴国际相关模式在建筑工程领域建立了执业资格注册制度。我国执业资格注册制度建立之初，主要借鉴和仿照美国相关运行机制和管理模式，并根据我国建筑行业实际发展水平和现实国情进行了几次相应的完善和调整。从近些年的实践效果来看，结构工程师注册制度满足了我国社会经济发展的需要，经过不断地发展和摸索实践，我国执业资格制度取得了一定的成果和进步。结构工程师执业资格制度在社会和行业中引起了足够的重视，日益成为市场经济进行选拔和评价人才的标准之一，为我国行业参与国际竞争和走出国门创造了条件。

2.3.1.1　结构工程师注册制度的建立

我国提出并实行注册工程师制度是在 20 世纪 90 年代。1978 年 12 月 18 日第十一届三中全会在北京召开，实行了改革开放新政策，实现了计划经济向市场经济过度的伟大转折。此后，各行各业出台了许多改革措施，1991 年，我国开始实行注册会计师统考制度；1993 年 10 月 31 日第八届人民代表大会常务委员会通过《注册会计法》；1995 年 9 月，国务院发布了《中华人民共和国注册建筑师条例》，1997 年 9 月，原建设部和原人事部共同发布了《注册结构工程师执业资格暂行规定》，从此，注册建筑师、注册结构工程师执业制度在工程建设领域开始进行试点并逐步推广开来。2001 年 1 月，原人事部和原建设部〔2001〕5 号文件正式出台了《勘察设计行业注册工程师制度总体框架及实施规划》，这一文件是建立勘察设计行业注册制度的纲领性文件，同时标志着我国注册工程师制度全面启动。2005 年，原建设部颁布了《勘察设计注册工程师管理规定》（原建设部 137 号令，见附录四），使各专业注册工程师的注册、执业和继续教育等工作走入法制化和规范化轨道。

《勘察设计注册工程师制度总体框架及实施规划》中规定注册结构工程师执业范围包括房屋结构工程、塔架工程和桥梁工程等三个专业领域，包含这三个领域的中型及以上项目，必须有注册结构工程师签字盖章方为有效。实施注册结构工程师执业制度是强化设计人员在执业中的法律责任、落实注册人员责、权、利，确保结构工程设计质量与水平的重要措施。我国自 1997 年实行第一次注册结构工程师考试以来，共有 174754 人次参加一级注册结构工程师资格考试，最终合格人数 36043 人，合格率约为 20.6%；截至 2013 年 5 月，我国一级注册结构工程师注册人数 41573 人，二级注册结构工程师注册人数 10806 人。

我国注册结构工程师执业资格制度是建筑行业最早建立的执业资格制度之一，至今已有近 20 年的历史。我国的注册结构工程师执业资格制度是立足于向西方发达国家学习，并结合中国实际的产物。制度建立之初，主要是仿照美国注册工程师制度。但是，由于我国建筑行业的发展状况、行政管理体制和传统习惯等与西方发达国家有较大差异，对发达国家的成熟机制无法强行移植，所以根据我国建筑业的特点和现实需要，对注册结构工程师制度进行了几次完善和变更，对我国结构工程师注册准入制度也进行了相应的调整，逐步形成了一套既有中国特色又具国际水准，既能为中国设计单位所接受，又能为国际承认的注册制度。同时，这项工作已被纳入我国教育制度改革、人事制度改革、设计行业改革的轨道，成了深化改革的一项有效措施。

2.3.1.2　结构工程师注册制度

结构工程师执业资格制度具体分为高校教育及专业评估认证、职业实践、资格考试、注册执业管理和继续教育五个环节。这五个环节在制度层面上互为联动，在本质上也是协调一致的，职业资格制度中的前三个环节是结构工程师注册准入制度，具体流程如图 2.3-1 所示。

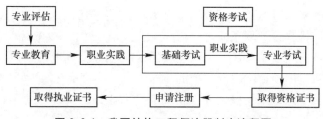

图 2.3-1 我国结构工程师注册制度流程图

高校专业教育是注册结构工程师执业资格制度的首要环节，是对资格申请者的教育背景进行的限定。在一些国家，未通过评估认证的专业毕业生不能申请执业资格，或者要再经过附加的特别的考核才能获得申请资格；职业实践环节要求土木工程专业毕业生具备相应的工程实践经验后方可参加执业资格考试；资格考试环节分为基础和专业考试两个阶段，通过基础考试后，才允许参加资格考试。通过资格考试获得资格证书，再进行申请注册，取得执业资格证书，才具备在勘察设计领域执业的资格和权力。

结构工程师注册制度是政府对结构工程师个体取得市场主体资格而进行的一种审核和确认的法律制度和认证程序，再通过一个严格的资格审查和准入程序考核获得执业资格，才能独立从事结构工程设计方面的工作。具体来说就是个体通过学校的专业教育，经历一定的职业实践，通过资格考试获得从事工程领域某一方面的执业资格的权力和资格。

我国结构工程师注册制度是对结构工程师是否满足基础教育要求和专业素质要求的重要检验。注册结构工程师的专业水平和综合素质直接影响着市场对人才的评价和选拔，影响着建筑工程的质量和成本，也影响着市场的规范化和社会公众利益、广大公民的生命财产安全。

2.3.1.3 结构工程师资格考试

我国结构工程师资格考试报考条件规定，对通过高校专业教育的毕业生，在毕业后通过基础考试后，按照相应的规定经历相应年限的职业实践后，才允许参加专业考试，具体内容（对应于一级注册结构工程师）如下所示。

1. 2012 年度全国一级注册结构工程师执业资格考试基础考试报考条件

（1）具备下列条件的人员：

基础考试报考条件 表 2.3-1

类别	专业名称	学历或学位	职业实践最少时间	最迟毕业年限
本专业	结构工程	工学硕士或研究生毕业及以上学位		2011 年
	建筑工程（不含岩土工程）	评估通过并在合格有效期内的工学学士学位		2011 年
		未通过评估的工学学士学位		2011 年
		专科毕业	1 年	2010 年
相近专业	建筑工程的岩土工程 交通土建工程 矿井工程 水利水电建筑工程 港口航道及治河工程 海岸与海洋工程 农业建筑与环境工程 建筑学 工程力学	工学硕士或研究生毕业及以上学位		2011 年
		工学学士或本科毕业		2011 年
		专科毕业	1 年	2010 年
	其他工科专业	工学学士或本科毕业及以上学位	1 年	2010 年

（2）1971 年（含 1971 年）以后毕业，不具备规定学历的人员，从事建筑工程设计工作累计 15 年以上，且具备下列条件之一：

1）作为专业负责人或主要设计人，完成建筑工程分类标准三级以上项目 4 项（全过程设计），其中二级以上项目不少于 1 项。

2）作为专业负责人或主要设计人，完成中型工业建筑工程以上项目 4 项（全过程设计），其中大型项目不少于 1 项。

2. 2012 年度全国一级注册结构工程师执业资格考试专业考试报考条件

（1）具备下列条件的人员：

专业考试报考条件　　　　　　　　　　　　　表 2.3-2

类　别	专业名称	学历或学位	Ⅰ类人员		Ⅱ类人员	
			职业实践最少时间	最迟毕业年限	职业实践最少时间	最迟毕业年限
本专业	结构工程	工学硕士或研究生毕业及以上学位	4 年	2009 年	6 年	1991 年
	建筑工程（不含岩土工程）	评估通过并在合格有效期内的工学学士学位	4 年	2009 年	Ⅱ类人员中无此类人员	
		未通过评估的工学学士学位或本科毕业	5 年	2008 年	8 年	1989 年
		专科毕业	6 年	2007 年	9 年	1988 年
相近专业	建筑工程的岩土工程 交通土建工程 矿井建设 水利水电建筑工程 港口航道及治河工程 海岸与海洋工程 农业建筑与环境工程 建筑学 工程力学	工学硕士或研究生毕业及以上学位	5 年	2008 年	8 年	1989 年
		工学学士或本科毕业	6 年	2007 年	9 年	1988 年
		专科毕业	7 年	2006 年	10 年	1987 年
	其他工科专业	工学学士或本科毕业及以上学位	8 年	2004 年	2005 年	1985 年

注：表中"Ⅰ类人员"指基础考试已经通过，继续报考专业考试的人员；"Ⅱ类人员"指符合免基础考试条件只参加专业考试的人员，该类人员可一直报考专业考试，直至通过为止。

（2）1970 年（含 1970 年）以前建筑工程专业大学本科、专科毕业的人员。

（3）1970 年（含 1970 年）以前建筑工程或相近专业中专及以上学历毕业，从事结构设计工作累计 10 年以上的人员。

（4）1970 年（含 1970 年）以前参加工作，不具备规定学历要求，从事结构设计工作累计 15 年以上的人员。

我国结构工程师注册执业资格考试由住建部和人社部共同制定考试大纲、考试内容、考核条件及考试报考条件等，成立全国注册结构工程师管理委员会进行日常工作管理，授权人社部考务中心和住建部执业资格注册中心管理和组织具体的考务工作。我国结构工程师按执业权限和范围分为一级结构工程师和二级结构工程师。其中，一级注册结构工程师需通过基础考试与专业考试，二级注册结构工程师只需通过专业考试，一级注册结构工程师的执业范围不受工程规模和工程复杂程度的限制，二级注册结构工程师的执业范围只限于承担国家规定的民用建筑工程等级分级标准三级项目。

结构工程师注册执业资格考试报名时间一般都定在每年的 6 月上旬，考试时间一般定在每年 9 月中旬左右，考点一般都设在省会城市。考试命题由专家组负责，成员由有经验的业界资深人士，包括省院和各大院的结构总工程师、结构副总工程师组成，考试内容覆盖与执业相关所有内容，其中基础考试的主要目的是测试考生是否基本掌握进入结构工程设计实践所必须具备的基础及专业理论知识，专业考试的主要目的则是测试考生对国家法律及设计规范的熟悉程度，特别是对规范中强制性条文的熟悉程度。具体内容与题型见表 2.3-3。

全国一级结构工程师资格考试科目、题型及分值一览表　　　　表 2.3-3

考试名称	题　型	内　容	题　量	每题分值	合　计
基础考试	选择题	高等数学	24	1	240
		普通物理	11	1	
		普通化学	11	1	
		理论力学	20	1	
		材料力学	14	1	
		流体力学	12	1	
		建筑材料	8	1	
		电工学	12	1	
		工程经济	8	1	
		计算机与数值方法	10	1	
		结构力学	10	2	
		土力学与地基基础	7	2	
		工程测量	12	2	
		结构设计	5	2	
		建筑施工与管理	6	2	
		结构试验	4	2	
		职业法规	6	2	
专业考试	选择题（相应试题需写出计算过程）	钢筋混凝土结构	15	1	80
		钢结构	14	1	
		地基与基础	14	1	
		砌体结构与木结构	14	1	
		桥梁结构	15	1	
		高耸结构与横向作用	8	1	

资格考试分为基础考试和专业考试，待基础考试通过后，才允许参加专业考试。目前，基础考试通过后长期有效，可凭有效证明继续参加专业考试。基础考试和专业考试都是一天考完，上午 4 个小时，下午 4 个小时。考试采取非滚动录取通过，即考生必须在当年一次性通过基础考试或专业考试的所有科目。专业考试成绩合格后，获得资格证书，考生所在单位持相关的证件进行资格复审，复审合格后方可取得执业证书。

2.3.1.4　结构工程师执业管理

我国对于结构工程师的执业管理包含制定、执行、检查和改进四个要素。制定就是制定规定、规范、标准、法规等；执行就是按照规定与规范去做，即实施；检查就是将执行的过程或结果与规定规范进行对比，总结出经验，找出差距；改进首先是推广通过检查总结出的经验，将经验转变为长效机制或新的规定，然后针对检查发现的问题进行纠正，制定纠正、预防措施。

首先，我国针对结构工程师的执业管理制定了一系列的法律法规和规范标准、图集等，这些规定能够保障我国结构设计的安全性，控制结构专业设计文件的可靠性，也能够提高结构工程师的责任意识，使结构工程师执业更加标准化与专业化。2005 年，我国住建部出台了《勘察设计注册工程师管理规定》（见附录四），对注册结构工程师的相关管理做出了详尽的规定。

其次，在各项管理规定的执行中，我国采取了设计单位与个人的双重管理模式，即单位资质与个人执业资格的双重准入管理，强化个人执业资格制度，将注册结构工程师数量作为评定勘察设计单位资质的标准之一。实行单位设计资格与个人注册资格的有机结合，便于对一个单位的资格做出更全面、准确的评定。通过注册结构工程师执业资格制度的实施，严格市场准入管理，抬高准入门槛，有利于改变勘察设计市场供大于求的失衡局面，有利于建立统一有序的勘察设计市场，也有利于对外开放与国际合作。

再次，我国对于结构专业设计文件的审查也有详尽的管理规定，对于不同阶段的设计文件结构工程师均需签字盖章，并对其负责；同时，不同阶段的设计文件均需先由设计单位内部进行校对、审核与审定，再交由专业的单位与机构进行审查，审查通过方可施工。

最后，我国的相关管理规定制度与规范标准也在随着我国经济的进步与市场的发展不断地进行更新与修订，注册结构工程师每一注册期为 3 年，注册期满需继续执业的，应在注册期满前 30 日，按照规定的程序申请延续注册。注册结构工程师在每一注册期内应达到国务院建设主管部门规定的本专业继续教育要求，更新自身的知识与信息储备。继续教育是注册工程师逾期初始注册、延续注册和重新申请注册的条件，它按照专业内容的不同分为必修课和选修课，每注册期各为 60 学时。作为一名结构工程师，应按照规定参加继续教育与延续注册，及时关注国家相关文件的修订情况，做到与时俱进，革故鼎新。

2.3.2　国际执业资格认证与管理

我国结构工程执业资格注册制度的管理与实施在一定程度上借鉴了西方发达国家执业资格制度认证与管理的经验。通过借鉴国外较为成熟的执业资格认证与管理经验，能够不断改进和完善我国执业资格考试的命题方式及注册制度，同时进一步加强同行间的国际合作交流，为今后我国同其他发达国家注册结构工程师的资格互认奠定基础。本节就美国、英国、德国和新加坡的结构工程师执业资格认证与管理进行介绍与分析，为我国结构工程师增加国际视野以及贯彻落实执业资格注册制度提供参考。

2.3.2.1　美国结构工程师执业资格认证与管理

美国结构工程师制度自建立以来已有近百年历史，在经过不断地完善和改进之后，建立起一套较为完善和规范的职业资格认证体系，我国建设行业职业资格制度管理模式多借鉴于美国，因此我国结构工程师对美国结构工程师注册制度的了解很有必要。

在美国，宏观上由政府和各州政府对相关职业资格制度进行立法，使职业资格有法可依。由教育部制定职业制度管理框架和指导性方向，授权全国院校评估机构对全国各高校专业进行评估，以保证各专业教学质量。全国划分为不同学区，由各学区教育委员会对辖区内高校进行管理。经教育部授权，工程技术委员会负责工程专业的教育认证和评估，美国工程与测量考试委员会负责组织和管理具体资格考试工作。

美国专业评估认证组织和注册考试管理机构是分开独立进行管理的。先由教育部直属部门对高校进行认证，再由非政府机构工程和技术委员会对相关专业进行评估和认证，以保证高校专业教育质量和促进国际互认。全国工程与测量委员会负责向工程人员提供考试培训。由此看出美国职业资格制度，整体由协会或学会进行组织和管理，政府只进行宏观调控和协调。

在美国各州的注册规定不尽相同，大体上讲，都包括接受高校专业教育、职业实践和资格考试等程序。作为美国工程师注册的管理机构，美国工程师注册局具体负责资格认证、考试管理、注册登记等工作。美国结构工程师职业资格制度具体流程见图 2.3-2。

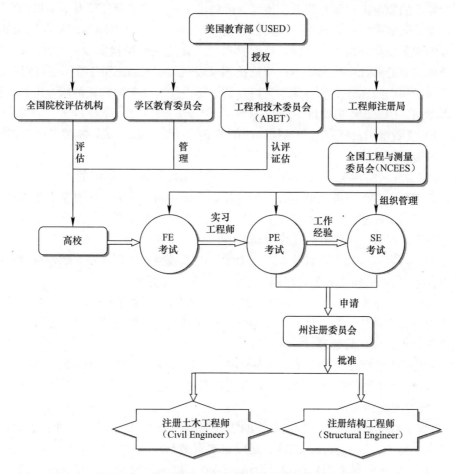

图 2.3-2 美国结构工程师执业资格制度框架流程图

如图 2.3-2 所示，在美国要成为一名注册结构工程师，从大学开始大体需要完成以下几个步骤。首先本科选择工科专业（经 ABET/ETC 认证），在即将完成本科学习时通过 NCEES 的基础考试（Fundamentals of Engineering，简称 FE），随后具备 4 年以上的实习工程师工作经验（实习年限要求各州规定可能不同），通过 NCEES 的原理实践考试 Principles and Practice of Engineering，简称 PE，随后可以在从业所在州注册委员会申请注册，获得批准后可以以"土木工程师"（Civil Engineer）的资格执业。有的州还需要工程师通过 SE 考试，才能在从业所在州注册委员会注册，批准后即可以"结构工程师"（Structural Engineer）资格执业。

美国工程与测量考试委员会（The National Council of Examiners for Engineering and Surveying，简称 NCEES）位于美国南卡罗莱纳州克莱姆森市（Clemson）。NCEES 的目标是以规范的法律、严格的注册标准和高尚的职业道德来引导工程和土地测量专业的从业人员，从而保护社会公众的身心健康、人身安全和财产安全。该委员会是个非营利性的民间组织，由各州通过法律确定 NCEES 的应有地位，并通过州法的形式来实行，最后由各州相应政府部门颁发相应的资格证书。

NCEES 开展了专门的备案验证项目，该项目为那些想在其他州从业并满足多个资格注册机构要求的职业工程师和职业土地测量师提供了一个资格验证及备案的机构。通过这个项目，委员会掌握了从业执照持有人的档案，包括他们的学位副本、从业执照的信息、职业工程师和测量师介绍人以及就业证明材料。当其他注册机构需要时，NCEES 备案机构可以通过书面的形式将档案副本递交给执照颁发机构。NCEES 备案体系可以帮助职业工程师和测量师们简化并加快各州的资格互认过程。任何在美国登记的职业工程师和测量师都可以参加 NCEES 备案项目。

NCEES 负责组织及管理注册结构工程师的 FE、PE、SE 考试，相关考试介绍如下：

（1）FE 基础考试

FE 是成为注册结构工程师的第一步，专为经 ABET/EAC 认证的工科专业四年级学生设计，每年举行 2 次，考试分上、下午进行，考试时间一共为 8 小时。上午考试内容全部一样，下午考试须根据考生本科专业选择不同试卷注册参加考试，共有化工，土木，电气，工业管理，机械，和综合六个专业试卷。

上午试卷内容为：化学，计算机，动力学，电工线路，工程经济，职业规范，流体力学，材料科学/物质结构，数学，材料力学，静力学，热力学。

下午考试以土木专业为例，其考试内容为：计算机与数值方法，施工管理，环境工程，水力学与水文系统，职业法规，土力学与地基基础，结构分析，结构设计，测量，交通运输设备，水的净化与处理。

FE 考试是闭卷考试，考试时只允许使用一本随考卷发下的参考手册。2012 年 10 月 FE 考试土木专业首次参考通过率 67%，非首次参考通过率 28%。

（2）PE 原理实践考试

PE 考试是考察工程师某一特定专业的实践能力，分为以下 17 个专业：农业、建筑、化学、土木（施工、岩土工程、结构、运输、水资源与环境）、控制系统、电气和计算机（计算机工程、电子电气工程）环境、消防、工业、机械（暖通空调和制冷、机械系统和材料、热液系统）、冶金与材料、采矿和矿物加工、船舶与海洋、核、石油、软件、结构。考试时间为 8 小时，分上下午进行，每次考试考生人数约 600 人，考生应同时具备下列三项基本条件方可参加专业考试：

具备相应的教育背景：要求工科毕业或四年级学生（经 ABET/EAC 认证的学士学位或同等学位）；

通过由 NCEES 组织的基础考试：8 小时工程基础考试（Fundamentals of Engineering Exam）；

具有相应的工作经历：4 年以上实习工程师工作经验。

PE 考试是开卷考试，考试时允许携带与考试相关的材料。2012 年 10 月 PE 考试土木专业首次参考通过率 65%，非首次参考通过率 27%。

（3）SE 考试

SE 考试旨在测试工程师的结构工程实践能力，与其他专业工程师考试不同，专为注册结构工程师而设计实施。从 2011 年 4 月开始采用新的 SE 考试，取代了以往的结构 I、结构 II 两个独立的考试。每年举行 2 次，分 2 天进行，考试时间共 16 个小时。考试内容分竖向作用和水平作用两部分，通过 SE 考试测试工程师对建筑或桥梁尤其是在地震高发区及强风地区的安全设计能力。

具体考试内容包括：第一天，竖向荷载（基本力学概念、荷载取值、效应组合、结构设计基本原理、基本构件设计等）；第二天，水平荷载（风荷载、水平地震作用和竖向地震作用等）。

上午 40 道概念题（客观题），每题 1 分，主要考察结构设计概念及结构设计基础知识，下午 4 道综合案例题（主观题），主要考察考生对结构设计概念的灵活运用能力及对实际工程的综合处理能力，综合案例题按计算步骤计分。阅卷方式：上午的概念题采用计算机计分答题卡阅卷，下午的综合案例题采用人工评阅。每次人工阅卷由 NCEES 委员会组织 80 名专业人士用 2 天时间（周六、日）完成全部综合案例题的评阅工作，阅卷工作一般在考后 30 天内完成。

SE 考试为开卷考试，考试时允许携带与考试相关的材料。2012 年 10 月 SE 竖向作用考试首次参考通过率 43%，非首次参考通过率 30%，水平作用考试首次参考通过率 25%，非首次参考通过率 16%。

美国注册结构工程师的继续教育的要求为每年 15 学时，每个州会根据自身的情况作相应调整，美国所有专业机构的继续教育在各个州都是受到推广和鼓励的。有些州需要验证继续教育的学分，才给从业工程师延续现有的执照。参加专业会议，参加不同机构举行的讲座，发表期刊论文，以及参加专业协会的活动都可以得到相应的学分。

在美国，工程师在从业之前必须获得执业资格执照，从业是指作为项目的专业负责工程师（Engineer of Record）。执照的发放由各州负责，而不是联邦政府。各州设有发证机构，工程师在从业之前必须在相应的州申请执业资格执照。各州的发证机构可从 NCEES 网站查询 http://ncees.org/licensure/。

2.3.2.2 英国结构工程师执业资格认证与管理

英国结构工程的发展历史悠久，且颇具国际影响力，其对于结构工程师的执业认证与管理得到了很多其他国家的认可并与其建立了完善的资格互认体系，这对英国结构工程走向世界和世界结构工程师走向英国都创造了良好条件，这一点值得我们学习与研究。

在英国，政府不直接对结构工程界相关事宜进行控制和管理，而是由专业化的委员会或学会进行管理。其中英国工程委员会（Engineering Council，ECUK）是经皇家特许的权力机构，负责对英国的工程界进行管理，并在国外代表英国工程师的利益。英国工程委员会的重要使命就是为工程师制定专业能力和职业道德的国际性标准（UK-SPEC），并在实践中保持这一标准。英国结构工程师的另一个学术团体是英国结构工程师学会（The Institution of Structural Engineers），它成立于 1908 年，当时称为混凝土协会，随着技术的飞速发展，学会的成员范围也迅速拓展到整个结构工程领域。协会把许多国家的结构工程师聚集在一起，相互交流，共同促进结构工程师的发展，这使得学会不断地向国际化发展。1934 年，学会被授予皇家特许权（Royal Charter）。学会发展至今，已经拥有会员 22000 余人，分布在 100 多个国家。

英国结构工程师学会的会员可以分为以下六种：学生会员（Student Member），毕业生会员（Graduate Member），准会员（Associated Member），技术会员（Technician Member），特许会员（Charted Member）和资深会员（Fellow Member）。学生会员是为在高校进行结构工程或相关专业学习的学生准备的会员头衔，在经过认证的高校中学习的学生均可申请；毕业生会员则为获得认证学位的高校毕业生开放；前两者不需培训与测试便可直接申请。技术会员一般颁发给有经验的且对相关规范标准有深入了解的结构工程师会员；准会员是常见的会员形式，从事设计工作并能够解决实际设计问题的结构工程师可以申请成为准会员，它是申请者获得更高会员级别的铺路石；特许会员是学会为认证申请者专业技能与综合素质而设置的会员级别，获得特许会员资格的成员有能力独立承担设计任务并领导团队。以上三个级别的会员均需要完成学会的初始职业发展（IPD）培训，并通过相应标准的笔试与面试（技术会员只需要面试，不需要笔试）才可以获得。资深会员代表英国结构工程师学会的最高会员级别，只有已成为特许会员并达到学会一系列严格标准要求的成员才有机会成为资深会员，这也是英国结构工程师学会的最高荣誉会员。

英国工程委员会的注册工程师可以分为特许工程师（Chartered Engineer，CEng）、副工程师（Incorporated Engineer，IEng）和工程技术员（Engineering Technician，EngTech），它们分别对应英国结构工程师学会的特许会员、准会员和技术会员，只有在英国结构工程师学会获得相应级别的会员才可以继续向英国工程委员会申请成为相应级别的工程师。

一名结构工程师要想注册成为英国的"特许结构工程师"，需要首先加入英国结构工程师学会并完成学会的特许会员认证，然后再通过英国工程委员会的专业能力和职业道德标准认证，最终成为一名英国皇家特许结构工程师（CEng）。

要想成为一名英国结构工程师学会"特许会员"，必须要具备以下三大要素：

1）拥有学会认可的学位；

2）完成学会组织的初始职业发展（Initial Professional Development，IPD），该初始职业发展的目标包括下表中的 13 个"核心目标"，只有达到这些目标才能够完成从学校教育到特许工程师的转换；

3）通过学会专业面试以及专业笔试。

英国结构工程师学会特许会员"核心目标"及其基本要求　　　　表 2.3-4

分　类		核心目标	基本要求
个人发展	学会知识	熟悉英国结构工程师学会并参与学会事务	知识-K
	沟通能力	有效的沟通能力和技能	能力-B
工程经验	概念设计	根据要求（结构稳定性、耐用性、美学和造价）设计切实可行的结构方案	能力-B
	分析与设计	有能力分析和设计	能力-B
	材料	有能力决定和协调材料的使用	能力-B
	环境	熟悉环境和可持续发展方面的议题和法规	知识-K
	施工	有施工方面经验	经验-E
管理和商务	管理	有进度计划和控制方面的管理技能和经验	经验-E
	法律	理解相关法律和法规	理解-A
	健康与安全	有健康安全要求与法规方面的经验	经验-E
	商业意识	理解商业和造价方面的影响	理解-A
	合同	有采购分包途径和合同形式方面知识	知识-K
	质量体系	有质量体系方面知识	知识-K

"核心目标"基本要求：

A 理解（Appreciation）了解自己的专业，以及专业之间可能存在的相互影响和作用

K 知识（Knowledge）掌握本专业的知识及运用

E 经验（Experience）独立或在指导下完成项目任务

B 能力（Ability）独立完成项目任务并能够为他人提供意见

对于普通个体来说，成为英国特许结构工程师具体流程如图 2.3-3 所示。

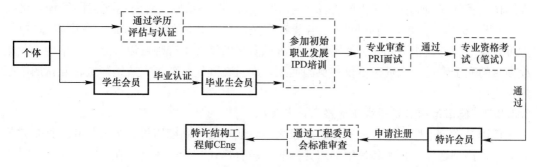

图 2.3-3　英国特许结构工程师注册流程图

如图所示，个体可以在高校毕业之后，通过学历的评估与认证，直接申请学会的特许会员资格。在校学生也可以直接申请为学生会员，毕业后经过认证成为毕业生会员。这两种情况的申请者均需要经过一段时间的职业实践并完成初始职业发展培训，才可以参加专业面试与笔试的评估与考核，通过后可以晋升为学会特许会员。

特许会员的所有申请者，都要通过专业评估，即对个人初始职业发展（IPD）的评估。对于是否允许其申请成为特许会员，则要根据专业审查成员的报告，由特许会员委员会进行决定。专业审查包括两方面：一是书面报告审核，二是面试。申请人要用规定的格式提交书面报告，证明其具备学会提出的 13 个"核心目标"的要求；面试官也会针对 13 个"核心目标"的要求对面试者发问，考察其是否满足"核心目标"的要求。

专业审查面试由两个既有资质又有经验的面试官进行，面试官是具有大量的工程经验的特许工程师。在面试过程中，面试官的主要考核目标即为学会初始职业发展要求的 13 个"核心目标"，面试官需要考察申请者是否具备每项目标提出的基本要求及有能力承担专业和管理方面的职责。面试结束后，面试官要为每个申请者写一份总结报告，报告中需要说明申请者的能力和认可的标准，以及面试官对申请者的专业判断，说明申请者是否展示出了所需要的能力和标准。特许会员委员会对申请负责，审查专业审查报告，决定是否批准申请者参加专业资格考试。

在通过面试以后，申请者还要通过资格考试，资格考试每年举行一次，考试时间共 7 个小时，内容为工程结构设计实践能力的考核。资格考试的考生需要在八道题中选择一道进行作答，每道题都包含一个典型的工程案例与一定的设计条件，考生可根据规范标准或相关工程经验作答，答卷分为两个部分，每个部分都合格才能通过考试：

（1）第一部分（占总分值 50%）考生需要针对考题中的案例提出 2 个不同的结构的设计方案及每种方案的材料选择、结构稳定性与荷载传递等，并选择其中一种方案，阐明选择此方案的理由。第一部分还通常要求考生对考题条件的某个变化（如加层等）提供解决方案；

（2）第二部分（占总分值 50%）要求考生对选择的方案展示详细的计算结果，给出结构布置图以及结构构件的设计细节绘制平面图、立面图、剖面图等，并提出结构施工方案以及结构施工场地控制、安全监督方法等等。

申请者在通过资格审查的面试和笔试并成功加入英国结构工程师学会成为"特许会

员"后，才可以继续向英国工程委员会（Engineering Council）申请注册并成为一名"特许结构工程师（CEng）"。英国工程委员会"特许结构工程师"需要达到英国工程委员会UK-SPEC标准的要求，与此同时，申请者需完成英国政府的相关审查，在审查通过后，方可获得"特许结构工程师"的资格。拥有该资格的结构工程师可以独立承担结构工程建设项目的完全责任，该资格不仅在英国通用，而且在其他与英国完成国际资格互认的国家同样适用。

2.3.2.3 德国结构工程师执业资格认证与管理

德国是世界上职业教育最发达的国家之一，职业资格制度历史悠久，具有一整套完善的职业资格制度体系，尤其其中的双元制职业教育模式与管理体制，在世界职业教育模式中堪称特色和典范。

在德国由联邦教育部和经济劳动部共同组织和制定职业资格框架，为职业教育立法，由州一级的职业教育委员会按照教育大纲制定各自区域的具体的资格教育体系和标准，具体的组织、管理、监督以及组织考试、颁发证书交由相关的行业协会办理。德国职业教育模式为双元式模式即高校与企业共同培养，综合性大学相关专业则还需要政府授权的认证机构进行专业质量认证。

首先教育部和劳动部联合对职业资格制度进行立法，定制框架和大纲，从本质上实现了就业和教育的统一。其次，相关的行业协会在"工学结合，校企合作"的职业教育模式中有着至关重要地位，由于行业协会更了解市场和经济发展对劳动者的能力要求，所以其制定的考核与培训内容更具有针对性，更加注重学生实践能力的考察，也就更进一步保证了职业资格证书的质量。最后，高校与企业联合办学，使学生在学习理论知识的同时，也进行了实践技能的锻炼，为以后学生进入社会打下了充分的工作和生活基础。总之，德国职业教育模式使学校、企业和社会各方充分地参与进来，在保证人才质量满足市场经济发展要求的情况下，充分体现了其教育和培训的目标，使专业教育、评估、职业实践和职业资格认证能够紧密的联系起来。

德国建筑领域专业人士可划分为建筑师、装修工程师、环境工程师和工程师，从执业范围上可以认为工程师与我国的结构工程师大致对等。由于德国的职业资格教育较为发达，高校学生基本都经历过职业培训，且一定阶段还有相应的职业证书，所以德国工程师注册较为简单，具体流程见图2.3-4。

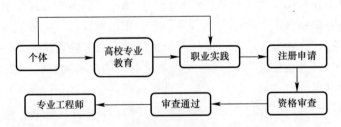

图2.3-4 德国职业工程师注册流程图

个体申请注册专业工程师条件为经过专业学历的认证（德国、欧盟或获得承认的其他国家学历），有两年以上的职业实践工作经验，学历不足适当延长职业实践年限，不具备工程类学历申请注册，需进行成绩测试，测试合格后才能参加资格审查。由相关协会的注册委员会对申请者的教育背景和实践工作经验进行审查，职业实践的审查也相当于面试。审查通过后，成为一名专业工程师，姓名会登记到相关的名册。

2.3.2.4 新加坡结构工程师执业资格认证与管理

新加坡是注册结构工程师制度较为先进和规范的亚洲国家之一，其结构工程师执业认证与管理制度既借鉴了西方专业学会的方式方法，也融入了自身独特的创新内容，值得我们借鉴。

在新加坡，所有专业结构工程师的申请者都需要参加专业工程师委员会（PEB）的专业工程师（PE）认证，该认证需要符合以下要求：

（1）取得专业工程师委员会认可的教育资格；

（2）具有至少4年的实际经验，其中在拥有有效执业证书的注册专业工程师的带领下至少有2年实际经验；

（3）通过两次考试，即基础工程考试（FEE）以及专业工程实践考试（PPE）；

（4）参加并通过专业面试。

新加坡专业工程师委员会认可的可注册的教育资格只限于土木工程、电气工程和机械工程专业及其分支。此外，认可的资格必须满足专业工程师（认可资格）通知中规定的要求（详见 http://app.peb.gov.sg/html/pe_approved.html）。

在实际工作经验方面，申请注册的人须具备至少4年与工程相关的工作经验，拟注册土木工程科的申请人应当取得以下实践经验：

1）在具有有效的执业证书的注册专业工程师的指导下工作时间满12个月；

2）在具有有效执业证书的注册专业工程师的指导下，从事项目现场或工程勘察监管工作的时间至少为12个月；

若从事全职教学或研究工作的申请人，其应具备在具有有效执业证书的注册专业工程师指导下至少两年相关的实际工作经验，工作内容应得到专业工程师委员会董事的认可。综上所述，新加坡专业工程师具体注册流程如图2.3-5所示。

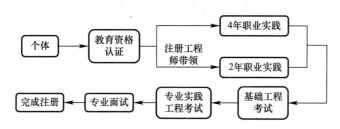

图 2.3-5 新加坡专业工程师注册流程图

申请注册的申请人，须参加并通过的两次考试为基础工程考试（FEE）和专业工程实践考试（PPE）。基础工程考试主要考察申请人对土木工程基本工程学科方面的知识。专业工程实践考试是考察申请人在专业工程方面的实践中运用其知识和经验的能力，以及在土木工程专业的规则和法规规范方面的知识。

目前，考试每年举行一次。考试形式为开卷，问题类型包括多项选择或回答问题，如下表所示：

新加坡专业工程师资格考试内容　　　　　　表 2.3-5

科　目	分配时间	类　型
基础工程考试第一部分 土木/机械/电气工程的核心工程科目	3 小时 10 分钟 （上午 9.00-下午 12.10）	40 道多选题（MCQ）
基础工程考试第二部分 土木/电气/机械工程的核心/选修科目	3 小时 10 分钟 （下午 2.00-下午 5.10）	9 题选作 5 题（土木） 7 题选作 5 题（电气、力学）
专业工程实践考试第一部分 普通试卷	2 小时 10 分钟 （上午 9.00-上午 11.10）	10 道必做多选题 从 5 篇短文中选 3 篇，回答问题
专业工程实践考试第二部分 土木/机械/电气工程	4 小时 10 分钟 （下午 1.00-下午 5.10）	1 道必答题及从 6 道题中选四道题回答 （土木工程） 1 道必答题以及从 7 道题中选 4 道题回答 （电气、机械工程）

　　除了基础工程考试（FEE）和专业工程实践考试（PPE）之外，申请人还须参加专业面试。申请人需要提交一份毕业后专业经验的总结，详细介绍其工作经历，如就业岗位、在每个职位的职责等，还要提交 2000～4000 字的关于毕业后工程经验的报告，详细介绍其参与的自认为有专业经验亮点的项目（不超过 4 个项目）。

　　专业面试的主考官主要考察申请人报告中的内容以及申请人在专业实践方面所具有的能力。面试开始时，要求申请人进行 10 分钟的介绍，内容为其报告中强调的一个或多个项目。在面试的剩余时间，面试小组将与申请人讨论其报告中所提出的参与项目实现所需的各种能力。申请人将回答与申请和专业实践相关的其他方面问题，如毕业后的经验总结。面试持续时间约 45 分钟。

　　总体而言，申请注册的过程如下所示：

　　1）报考基础工程考试（FEE）。如果已获得认可的学历，即可报考。

　　2）申请参加专业工程实践考试（PPE）。要求是提交毕业后专业经验总结，表明已经获得了至少 4 年的实践经验，其中至少 2 年在具有有效执业证书的注册专业工程师的指导下完成。

　　3）通过基础工程考试（FEE）和专业工程实践考试（PPE）后，申请人要在通过专业工程实践考试（PPE）的 5 年之内申请注册。申请人需提交一份更新的毕业后的专业经验总结以及一份对毕业后工程经验的报告，然后参加面试以评估报告中提出的实际经验并最终完成注册。

2.4　社会责任

　　结构工程师担负着房屋等重要基础设施的建设与维护重任，在研究自然规律获取工程知识的基础上要用其创造性的劳动成果为人类社会提供适宜的生活环境。因此，结构工程师在学习自然科学知识、掌握工程应用技术的同时，还应建立基本的法律意识、风险意识、职业道德、环境意识和人文意识，并树立可持续的发展观，为和谐社会建设和人类可持续发展作出应有的贡献。

2.4.1　法律意识

　　一切建设活动必须依法有序地进行。为了调整国家及有关机构、企事业单位、社会团体、公民之间在建设活动中发生的各种社会关系，国家权力机关或其授权的行政机关制定了一系列的建设工程法律法规。根据我国的立法体系，这些法律法规主要分五个层次。第一层次是全国人民代表大会及其常务委员会制定的建设工程法律，具有最高的法律效力，主要内容包括建设工程方面的基本方针、政策，涉及建设工程领域的根本性、长远和重大问题，以及建设工程市场管理的基本规范等，如《中华人民共和国建筑法》、《中华人民共和国招标投标法》、《中华人民共和国安全生产法》等；第二层次为国务院根据法律法规和管理全国建设工程行政工作的需要而制定的建设工程行政法规，如《建设工程安全生产管理条例》、《建设工程质量管理条例》；第三层次为国务院各部委发布的建设工程部门规章，如《房屋建筑工程和市政设施工程竣工验收备案管理暂行办法》；第四层次是地方（省、直辖市、自治区和经济特区等）人民代表大会及其常务委员会制定的建设工程地方性法规；第五层次是各地方人民政府及人民政府所在地的人民政府制定的建设工程地方性规章。

建设项目的实施过程就是建设工程合同的履行过程，要保证项目按计划，正常、高效地实施，合同双方当事人都必须严格、认真、正确地履行合同。详细内容见4.1.3节"工程合同管理"。

建设工程的纠纷主要分为合同纠纷和技术纠纷。合同纠纷是指建设工程当事人或合同签订者对建设过程中的权利和义务产生不同理解而引发的纠纷，技术纠纷指由于技术原因造成的工程建设参与者与非参与者之间的纠纷。建设工程纠纷的解决方法包括和解、调解、仲裁和诉讼。在建设工程项目的执行过程中应建立完善的资料记录和信息收集制度，认真、系统地收集项目实施过程中的各种资料和信息，对技术纠纷，可以委托有资质的技术鉴定单位进行调查、检测、试验和计算分析，在技术层面上为纠纷的解决提供依据。

2.4.2 职业道德

职业道德是指人们在职业生活中应遵循的基本道德，即一般社会道德在职业生活中的具体体现，是职业品德、职业纪律、专业胜任能力及职业责任等的总称，它通过公约、守则等对职业生活中的某些方面加以规范。每种职业都担负着一种特定的职业责任和职业义务，结构工程领域有其特定的职业道德具体规范，结构工程师应遵守相关职业道德。2004年世界工程师大会所通过的"上海宣言——工程师与可持续的未来"中明确指出：应强调工程师行为准则的基本道德规范，如诚实、平等和反对腐败行为等。工程师应该在世界范围的各项工程实践的各个环节中保持职业的高标准，应通过对工程师职业道德的广泛讨论使所有工程师和工程组织都能接受并实施工程师的行为准则。

结构工程师职业道德的基本原则包括：把公众的健康，安全和福利放在第一位；在自己的能力范围内提供服务；发表公开声明时一定要保持客观和真实；避免欺骗性行为；对工作负责，坚持道德，守法，以此来增加别人对自己的尊敬，保持自己的声誉以及对自己工作的认同感等。

结构工程师职业道德的实践准则包括：遵循最高标准的诚实和正直；在任何时候都应该努力为公众利益服务；避免所有欺骗公众的行为；未经允许，不得泄露与以前的客户或者公共机构有关的机密信息和有关的业务；不能因为利益冲突而影响自己的专业职责；不得为了获得就业或保证自己的工作而诽谤他人或者使用其他不正当手段；如果发现其他人有这些不道德的行为，应该向有关部门提供材料，采取行动；应该为他们的职业行为承担个人责任等。

在我国有关文件中，明确提出了注册结构工程师需要遵守的一些道德准则，比如《勘

察设计注册工程师管理规定》（中华人民共和国建设部令第 137 号）第二十六条规定，注
册工程师应当履行下列义务：遵守法律、法规和有关管理规定；执行工程建设标准规范；
保证执业活动成果的质量，并承担相应责任；接受继续教育，努力提高执业水准；在本人
执业活动所形成的勘察、设计文件上签字、加盖执业印章；保守在执业中知悉的国家秘密
和他人的商业、技术秘密；不得涂改、出租、出借或者以其他形式非法转让注册证书或者
执业印章；不得同时在两个或两个以上单位受聘或者执业；在本专业规定的执业范围和聘
用单位业务范围内从事执业活动；协助注册管理机构完成相关工作。其他各国的结构工程
师职业道德详见附录五。

2.4.3　环境意识

工程项目对已有自然环境的影响主要有自然资源的消耗、生态系统的改变、空气污
染、水污染、噪声和废物等。工程项目对未来环境的影响主要有材料的持续污染、光污
染、空气污染、噪声、振动、景观和生态的改变等。在工程项目建设中应采取积极的态度
和科学有效的方法努力实现工程项目与环境的和谐。以下从项目设计与环境、项目施工与
环境、项目运营与环境等三个角度来阐述结构工程师应具有的环境意识。

在项目设计过程中，建筑材料的选用是结构工程师应该考虑的一项重要环节。结构工
程师应预先了解当地的建筑主材供应情况、混凝土等材料的生产能力和施工能力，积极引
导投资方因地制宜，就地取材，减少运输成本，降低建筑材料的无价值消耗，提高资源的
使用率。从结构工程师角度来看，结构优化是在确保安全性前提下实现节能减耗的有效方
法。结构优化包括结构体系选型优化、结构布置优化和结构构件优化等三个层次。结构工
程师应从结构的概念设计入手，使结构的平面布置尽量规则、对称，立面和竖向规则，侧
向刚度均匀变化，减少结构构件材料的使用量，达到最佳的经济效益。随着经济和科技的
日新月异，结构优化在实际工程中的应用也越来越多，前景非常广阔。

在项目施工过程中，提倡"四节一环保"（节材、节水、节能、节地和环境保护）。在
地基与主体结构施工过程中，应推广采用的绿色施工技术措施有：优化基坑施工方案，减
少土方开挖和回填量；保护周边建筑物、构筑物，保护地下设施、文物资源；分类处理建
筑垃圾，动态管控扬尘、噪声、光污染、水污染、空气污染和土壤侵蚀；推广使用周转次
数较多的模板及脚手架体系，节约施工用材；优先选用制作、安装、拆除一体化的专业队
伍进行模板及脚手架施工；推广钢筋专业化加工和配送，优化钢构件下料方案，降低钢材
损耗；充分利用施工剩料短钢筋，制作钢筋马镫、模板限位等辅助支架；优化钢结构制作
和安装方法，减少施工措施用材量；利用泵送混凝土的管内余料，制作各种预制混凝土
块；优先采用中水搅拌、中水养护混凝土，有条件时应收集雨水养护等等。

在项目运营过程中，需要减少能源消耗和碳排放，建设"节能建筑"和"低碳建筑"；
减少花岗岩、大理石等放射性材料的使用；防止玻璃幕墙的光污染；妥善处理运营阶段的
建筑垃圾，防止土壤渣化等。

2.4.4　人文意识

人文资源一般是指人类为开辟、发展和完善自己赖以生存的环境，在改造利用自然、
改造社会和塑造人类自身的长期实践过程中，所创造和积累的可供利用的物质文化遗产和
精神文化遗产。我国是文明古国，人文资源众多，在新兴工程项目的建设过程中和对既有
工程设施的维护改造过程中，结构工程师应树立浓厚的人文意识，对作为人文资源的物质

文化遗产和精神文化遗产予以保护，使工程建设成为促进社会发展的一个重要资源。

文物保护相关条例对文物保护区域内的建设工程立项、设计审批和施工提出了明确的要求。在历史文化城区或具有民族特色等独特文化遗产的工程建设中，结构工程师应努力去了解和理解地方的历史文化背景和建筑风格的传承，在设计环节中充分运用专业的知识和经验，在充分考虑保持文化内涵和历史价值的基础上给予可行的结构设计方案。文物是不可再生的文化资源，地方的建筑风貌和特色是历史的传承，结构工程师应运用合理巧妙的设计对历史建筑进行加固改造，保护历史建筑的原有风格。[5]

2.4.5 可持续发展观

可持续发展是指既满足当代人的需要，又不损害后代人发展的需要。结构工程建造了维系人类生活方式的大量基础设施，对整个社会的可持续发展起到相当重要的作用。结构工程的可持续性主要涉及如下方面：第一是合理利用自然资源，包括节约能源、节约土地和既有结构工程设施的再利用等；第二是开发和利用再生资源和绿色资源，包括再生混凝土和其他绿色工程材料等。结构工程师虽然不是"可持续发展"政策的制定者，但却是"可持续发展"政策的实行者，在工程项目的规划和设计阶段，结构工程师往往会起到主导作用。因此，在工程建设的每一项专业活动中都应考虑到可持续性与可接受性。

为合理利用自然资源，在工程项目的建设、使用和维护过程中，结构工程师应做到节能节地，并最大限度地发挥既有结构工程设施的作用。节能是指有效利用资源，并用太阳能、风能等新能源取代石油、天然气、煤炭、木柴等传统能源；节地是指建设活动后最大限度少占地表面积并使绿化面积尽量少损失、不损失甚至增多。在结构工程设施完成原有使用功能时，改造再利用能够节约资源并减少对环境的影响。

发展再生材料和绿色生态材料是实现社会可持续发展的重要内容。与其他材料相比，钢材较为符合绿色建材标准，应大力发展。由于混凝土材料适用范围很广，在现有混凝土材料的基础上进行再生资源和绿色资源的研究具有重要意义。可以利用废弃混凝土作为再生骨料生产再生混凝土，利用工业固体废弃物如锅炉煤渣、煤矿的矿石、火力发电站的粉煤灰等工业废料作为骨料生产轻质混凝土，在混凝土中添加以工业废液如黑色纸浆废液为主要原料改性制造的各种外加剂，采用磨细矿渣、优质粉煤灰、硅灰和稻壳灰等作为活性掺合料等方法也可配置再生混凝土。还应开发既可作为建筑材料，又能与周围自然生态环境融为一体的新型生态混凝土材料，如利用一些金属废渣作为掺和料配置彩色混凝土，可改善混凝土的观感，增加艺术效果；开发能够使用绿色植物生长、进行绿色植被的混凝土及其制品；研制可以吸收噪声和粉尘，满足吸声、保温等功能需求的混凝土等。

第 3 章 专业知识和综合能力

3.1 专业知识

结构工程师不仅仅要具备一定的结构专业知识，还需要对建筑工程领域内基础理论知识和相关专业知识有所了解，这样结构工程师才能更深刻地理解其执业责任和意义。下面从工程材料、工程施工、工程技术经济、设计理论与方法、绿色设计、信息技术和个人知识管理等几个方面阐述结构工程师应了解的相关专业知识。

3.1.1 工程材料

我国古代以石、木、砖、瓦为工程材料，形成了"土台基、木框架"的基本形式；进入现代以来，人们大规模采用水泥、钢、铝、玻璃等多种材料，创造了丰富多彩的多高层、大跨度的现代工程结构。结构工程师应该系统、深刻地了解工程材料特性及其施工特点，才能更好实现设计意图。

工程材料主要有四大类：混凝土、钢材、砌体和木材。混凝土和钢材逐渐向高强、高性能材料发展，砌体向轻质、节能的新型砌块转变，木材向材质均匀、强度高的胶合材料发展，这是近年来结构材料的主要发展趋势。本节主要介绍材料分类、材料性能及设计和施工中的基本要求。

3.1.1.1 混凝土

混凝土是一种非匀质多相的人造复合材料，有优良的抗压性能，但抗拉能力很差，配置钢筋后钢筋主要承受拉力，混凝土主要承受压力；砂石材料可就地取材，造价便宜；耐久性好，可制成各种形状；耐火性好，维护费用低；但自重大，容易开裂，开裂后影响耐久性；在长期使用过程中发生徐变现象——这些都是混凝土的基本特点。混凝土的施工特性如下：水泥自加水搅拌开始发生化学反应，产生水化热；混凝土从浇筑成型到失去塑性，发生塑性收缩（沉缩）；混凝土从终凝到产生强度，发生化学收缩（又称自生收缩）和干燥收缩；混凝土在空气中硬化体积收缩，在水中硬化体积前期略有膨胀、后期还会收缩。

现行规范将混凝土强度等级分为 C15～C80 共 14 个等级。混凝土的施工配合比应经过试配及试验确定。C40 以下混凝土，一般选用 42.5 级通用硅酸盐水泥；C45 以上混凝土，应选用 42.5 级及以上强度等级的通用硅酸盐水泥。

混凝土结构施工宜采用预拌混凝土。预拌混凝土应由具备相关资质的混凝土搅拌站生产，生产使用的所有原材料必须符合国家相关规定。根据结构设计要求，进行混凝土配合比设计，应在满足混凝土强度、耐久性和工作性要求的前提下，尽量减少水泥和水的用量；其工作性应根据结构形式、运输方式和距离、泵送高度、浇筑和振捣方式以及工程所处环境条件等确定。混凝土的配合比须通过试验确定，采用工程实际使用的原材料和计算配合比进行试配，混凝土的试配强度一般应比设计强度要高。

随着建筑结构不断发展，对建筑材料的各项性能提出更高的要求，高性能混凝土的研究与应用日趋重要。高性能混凝土的特性是针对具体应用和环境而开发的。现有的高性能混凝土有高强混凝土（强度高）、泵送混凝土（高流动性）、抗渗混凝土（抗渗）、大体积混凝土（低水化热）等。

［实例］工程结构中采用的混凝土强度等级

当前世界各国及国内采用混凝土强度等级已达到 C70，甚至达到 C80～C120 以上。轻质混凝土强度等级也达到 C50～C60 以上。例如，上海环球金融中心最高采用了 C60 混凝土，广州西塔最高采用了 C90 混凝土，上海中心最高采用了 C70 自密实和高流态高强混凝土。

3.1.1.2 钢材

普通钢筋混凝土结构对钢筋的基本要求为：钢筋的强度高、延性好，有明显的屈服台阶，与混凝土能粘结紧密，便于调直、切断、弯曲、焊接施工。

常用的钢筋有三类：热轧光圆钢筋 HPB300 级，普通热轧带肋钢筋 HRB335、HRB400、HRB500 级，细晶粒热轧带肋钢筋 HRBF335、HRBF400、HRBF500 级。其中 HPB500、HRB400 级为目前推广应用的主导钢筋，而 HPB235、HRB335 级钢筋为即将淘汰的品种。为了适用要求较高的一、二级抗震结构的需要，国家新标准还推出了延性较好的 HPB300E、HRB400E、HRB500E、HPBF300E、HRBF400E、HRBF500E 级钢筋，称为"带 E 钢筋"。

冷轧带肋钢筋是由热轧光圆钢筋为母材，经冷轧减径后制成的，公称直径 4～12mm。冷轧带肋钢筋 CRB550 级常用于现浇混凝土楼板的配筋，其他 CRB650 级及以上冷轧钢筋适于作预应力筋。

预应力混凝土结构通常采用高强度、低松弛的钢绞线或碳素钢丝作为预应力筋。预应力钢绞线的主要特点是强度高和松弛性能好，另外展开时较挺直。常见极限强度标准值为 1860MPa，还有 1720、1770、1960、2000、2100MPa 的强度等级。按照一根钢绞线中的钢丝数量可以分为 2 丝钢绞线、3 丝钢绞线、7 丝钢绞线及 19 丝钢绞线四种。按照表面形态可以分为光面钢绞线、刻痕钢绞线、模拔钢绞线（Compact）、镀锌钢绞线、涂环氧树脂钢绞线等。常用的无粘结预应力钢绞线如 1x7-ϕ^s12.7 和 1x7-ϕ^s15.2。

钢结构常用钢材有普通碳素结构钢和普通低合金高强度结构钢。普通碳素结构钢（如 Q235），具有较高的强度、良好的塑性、韧性和可焊性；普通低合金高强度结构钢是在碳素结构钢的基础上，加入微量合金元素制成的，具有较好的综合性能和更高的强度，常见牌号有 Q345、Q390、Q420、Q460 等。建筑钢结构一般选用 Q235B、Q345B 等，高层与大跨钢结构可选用 Q235GJB、Q345GJB 等高建钢。当焊接结构的工作温度较低时，可选用 C、D 级钢材。

热轧型钢主要采用 Q235、Q345 和 Q390 热轧成形，如：H 型钢、宽翼缘工字钢、钢管、角钢、T 型钢、槽钢和钢板等。热轧钢厚板是钢结构的主要用材，薄板用于冷压、冷弯或冷轧制成各种薄壁型钢（如冷弯方管、矩形管、C 形卷边槽钢、卷边 Z 型钢、角钢和槽钢）及压型钢板（如屋面板、墙面板、楼承板）。

在钢结构制作和安装过程中还需要多种辅材，例如：用于手工焊的 E43 和 E50 焊条，用于自动焊的焊丝和焊剂，作为紧固件的普通螺栓、高强螺栓（10.9S、8.8S）、锚栓和铆钉,等等。

[实例]"水立方"采用的钢材和焊接材料

国家游泳中心"水立方"钢材选用 Q345C、Q420C,焊接材料采用 E50XX 及 E55XX 系列焊条,焊接方法采用手工电弧焊和二氧化碳气体保护焊。

3.1.1.3 砌体材料

砖混结构自重大,整体性和延性较差,抗震能力弱,容易出现各种墙体裂缝。烧结黏土砖还会破坏耕地,影响环境。因此,大多数城市已经停止使用烧结黏土砖,并逐渐淘汰砖混结构,砌体的作用从结构承重改变成围护或分隔,如作为框架和框剪结构的填充墙。

目前,应用较广泛的砌块材料有:毛石或块石,蒸压灰砂砖,蒸压粉煤灰砖,蒸压加气混凝土砌块,混凝土小型空心砌块;烧结型页岩空心砌块在某些地区应用较多。

毛石或块石主要用于挡土墙或山区的低层建筑,宜选择石质坚硬的花岗岩和玄武岩。

蒸压灰砂砖可用于多层混合结构的承重墙体,规格 240mm×115mm×53mm,强度等级 MU15 级以上常用于地下墙体及基础,MU10 级可用于防潮层以上的墙体。

蒸压加气混凝土砌块,自重轻,具有多微孔、保温、防火、可据可割的特点,一般用作无防水要求的非承重内隔墙,不宜用于长期浸水或干湿交替的部位。不同强度的砌块容重相差较大,不同强度的砌块不宜混用。

普通混凝土小型空心砌块,强度等级分为 MU5~MU20,主要规格有 90 系列、140 系列、190 系列;砌块的容重较小,有保温隔热作用,应用范围广。烧结型页岩空心砌块,分为薄壁型(B 型)和厚壁型(H 型)两种,主规格尺寸为长 240mm,宽 200mm、250mm、300mm,高 190mm。

砌筑砂浆应具有良好的塑性、保水性及一定的强度。砂浆的品种和强度等级应按设计要求经试配和试验确定。砂浆的强度等级分为 M2.5~M20,常用的砌筑砂浆为 M5~M15。M15 及以下强度等级的砌筑砂浆宜选用 32.5 级的通用硅酸盐水泥或砌筑水泥,保证砂浆的和易性;M15 以上强度等级的砌筑砂浆宜选用 42.5 级通用硅酸盐水泥。水泥砂浆主要用于地下砌体,水泥石灰混合砂浆可用于地上各种砌体。为节约材料、有利环保,提倡使用预拌(干混)砂浆。

3.1.1.4 木材

木材具有质量轻、强度较高、加工性能好等优点,是一种较好的可再生的承重结构材料,而由于木结构强度受木节、斜纹、裂缝等缺陷影响,截面尺寸受到天然生长的限制,又有易燃、易腐和虫蛀等缺点,因此,应用范围受到一定限制。

结构用木材按取材树种,一般可以分为两类:针叶木和阔叶木两大类。[6]

其中针叶木树干直而高,材质均匀,纹理顺直,木材质地较软,容易加工,胀缩变形小,又称软材,在建筑行业中广泛用作承重构件和装修材料。建筑中常用的针叶木有:杉木、冷杉、雪杉、柏树、红松以及其他松木。

阔叶木一般主干较短,质地较硬,加工较难,通常称为硬木。阔叶木的材质强度高,膨胀变形大,易翘曲和开裂。阔叶木板面木纹和颜色美观,适用于内部装修、家具制造和胶合板等。建筑中常用的阔叶木有水曲柳、榆树、槐树、樟木、核桃木等。

木材的构造分为宏观构造和微观构造,其中宏观构造通常通过纵向、径向和切向三个切面进行剖析。从横切面可以看出树木由树皮、木质部和髓心组成,另外还有年轮和脊线等宏观构造。木材的微观构造通常指木材的细胞组成，而针叶木与阔叶木有较大区别。

　　木材作为结构材料，与钢材、混凝土等在力学性能方面有较大差别，主要体现在：强度重量比高；显著的变异性和不均匀性；各向异性（性能取决于木纹的方向）；性能受含水率影响；强度显著受到荷载持续时间的影响；变形明显随时间增长。木构件的常见破坏模式为脆性或半脆性，因而在木结构体系中对荷载作用重分配的能力受到限制。

　　结构用木材按照其加工方式不同主要分为三类：原木、锯材和胶合材。

　　原木为经去除树皮后直接用作结构的构件。原木用作结构构件时通常要求较高，整根构件的长度大，直径变化小、外观好、缺陷少，因此造价也较高，且不利于材料的充分利用。

　　锯材为树干去皮处理后，切割成一定长度、断面的材料，按其断面尺度的不同分为方木、板材和规格材。

　　胶合材是以木材为原料通过施压胶合制成的柱形材和各种板材的总称。胶合材在加工过程中所用的单块原材料较薄或较小，所以容易去除木材本身的部分缺陷，从而材质较均匀，强度和可靠度都比同样规格的锯材高，同时材料利用率也较高。

　　除此之外，工程木产品还有其他由规格材、胶合材等通过一定加工形成的结构受力构件，如轻型木桁架、木工字梁等。

3.1.2　工程施工

　　工程施工内容非常广泛。本节以房屋类建筑的施工为例讲述工程施工的相关知识。房屋类建筑的施工包括：土方与基坑支护工程、地基处理与桩基础工程、钢筋混凝土工程（模板、钢筋、混凝土）、钢结构工程及砌筑工程等施工技术。本节主要介绍以上各类分部的施工方法，重点是设计与施工中共同关注的施工技术，这是结构工程师应该掌握的施工知识。

3.1.2.1　基础工程

　　基础工程包括土方工程、基坑支护、地基处理和桩基础等内容。其中，土方工程包括土方开挖、土方回填和基坑排水降水三项内容。

　　土方开挖，一般用机械开挖，人工修整。当机械开挖至距设计标高约 30～50cm 时停止，再用人工挖至设计标高，并修正好基坑周边。基坑挖完后要尽快验槽，及时做基础垫层，不要让基槽长时间暴晒或泡水。当基槽检验不符合设计要求或有其他异常情况，施工方应会同设计人员研究处理办法。

　　土方回填时回填土要求分层铺摊，分层压实。常用的压实方法有：碾压法（利用较重的碾滚反复碾压）、夯实法（利用重锤从一定高度上自由落下夯实）和振动法（利用机械振动产生的冲击力振实）。设计文件通常给出压实系数，若设计没有规定，可按施工规范要求：场地土回填压实系数不小于 92%，基础持力层回填压实系数不小于 97%。提高回填土压实质量须采取两方面措施：确定合适的分层填土（虚铺）厚度及压实遍数，回填土含水率应接近最佳含水率。

　　基坑排水与降水是为了使基础施工有良好的工作环境。常用的基坑降水方法有集水坑排水法和井点降水法。深基坑宜采用井点降水法，有承压水影响的基坑还需布设减压降水井。当降水深度不大且坑壁土体较稳定时，也可采用明沟、集水坑法排水。基坑降水工作应一直持续到土方开挖完成、基础及地下室施工完成以及回填土完成，且达到设计文件规定的停止降水时间；否则，若中途停止降水，不仅影响正常施工，还可能因地下水浮力造成结构构件的变形和开裂。由于减压降水对周边环境及地面沉降影响较大，施工时要注意在保证安全的前提下尽量减少抽水时间和抽水量，按需降水。

基坑支护的目的是利用支护结构保护坑周边土体稳定，保护坑内施工的安全，保护坑外邻近的道路、建筑物和地下设施的安全；阻止地下水渗入坑内，使坑内保持干燥，使坑内挖土、基础和地下室的施工能够顺利进行。基坑支护有多种方法，例如：土钉墙，排桩（悬臂，桩锚，内撑），地下连续墙，水泥土墙。目前，逆作法施工技术是高层建筑物较为先进的施工技术方法，可以大大节约工程造价，缩短施工工期，防止周围地基出现下沉，是一种很有发展前途和推广价值的深基坑支护技术，并已在较多地区发展应用。

对于基底土质较差、承载力较低，或变形过大，不足以承受上部结构荷重的情况，则可以考虑采取地基加固处理措施。常用的地基处理方法有换土垫层法、强夯法、排水堆载预压法、砂石桩挤密法、水泥土搅拌桩加固法等。

对于不能作为天然地基基础持力层的工程场地，如果不适合采取地基加固处理措施，则可考虑采用桩基础。桩有多种分类方式。按照桩的性状和竖向受力情况，可分为端承型桩和摩擦型桩。根据施工方法的不同，可分为预制桩和灌注桩。预制桩根据材料不同可分为混凝土预制桩、钢桩和木桩。预制桩的沉桩方式主要有锤击法、振动法和静压法。灌注桩的种类很多，大致可归纳为沉管灌注桩、钻（冲、磨）孔灌注桩、挖孔灌注桩和爆扩孔灌注桩几大类。随着桩端后注浆技术的不断发展和成熟，桩端后注浆能大幅度提高桩基承载力已得到充分证实，目前在桩基工程中的应用也越来越广泛。按照桩成型时挤土效应的不同，桩可分为挤土桩、部分挤土桩和非挤土桩。

桩基施工质量检测项目有四个方面：桩的平面位置、垂直度、标高；桩长及桩端持力层；桩身质量完整性及混凝土强度；单桩承载力。常用的检测方法有：采用超声波检测法、小应变或大应变动测法判定桩身混凝土质量完整性，大应变动测法还可以估测单桩极限承载力；采用静载法确定单桩极限承载力；采用钻芯法检查大直径灌注桩混凝土质量和桩底持力层。

[实例] 上海中心大厦基础工程的施工工艺

上海中心大厦基础工程的施工工艺概括如下：深厚砂层钻孔灌注桩成孔施工技术采用正反循环结合钻孔工艺，上部黏土层（30m以上深度）正循环成孔，下部砂土层泵吸反循环成孔。桩端后注浆施工技术采用注浆量、注浆压力双控原则，桩身均匀设置3根注浆管，与超声波检测管共用，两备一用。超深地下连续墙施工技术包括抓铣结合技术和套铣接头技术。超大超深基坑工程施工技术包括中部区域主楼顺作法圆环形无支撑基坑施工技术和周边区域裙房逆作法基坑分区对称施工技术。

3.1.2.2 模板工程

模板是在混凝土施工中用以使混凝土成型的构造设施。

模板体系分水平模板体系和竖向模板体系，由模板、支撑及配件三部分组成，目前有组合式模板、工具式模板和永久式（免拆）模板三大系列。组合钢模板体系，广泛应用于多层或一般高层建筑；滑模法和爬模法多用于高层和超高层混凝土结构。

模板工程的质量关系到施工安全及结构质量。模板工程应编制专项施工方案并附计算书，必要时还要按规定进行专家评审。其设计应满足足够的承载力和刚度，并应保持其整体的稳固性。对于大跨度、重荷载、高支撑的情况，必须经过严格计算。模板拆除时，可按先支后拆、后支先拆，先拆非承重模板、后拆承重模板。底模及支架应在混凝土强度达到设计要求后再拆除。

3.1.2.3 钢筋混凝土工程

钢筋混凝土工程包括钢筋工程和混凝土工程。

钢筋工程包括下料、加工及安装，以手工操作为主，是目前工厂化程度和施工效率较低的环节。

混凝土工程包括混凝土运输、浇筑和养护。

混凝土宜采用搅拌运输车运输。混凝土在运输、输送、浇筑过程中应保证混凝土在浇筑前不出现离析现象。施工现场的输送方法较多，高层建筑施工常用混凝土泵加输送管；多层建筑施工可用手推车和井架（或施工电梯、塔吊等）配合输送。混凝土的浇筑，应预先制定施工方案，由远而近，连续作业，振捣密实，避免出现施工冷缝、蜂窝麻面等质量问题。混凝土早期塑性收缩和干燥收缩较大，应采取养护措施补充水分或降低失水速率，防止混凝土产生裂缝。常见的养护方法有：浇水（或覆盖麻袋、草帘洒水）自然养护、蒸汽养护（多见于混凝土预制构件厂）和特种养护（如涂刷养护剂、覆盖保护膜或抽真空等）。

对于特殊混凝土工程还需有特殊的施工手段，例如设置施工缝和后浇带、大体积混凝土施工和预应力混凝土施工。

混凝土施工缝和后浇带应在设计规定的位置留设。施工后浇带一般分为沉降后浇带和收缩后浇带。后浇带的接缝形式有平接式、企口式和台阶式。后浇带内的全部钢筋应先绑扎好，且采用强度等级高一级的微膨胀混凝土填充。收缩后浇带混凝土通常在两个月后浇筑；主楼与裙楼之间的沉降后浇带的封闭时间应通过监测确定，应在差异沉降稳定后封闭。

大体积混凝土常采用斜面分层浇筑法，也可采用全面分层法、分块分层法。大体积混凝土必须控制温差，混凝土内部与表面的温差不应大于 25℃，混凝土表面与大气环境的温差不应大于 20℃。主要温控措施有：控制水泥的水化热，控制搅拌用水的温度，控制混凝土入模温度等，必要时可铺设内部管道通入循环冷却水。预应力混凝土构件按施加预应力的方式分为先张法和后张法，按预应力钢筋与混凝土之间的作用分为有粘结与无粘结预应力混凝土。预应力混凝土主要优点是：能有效利用高强度钢丝和高等级混凝土的优良性能；能有效提高构件的抗裂性、刚度和耐久性；能减小构件截面，减轻自重，节约材料。先张法适用于在混凝土预制构件厂生产中小型预应力构件，后张法适用于大跨度、大柱网、大型的现浇混凝土结构。

［实例］某超高层建筑底板大体积混凝土施工措施

采用了超大超长超厚大体积混凝土裂缝控制技术，采用中低热水泥、大掺量粉煤灰和矿物掺合料，采用聚羧酸系高性能减水剂，控制单方用水量，采取蓄热保温保湿养护法，顶面两层薄膜两层麻袋间隔布置，实时测量温度指导施工。

3.1.2.4 钢结构工程

钢结构工程包括钢结构制作和安装。

钢结构工程制作和安装应满足设计施工图的要求，施工单位应对设计文件进行工艺性审查，并根据加工工艺，考虑加工余量、公差配合、构件运输和吊装等因素，绘制加工详图。当需要进行节点设计时，节点设计文件应经过原设计单位确认。节点构造设计是以便于钢结构加工制作和安装为原则，根据设计施工图提供的内力进行焊接或螺栓节点设计，以确定连接板规格、焊缝尺寸和螺栓数量，以及安装用的连接板、吊耳、混凝土浇筑孔、排气或排水孔、大跨构件的预起拱、运输与吊装的分段分节等。

钢结构安装应选择合适的起重机械和吊装方法，做好定位轴线和标高的传递与控制。设计文件要求预拼装的钢结构，应在构件出厂前进行预拼装，拼装可采用实体预拼装和计算机辅助模拟预拼装法。钢结构安装应根据结构特点按照合理的顺序进行，形成稳固的空间刚度单元，必要时应增加临时支撑。钢结构安装、校正时，应分析温度、日照和焊接变形等因素对结构变形的影响；对施工过程中可能出现的未被设计考虑的其他工况，应进行施工验算，保证施工阶段的强度、刚度和稳定性等结构性能。

[实例] 某超高层建筑钢结构安装

某超高层建筑钢结构安装采用 4 台 M1280D 塔吊和 2 台 300t 履带吊辅助吊装。塔吊采用外挂内爬形式布置在核心筒翼墙外侧中部，支承装置采用桁架式支撑系统，爬升框由斜撑杆和斜拉索共同支撑。每层钢结构框架首先安装巨型钢柱，然后安装其他钢结构部分。楼面桁架内段采用整体吊装，完成后进行楼层钢梁安装，楼面桁架外段悬挑部分也采用整体吊装，利用钢丝绳及辅助侧向支撑进行临时固定，及时补缺安装斜腹杆。环带桁架先整体吊装内外环带桁架的下弦杆，然后吊装竖杆，并由两端向中间分别安装斜腹杆和中层梁，最后整体吊装内外环带桁架的上弦杆。核心筒内部的伸臂桁架随核心筒墙体先施工。依次吊装下弦杆、劲性钢柱、腹杆和上弦杆。核心筒外围的伸臂桁架随钢框架安装后施工。依次吊装下弦杆、巨型钢柱、伸臂桁架斜腹杆、中层梁和上弦杆。考虑变形预控制，对核心筒外伸臂桁架的特定部位采用临时连接措施，在变形后择时进行最终连接。屋顶塔冠安装，先吊装双向桁架以下的八角框架结构，安装相应楼层钢结构，完成核心筒区域混凝土浇筑，再安装双向桁架加强层钢结构，最后依次吊装竖向鳍状桁架及水平环带桁架。

3.1.2.5　绿色施工

按照我国现行的绿色施工标准，绿色施工评价对象为建筑工程的施工过程，提倡"四节一环保"（节材、节水、节能、节地和环境保护）。在地基与主体结构施工过程中，应推广采用的绿色施工技术措施如下：

（1）优化基坑施工方案，减少土方开挖和回填量；保护周边建筑物、构筑物，保护地下设施、文物资源；分类处理建筑垃圾，动态管控扬尘、噪声、光污染、水污染、空气污染和土壤侵蚀。

（2）推广使用周转次数较多的模板及脚手架体系，节约施工用材；优先选用制作、安装、拆除一体化的专业队伍进行模板及脚手架施工。

（3）推广使用高强钢筋，减少资源消耗；推广钢筋专业化加工和配送，优化钢构件下料方案，降低钢材损耗；充分利用施工剩料短钢筋，制作钢筋马凳、模板限位等辅助支架；优化钢结构制作和安装方法，减少施工措施用材量。

（4）推广使用预拌混凝土和预拌（干混）砂浆，减小粉尘污染；推广使用高性能混凝土，减少资源消耗；利用泵送混凝土的管内余料，制作各种预制混凝土块；优先采用中水搅拌、中水养护混凝土，有条件时应收集雨水养护。

3.1.3　工程技术经济

3.1.3.1　概述

工程建设项目是一项长期的人力、物力、财力社会投资的产物，其间各种活动的表征之一就是工程造价，工程造价是工程项目按照确定的建设内容、建设规模、建设标准、功能要求和使用要求等全部建成并验收合格交付使用所需的全部费用，其中，结构工程费用在工程造价中占较大的比例。作为职业结构工程师应具备一定的工程造价意识和常识。

工程建设项目从工程经济角度可分为四个阶段：工程项目策划和决策阶段、工程项目实施阶段、工程项目竣工验收阶段和后期运营阶段。

其中职业结构工程师一般较多需要参与的阶段为：工程项目策划和决策阶段、工程项目实施阶段和工程项目竣工验收阶段

职业结构工程师所参与的各阶段对应的工程技术经济设计工作可分为：

工程项目策划和决策阶段——投资估算，投资估算是指在项目投资决策过程中，依据现有的资料和特定的方法，对建设项目的投资数额进行的估计数据，它是项目建设前期编制项目建议书和可行性研究报告的重要组成部分，是项目决策的重要依据之一，投资估算的准确与否不仅影响到可行性研究工作的质量和经济评价结果，而且也直接关系到下一阶段设计概算和施工图预算的编制，投资估算在此阶段计算准确率允许误差一般为 10%。

工程项目实施阶段——包括工程设计概算和工程施工图预算。工程设计概算是设计文件的重要组成部分，是在投资估算的控制下由设计单位根据初步设计（或扩大初步设计）图纸、概算定额（或概算指标）、各项费用定额或取费标准（指标）、建设地区自然、技术经济条件和设备、材料预算价格等资料，编制和确定的建设项目从筹建至竣工交付使用所需全部费用的文件，本阶段工程设计概算计算准确率允许误差一般为 5%~8%；施工图预算是施工图设计预算的简称，又叫设计预算。它是由设计单位在施工图设计完成后，根据施工图设计图纸、现行预算定额、费用定额以及地区设备、材料、人工、施工机械台班等预算价格编制和确定的建筑安装工程造价的文件，本阶段工程施工图预算计算准确率允许误差一般为 3%~5%。

工程项目竣工验收阶段——工程竣工决算，工程竣工决算是指所有建设项目竣工后，建设单位按照国家有关规定在新建、改建和扩建工程建设项目竣工验收阶段编制的竣工决算报告。竣工决算是以实物数量和货币指标为计量单位，综合反映竣工项目从筹建开始到项目竣工交付使用为止的全部建设费用、建设成果和财务情况的总结性文件，是竣工验收报告的重要组成部分，竣工决算是正确核定新增固定资产价格，考核分析投资效果，建立健全经济责任制的依据，是反映建设项目实际造价和投资效果的文件。本阶段为工程项目投资关门定稿阶段，整个工程项目投资最终以此阶段为准，以此为最终数据，不再考虑偏差度。

3.1.3.2 材料价格影响分析

1. 材料预算价格组成

材料预算价格一般由材料原价、供销部门手续费、包装费、运杂费、采购及保管费组成。材料预算价格的一般计算公式：

材料预算价格=（材料原价+供销部门手续费+包装费+运杂费+运输损耗费）×（1+采购与保管费率）-包装材料回收价值

上述费用的计算也可以综合成一个计算式：

材料预算价格=[（材料原价+运杂费）×（1+运输损耗费）]×（1+采购及保管费率）

当发生检验试验费时，材料费中还应加上检验试验费，属于建筑安装工程费用中的其他直接费。

2. 主要结构材料类别

常用建筑结构材料种类：

原材类：粗骨料、细骨料、水泥、粉煤灰、外加剂、矿粉；

工厂制品类为：钢筋及型钢、钢绞线（预应力钢筋及锚具）、模板、钢构件、钢制品、结构辅材等；

结构辅材：此类材料一般价值低，但在结构施工中不可缺少，主要是圆钢钉、电焊条、橡胶止水带、防水材料、钢扣件、钢螺纹套管等。

3. 主要结构材料价格影响分析

根据上述价格分析情况，材料价格的主要价格影响因素由材料原价、供销部门手续费、包装费、运杂费、采购及保管费组成。

其中：

材料原价的变化主要受市场供求平衡关系影响，根据市场规律，供大于求，则价格下降，供小于求，则价格上升，当二者平衡时，则价格平稳。当然，一些重要性的材料还受到其基础原材供求关系的影响。如钢材在采购过程中很容易受到国际铁矿石价格传导影响，混凝土受水泥的供求影响等。

供销部门手续费，此类费用一般是交易过程中产生的，其收费标准一般由行业协会及国家行政部门颁布，较稳定，很少变化。

包装费，此费用比较平稳，一般无变化。

运杂费，在建筑结构用材中，此费用受外界影响最多，经常波动并很快反映到建筑用材价格上。影响此费用的因素主要有：季节枯水期的出现、国际油价的波动、地域的差异、自然灾害和地质灾害的影响。如水泥，主要运输方式为水运，季节性枯水期会使其运路不畅，进而影响其价格，所以水泥冬天价格均高于夏天价格。

3.1.3.3　建设项目全过程成本控制

1. 结构工程师项目成本管理的两个阶段

工程项目建设成本中，结构成本一般约占土建成本的 60%～70% 左右，结构工程师的项目成本管理在整个项目建设过程中占有十分重要的地位。

结构工程师项目成本管理主要贯穿于以下两个阶段：

工程项目策划和决策阶段—前期阶段；

工程项目实施阶段—项目设计和工程施工；

前期阶段结构工程师可在获取足够的项目资料和信息之后，对项目的可行性进行评价。通过专业知识和经验，对工程项目实施提出建议，规避可能出现的重大风险，以实现工程前期的投资控制。

项目设计和施工配合可细分为以下几个阶段：

（1）方案阶段

方案设计是工程项目建设过程中主要的投资控制阶段，需要进行精心的方案比选，工程设计方案的选择确定直接关系工程整个建设周期的工程造价投资额。结构工程师在此阶段主要工作内容是：根据建筑方案，综合考虑项目现状，构思经济可行的结构设计方案，并对建筑方案从结构设计的角度提出合理化建议，选用经济可行的结构设计参数，确定适合本项目使用的结构用材，指导下一阶段设计，节约工程投资。

（2）初步设计阶段

工程初步设计阶段的设计工作主要是确定工程的各专业设计方案，此阶段是工程项目建设过程中重要的投资控制阶段，需要进行精心的专业方案比选，继续完善本项目的方案设计，进行主要专业的初步设计，考虑各种细部构件的设计，预判工程施工图阶段设计可能会涉及的工作，避免后期实施过程中出现专业内投资的重大偏差。

结构工程师此阶段工作内容是：根据方案阶段确定的结构设计形式，进一步确定并细化各部分构件设计形式，确定项目主要跨度尺寸，确定主要承重构件合理尺寸，重大项目及特殊结构设计还需进一步研究考虑后期施工过程中需要配套的大型施工技术措施，避免投资偏差。

（3）施工图设计阶段

结构工程师根据初步设计阶段确定的各分部构件初步设计方案进一步细化工程设计，控制各构件结构尺寸和各构件主要结构用材的使用量，重大项目及特殊结构设计需编制指导后期施工过程中需要配套的大型施工技术措施方案。

（4）工程施工阶段

本阶段，结构工程师需要深入施工现场查勘，在施工图设计框架下，根据工地现场情况，调整施工图设计，补充工程技术措施设计，及时处理和签发各种设计变更单和核定单，指导结构工程现场施工，避免投资偏差。

2. 工程设计概算

预算定额是国家建设行业部门编制的造价基准文件，其最大的作用就是提供一个尺度来衡量建筑行业工作的经济效果。它提供了生产单位合格产品所必须消耗的活劳动和物化劳动的数量标准，最主要的是它以货币形式来表现必须消耗的定额数量，这样看起来非常直观。具体来讲，定额的作用可以分为以下四个层次：

（1）预算定额是建筑行业计划编制的基础

（2）定额是测量施工方案合理性的依据，是确定产品成本的关键

（3）定额是组织和管理施工的有效工具

（4）定额是总结先进生产方法的手段

工程设计概算可分建设项目总概算、单项工程综合概算、单位工程概算和专业工程概算，其组成内容如图 3.1-1 所示。

3.1.4 设计理论与方法

近几十年来，我国工程结构设计计算方法有容许应力设计法、破坏阶段设计法、极限状态设计法。目前的设计方法是概率极限状态设计法。

极限状态设计法的设计计算准则是：对于所规定的极限状态，荷载引起的结构的最大内力不应大于可能的结构承载力。其表达式是 $S(nQ_k,\cdots)\leqslant R(m,kf_k,a_k,\cdots)$。这时，可能的结构最大内力是各种标准荷载 q 与相应的荷载系数 n（n 大于 1）乘积的函数，可能的结构承载力是各种材料的标准强度 f_k 与相应的强度系数 k（k 小于 1）的乘积、几何参数 a_k、工作条件系数 m 等的函数。其中 n，m 都是经验系数。标准荷载是根据调查资料和设计经验确定的，材料的标准强度是某种规定值。这种方法还被称作定值设计法。这种设计方法与前两种方法的主要区别是：明确规定了设计极限状态，而且采用几个系数来代替单一安全系数。由于这种方法对不同荷载、不同材料采用不同的系数，使设计较以前更

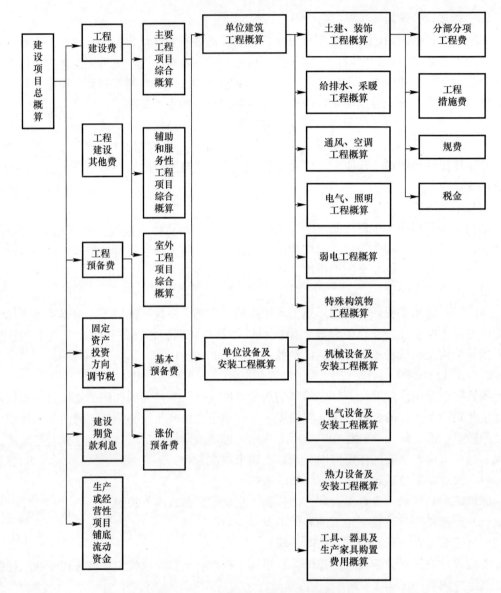

图 3.1-1　建设项目总概算的组成内容

为合理。这种方法是 20 世纪 50 年代初由前苏联科学家首先提出的，在五六十年代，我国的建筑结构设计规范已经普遍采用这种方法。我国 20 世纪 70 年代的规范中所采用的极限状态设计计算法较上述方法已有了很大的发展。此时，荷载与材料强度标准值已根据各自的统计资料按概率原则确定，而设计表达式却采用了简洁的单一安全系数，其中，安全系数是反映多因素影响的多个经验系数的乘积。所以，这种方法实质上已是半概率设计计算法。

概率极限状态设计法是在极限状态设计法的基础上引入失效概率的设计方法。这种方法的设计计算准则是：对于我们所规定的极限状态，荷载引起的效应的失效概率不应大于我们所规定的限值。长期以来，人们已习惯于采用基本变量的标准值（如荷载标准值、材料强度标准值等）和分项系数（如荷载系数、材料强度系数等）来进行结构构件设计。考虑到这一习惯，并为了应用上的简便，常以可靠指标 β 来代替失效概率。当然，两者在数值上有对应关系。对于承载能力极限状态，其设计表达式为：

$$\gamma_0 \left(\sum_{j=1}^{m} \gamma_{Gj} S_{G_j k} + \gamma_{Q_1} \gamma_{L_1} S_{Q_1 k} + \sum_{i=2}^{n} \gamma_{Qi} \gamma_{L_i} \psi_{ci} S_{Q_i k} \right) \leqslant R_d (可变荷载控制组合)$$

$$\gamma_0 \left(\sum_{j=1}^{m} \gamma_{Gj} S_{Gjk} + \sum_{i=1}^{n} \gamma_{Q_i} \gamma_{L_i} \psi_{c_i} S_{Q_i k} \right) \leqslant R_d (永久荷载控制组合)$$

在表达式中，与荷载效应有关的系数 γ_G、γ_Q、ψ_c 对于各种结构构件取统一的定值。γ_G 是永久荷载的分项系数，γ_Q 是可变荷载的分项系数，ψ_c 是荷载的组合值系数，结构重要系数 γ_R 的值随建筑结构的安全等级而异。各项系数的具体取值一般是根据规定的可靠指标经优选确定。

由于这种方法与极限状态设计计算法均采用多系数的设计表达式，在形式上很相近，这将有利于新设计法的推广。但二者实质上是不同的。主要差异是：新法中的各个分项系数是共同表达结构可靠度的系数，而前一方法中的各个计算系数是分别考虑载荷、材料强度等因素变异性的经验系数。这种方法国际上在 20 世纪 70 年代已进入实用阶段，到 20 世纪 80 年代，我国的建筑结构荷载规范，木结构、钢结构、砌体结构、混凝土结构等设计规范开始采用这一新的设计方法。

随着结构工程的不断发展，建筑结构形式的不断创新，新的结构设计方法也不断涌现，其中最典型的有基于性能的结构设计方法，结构生命周期（Life Cycle）设计方法等。

基于性能的结构设计方法首先根据结构的用途、业主和使用者的特殊要求，采用投资—效益准则，明确建筑结构的目标性能（可以是高出规范要求的"个性"化目标性能）[7]。其次，根据以上目标性能，采用适当的结构体系、建筑材料和设计方法等（不仅仅限于规范规定的方法）进行结构设计。最后，对设计出的建筑结构进行性能评估，如果满足性能要求，则明确给出设计结构的实际性能水平，从而使业主和使用者了解结构设计所达到的性能，否则返回第一步和业主共同调整目标性能，或直接返回第二部重新设计。投资—效益准则和建筑结构目标性能的"个性"化是基于性能设计方法的核心思想，在基于性能的设计中，明确规定了建筑的性能要求，而且可以用不同的方法和手段去实现这些性能要求，这样可以使新材料、新结构体系、新的设计方法等更容易得到应用，促进建筑结构设计的创新与发展。

结构生命周期（Life Cycle）设计方法考虑生命周期各阶段结构状态的变化，以生命周期经济成本或环境成本为控制指标对工程结构进行设计与优化。与传统设计方法假定生命周期单一结构状态相比，生命周期设计方法考虑了工程结构在施工阶段、运营阶段和拆除阶段结构系统、材料参数、荷载作用和剩余使用年限的时变性。与传统设计方法只考虑初始经济成本相比，生命周期设计则考虑结构从材料生产与运输、施工、运营与维护、监测、检测、加固直至拆除的整个生命周期当中的全部经济成本和环境成本。通过这种方法，使设计人员在结构设计初期就能明确以生命周期成本为标尺的评价体系，从而选择出更为合理的结构与构件设计方案，最大限度地节省资源，节约成本，实现结构设计的可持续性。

3.1.5 绿色设计

绿色设计也称生态设计、环境设计或环境意识设计。[8] 在整个生命周期内，着重考虑产品环境属性（可拆卸性、可回收性、可维护性和可重复利用性等），并将其作为设计目标。在满足环境目标要求的同时，保证产品应有的功能、使用寿命、质量等要求。

结构设计领域的绿色设计的对象是结构体系、结构布置和构件等，衡量指标包括碳排放及其他环境指标、绿色材料用量、绿色设计方法和技术的运用等。

3.1.5.1 碳排放指标

评价结构碳排放情况需要应用生命周期评价方法。生命周期评价考虑产品的整个生命周期，即从原材料的获取、能源和材料的生产、产品制造和使用到产品生命末期的处理以及最终处置。通过这种系统的观点，就可以识别并可能避免整个生命周期各阶段或各环节的潜在环境负荷的转移。

建筑生命周期碳排放包括隐含碳、运营碳和生命末期碳排放（图 3.1-2），其中生命末期碳排放包括拆除碳排放和材料再利用碳排放。运营碳是建筑运营阶段的碳排放，运营阶段碳排放和很多因素有关，例如建筑的设计寿命、能源效率、可再生能源的使用和运营设施的运营频率等。隐含碳和生命末期碳中结构碳排放占主要部分，运营碳主要与建筑和机电专业碳排放相关，结构碳排放在运营碳中所占比例相对较少。

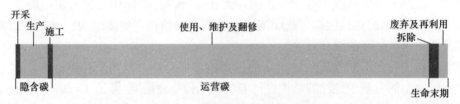

图 3.1-2   建筑生命周期碳排放

不同国家或机构对于隐含碳的统计范围定义不同。英国巴斯大学 ICE 数据库认为隐含碳的统计范围至少应是"从摇篮到大门"（Cradle to Gate），即至少应包括材料生产阶段的碳排放。美国建筑师协会的全生命周期评价指导手册认为隐含碳统计范围包括材料生产和建筑施工阶段。加拿大不列颠哥伦比亚大学的 Raymond J. Cole 和 Paul C. Kernan 认为隐含碳统计范围包括材料生产阶段、施工阶段和运营阶段，分为初始隐含碳和周期隐含碳，统计范围分别是材料生产阶段、建筑施工阶段和建筑运营阶段建筑结构的维修、翻新和更换过程。只考虑生产阶段的隐含碳最为直接且易于计算。目前工程界较为认可的是英国巴斯大学 ICE 数据库的隐含碳统计范围，即"从摇篮到大门"。

［实例］办公建筑基于隐含碳的结构体系选型

西安某商业中心区域超高层办公楼，地下 3 层，地上 45 层，结构总高度为 186.3m，标准层建筑面积 1998.01m²。采用两种结构方案对比高层建筑两种典型结构形式的环境成本与经济成本。方案一采用框架-核心筒结构体系，外围框架柱采用型钢混凝土柱，第 16、32 层设伸臂桁架作为加强层，伸臂桁架构件采用箱形截面钢结构 B1200mm×500mm×35mm×35mm；方案二不设置伸臂桁架，采用密柱框架-筒体（框筒）结构，筒体外围布置了间距 4m 的钢筋混凝土柱。两方案的各项结构指标均满足规范要求。框架-核心筒方案的经济成本高于密柱框架-筒体方案但环境成本更优。

两种结构方案材料用量清单   表 3.1-1

方 案	材料类型		
	混凝土质量（t）	钢筋质量（t）	钢板质量（t）
框架-核心筒	140017.15	11494.90	2351.75
密柱框架-筒体	154844.08	13126.21	0

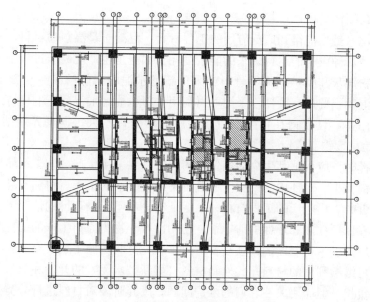

图 3.1-3　方案一设备层结构平面布置图图

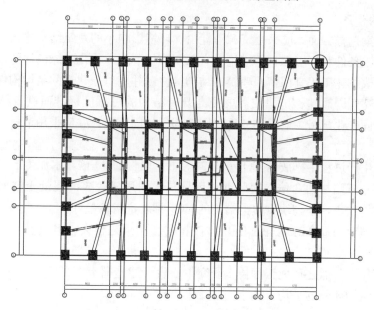

图 3.1-4　方案二设备层结构平面布置图

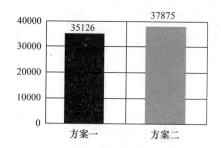

图 3.1-5　结构方案隐含碳对比（单位 t）

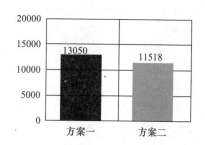

图 3.1-6　结构方案经济性对比（单位万元）

3.1.5.2　工程材料

混凝土和钢材是目前得到广泛应用的工程材料。混凝土是高热质材料，不利于热量的散失，减少了暖通等设备的运行带来的能量消耗。水泥是生产混凝土过程中消耗能量最多的材料，采用粉煤灰和高炉矿渣等骨料或采用新型水泥材料能够减少混凝土中水泥的含量，从而增加混凝土的可持续性。采用可再利用骨料也能增加混凝土的可持续性。钢材具有很高的再利用率，且废钢在再生产后结构性能的变化不大。据世界钢结构协会统计，1/3 的钢材都是由废钢制成。

在材料选择时，应评估其生命周期资源消耗量，并采用生产、施工、使用和拆除过程中资源和能源消耗小、对环境污染程度低且可集约化生产的工程材料和产品。尽量采用距离施工现场较近的工厂生产的工程材料。在保证安全和不污染环境的情况下，尽量采用可再循环材料。在保证性能和环保的前提下，使用以废弃物为原料生产的工程材料。采用木结构时，宜选用速生木材制作的高强复合材料。应充分利用施工、既有工程拆除和场地清理时产生的尚可继续利用的材料。此外新材料（如新型水泥）的开发和旧材料的再利用可能会减小环境负担，但需要关注它们的维护问题。废弃阶段对材料进行分类处理也可以减小环境负担。

3.1.5.3　结构体系

在结构方案选择方面，应采用资源消耗少、环境影响小的建筑结构体系，并充分考虑节省材料、施工条件和环境保护等措施。宜采用节材节能一体化、绿色性能较好的新型建筑结构体系。改扩建工程宜保留原建筑的结构构件，并应对原建筑的结构构件进行必要的维护加固。当建筑因改建、扩建或需要提高既有结构的可靠度标准而进行结构整体加固时，应采用加固作业量最少的结构体系加固或构件加固方案，并应采用节材、节能、环保的加固技术。

由于钢筋生产过程中排放的 CO_2 量是同等重量墙材的 20 倍，水泥生产过程中排放的 CO_2 量是同等重量墙材的 9 倍，因此钢材用量与水泥用量较多的混凝土结构排放的 CO_2 量较多，钢结构次之，小砌块砌体类结构的 CO_2 排放量指标最好。

抗震设防烈度的提高对建筑的 CO_2 排放量的影响不是很大，但对混凝土类结构的影响可达到 20% 左右。

引用国家住宅与居住环境工程技术研究中心设计建造研究时的考虑因素与计算方法，分析得到各类结构体系的平均 CO_2 排放量数据见下表。

各类结构体系 CO_2 排放量指标（单位：kg/m^2）　　　　　　表 3.1-2

结构类型	别墅	住宅		公共建筑	
	6～8 度	6～7 度	8 度	6～7 度	8 度
砖砌体	0.458	0.262	0.262	0.262	0.262
小砌块砌体	0.244	0.203	0.203	0.203	0.203
混凝土框架	0.362	0.273	0.340	0.348	0.417
混凝土框架-抗震墙	0.413	0.383	0.383	0.469	0.495
混凝土抗震墙	0.410	0.381	0.381	0.466	0.492
钢-混凝土混合		0.292	0.292	0.322	0.322
钢框架	0.275	0.294	0.294	0.324	0.324

建筑物对环境的影响不仅与建筑材料的消耗有关，而且与施工过程、拆除过程及回收利用中的资源消耗、能源消耗、CO_2 排放、废弃物的产生及其再利用有关。

砌体结构的墙体及其他结构体系中的砌筑类填充墙体的砌筑过程是湿式作业，会产生一些建筑垃圾，墙材和砌筑砂浆会占用一定的场地，施工过程本身所消耗的资源、能源及 CO_2 排放量不多，对环境产生的负荷不是很大。砌筑墙体的拆除相对来说比较容易，但会产生大量的灰尘，应采取措施减少灰尘的产生。拆除墙体的回收利用率在我国目前不是很高。

现浇钢筋混凝土的施工为湿式作业，较为复杂，工序多，需要的劳动力也多，需要钢筋加工、绑扎、焊接或机械连接，架设支撑、支模，混凝土制作、浇捣、养护，需要大量的支撑、模板等材料，消耗很多的水资源等，总之，钢筋混凝土施工过程中资源和能源消耗都很大，CO_2 排放量也很大，施工过程中产生大量的建筑垃圾，施工现场污染严重，增加了现场管理及清运成本。钢筋混凝土的拆除比较困难，一般都需机械或爆破拆除：产生的废弃物多，占地大，灰尘也很大。废旧混凝土的破碎也很困难，耗能大。破碎后的混凝土可用来代替砂，或制成再生混凝土，用于砌筑砂浆、抹灰砂浆、打混凝土垫层等，还可以用于制作砌块、铺道砖、花格砖等建材制品。但由于破碎困难，需要专用的机械，我国目前利用率很低，大量的土地被这些建筑垃圾占用。

钢结构的施工属于干式作业，钢构件的加工工厂化程度很高，不需模板等辅助材料，建筑垃圾很少，施工现场清洁，但现场拼接节点精密度高，处理复杂，生产与施工技术高，工人接受度与适应性低，代价也相对提高。材料生产、构件加工及现场施工过程中会产生有害气体，能源消耗大。钢结构的拆除比较容易，回收利用程度高。

各种结构形式的建筑中都可能有墙体砌筑、混凝土构件浇筑、钢构件拼装等施工过程，只是工程量不同，每个建筑在进行结构选型时都应综合考虑现场条件、资源条件、人员素质、技术与经济状况等各种因素。

3.1.5.4 绿色设计措施

结构工程师需要根据结构的实际使用年限和功能采用不同的设计措施。如果结构实际使用年限较长，构件的维护、维修的次数也就多，需要使用性能较好的材料。如果是临时性结构或建筑功能在生命周期中预期会发生改变，就需要选择可再利用的结构构件，以减少翻新或拆除时对环境造成的影响。由强度控制的结构构件设计时尽可能采用高强度工程材料。可拆除式结构在拆除和异地重建时，需考虑如何利用新环境的材料。用工厂预制构件代替工地现场制作构件对环境的可持续性有利。此外，施工阶段尽量采用对环境影响较小的运输方式，并尽量利用当地的材料和施工人员。

此外，在原结构设计基础上进行进一步的设计优化可以在确保安全性前提下实现降低结构材料用量，从而减少碳排放的目的。结构优化包括结构体系优化、结构布置优化和结构构件优化等三个层次。结构体系优化主要通过体系选型实现，例如大跨度空间建筑可以对多种大跨度结构体系进行比选，如拱形结构、悬索结构、网架结构、薄壳结构、薄膜结构甚至充气结构，而高层建筑则可对框架结构、剪力墙结构、框架-剪力墙结构、筒体结构、框架-核心筒结构和悬挂结构等体系进行比选。结构布置的优化是先从概念设计入手，使结构的平面布置尽量规则、对称，立面和竖向规则，侧向刚度均匀变化，从而使结构在竖向和水平荷载作用下的传力路径更为合理。结构构件优化是指在给定结构体系、结构材料和结构布置的情况下，对各个构件设计进行优化，使结构构件的材料使用量最少，实现较好的经济和环境效益。

3.1.6　信息技术

3.1.6.1　信息技术发展

信息技术是对信息进行采集、加工、存储、传递、分析和应用的技术的统称。人类自古就通过烽火台来传递战势，这就是信息传递技术的起源。随着人类社会的发展和进步，信息技术的手段也越来越丰富。通过计算机和网络系统来进行高效率的信息传递已成为现代工程实践中不可缺少的信息交流手段。

信息技术发展经历了从用感觉器官进行信息收集，传统的交通和交流方式进行信息传递、纸张等媒介进行信息储存，利用人脑的计算能力进行信息推理和分析，到以计算机和网络技术为核心，依托电子形式采集、处理、储存、传递和利用信息的重大发展和转变。

信息管理的发展经历了四个时期，20 世纪 50 年代的以记录型、印刷型文献为管理对象的文献管理时期，20 世纪 60～70 年代以管理信息系统（MIS）和办公自动化系统（OA）的电子信息系统为象征的技术管理时期以及 20 世纪 90 年代以来以网络技术为依托的知识管理时期。

信息管理的发展阶段　　　　　　　　　　表 3.1-3

时期	背景	对象	措施	象征	学科
文献管理	农业经济	以纸为载体的文献	手工方式	图书馆、档案馆	目录学、文献学、图书馆学、档案学
技术管理	工业经济	数据	单纯依靠计算机	管理信息系统（MIS）和办公自动化系统（OA）	情报学、信息管理学
信息资源管理	信息经济	信息资源	技术、经济和人文三位一体	信息总监（CIO）	信息资源管理科学
知识管理	知识经济	知识资源	人文、组织、技术三位一体	知识总监（CKO）	知识管理学

（资料来源：廖开际. 知识管理原理与应用 [M]. 北京：清华大学出版社，2007-3）

在信息技术从数据走向计算机直至网络时代的同时，其可实现功能也取得了三大递进。

（1）本原功能。主要指基于计算机和网络技术的计算、信息存储和传递的功能，开发实施支持企业进行设计和管理的应用软件系统，拓展企业工作人员事务处理和信息传递的能力，加快企业事务工作的速度、提高事务工作的准确性、提高办公和办事效率。

对工程结构，该功能应用于财务管理系统、项目设计系统，工程量计算软件，以及电子邮件的收发等。

（2）扩展功能。主要指将企业运营中本来由人进行管理的业务运作模式、业务流程、业务对象及其相互之间的关系经过整理和总结，编制成相应的应用信息系统，并在应用信息系统的支持下开展企业管理和业务运作，以提高企业的管理水平和业务运作效率，提高企业的市场竞争力，取得良好的经济效益。

功能运用常见的有企业资源计划系统（ERP），产品研发管理系统、人力资源管理系统、营销与采购管理系统、能源动力管理系统、办公自动化系统、文档与知识管理系统、物流管理和控制系统、项目管理系统、考勤与绩效考核系统等。

（3）战略功能。指利用信息技术支持企业经营模式和管理战略的创新，实现企业内部、供应商、客户和社会资源的整合，建立企业战略竞争优势，赢得市场竞争。该功能是通过信息技术手段对所属行业及上下游相关企业信息进行分析，为企业战略发展和社会资源整合发挥作用。

该功能的典型应用有电子商务系统、协同产品商务系统，异地协同设计制造系统、产品全生命周期管理系统等。

战略功能的意义在于具有前瞻性地利用信息技术为企业未来的盈利和发展作出投资决策。例如，洛克希德·马丁公司在竞争美国联合攻击战斗机项目时，采用信息技术，建立了全球 30 个国家 50 家公司参与研发的数字化协同环境，形成了无缝连接、紧密配合的全球虚拟企业，快速地实现了以数字化技术为研制基础的三种变形、四种军种、客户化程度高的飞机设计能力，从而赢得了全球有史以来最大的军火合同，合同总价值约 2000 亿美元。

信息技术在结构工程师身边最多的应用就在于个人的知识管理、结构专业软件的应用和企业工作平台的建设。作为结构工程师虽然不需要掌握信息技术的方方面面，但对此有一定的了解和认知还是非常有必要的。其中结构软件是结构工程师最常涉及的信息技术成果，其通过将绘图、计算及分析工作中总结出来的经验用编码或集成的方式形成程序，将工程中的数据项或数据集合，包括图形等进行数字化处理后导入程序进行自动演算和分析，从而将结构工程师从繁重的计算工作中解脱出来。下面简单介绍结构工程师常用的结构分析与设计软件以及相关数字化技术的应用。

3.1.6.2 结构专业软件

结构专业的软件是工程设计人员利用计算机进行辅助设计的发展成果。随着信息技术的进步以及行业的进步，结构专业软件也不断更新换代。结构专业的软件大致可分为绘图软件、结构分析软件和结构设计软件。下面分别阐述这三种软件的适用范围以及软件使用时的注意问题。

（1）绘图软件

从 20 世纪 80 年代起，结构工程师们开始使用 AutoCAD 进行设计图纸的绘制，其二维绘图使用被广泛认可，功能也随着版本的升级不断更新和提高，如外部引用和纸样空间等。随后，天正、理正、探索者等公司都相继在此平台上开发出了更为适合结构专业使用的绘图软件和工具箱软件，进一步提高了结构工程师的构件计算和图纸绘制的工作效率。

到了 21 世纪，二维图纸绘图已经不能满足日益丰富的空间建筑表现，且设计、施工一体化需求也愈演愈烈，随着 BIM 技术的产生，REVIT 等三维空间绘图软件逐渐也成为了结构工程师的绘图工具。

常用绘图软件包括：AutoCAD、REVIT、探索者 TSSD 和探索者 TSPT 等。

（2）结构分析软件

结构分析软件按照应用范围不同可分为大型通用分析软件和行业分析软件。

由于有限元分析理论与技术的发展及其在工程应用中突显的优势，目前结构分析软件大多是建立在有限元方法的基础上的。有限元分析方法与计算机技术的结合，成为结构专业不可或缺的研究与设计手段。

通用有限元软件基本涵盖了力学理论成熟的材料模型和单元种类，其功能强大和分析精度高的优点深得国内外结构设计者的喜爱。设计者可以利用其进行各种工程实际问题分析。结构工程常用的大型通用有限元软件有 ANSYS、ABAQUS、NASTRAN、DIANA 和 OPENSEES 等。

行业分析软件为行业内涉及的问题设有专门的分析模块，以便于结构工程师较快速的完成结构建模和分析工作。行业分析软件的适用范围相对大型通用有限元软件要小，但对于解决专门问题拥有很高的效率。目前高层建筑通常采用的计算软件有 SATWE（PKPM 系列），ETABS，MIDAS BUILDING，3D3S 和 PERFORM-3D 等。大跨空间结构的常用计算软件有 3D3S，SAP2000，MIDAS GEN 等。表 3.1-4 对通用有限元软件和专业软件从三个模块进行了对比。

通用有限元与行业分析软件对比表　　　　　　表 3.1-4

功能模块	通用有限元软件	行业分析软件
前处理	既可先形成几何点、线、面，再网格划分形成有限元模型；也可直接生成点、单元、线单元、面单元。功能强大，但用于建筑结构效率不高	按设计人员习惯的以轴网方式布局，通过指定层高，只需在平面图上按建筑的外形尺寸建模即可自动组装成空间模型，建模方式方便、直观；尤其是洞口生成方式比较快捷
分析计算	求解方法多样，求解容量大 静力： 稀疏求解，Jacobi 共轭梯度迭代求解和预处理共轭梯度迭代求解等共 8 种方法	求解器少，求解能力较差 静力： LDLT 求解和 VSS 求解等
	特征值： Lanczos 方法、Householder 缩减法和超节点法等共 6 种方法	特征值： Lanezos 方法、子空间迭代法、特征向量法和 Ritz 向量法等
	支持多核、多机并行求解技术	不支持并行
后处理	应力，应变、位移云图、向量图查看方便。但杆件内力需要先定制数据表，然后提取查看。平面应力单元、板单元、壳单元的内力需先指定积分线、点等，操作复杂	应力云图等显示功能较弱；但无论是梁、柱内力还是墙内力，均按建筑结构的设计概念以墙柱、墙梁等分组自动输出，能方便的以图形和文本查看

目前，结构专业软件的种类较多。结构工程师在进行结构分析与设计时，应根据结构及其问题的特点选择合适的分析软件及分析方法。结构工程师应有能力判断分析模型的正确性和分析结果的可靠性。

在使用大型分析软件进行结构建模分析时应注意选取合适的单元及划分方法、对线性及非线性方程求解方法的高效性和准确性的判断以及对分析结果输出的有效整理。在使用大型有限元分析软件时，采用命令流的方式对软件进行操作一般会比界面操作有更高的效率。

在使用行业分析软件进行建模分析时应充分了解软件的特点，尤其是计算模型简化和分析假定的问题，在了解结构软件的这些特点之后才能对其分析结果的可靠性进行有效的判断。很多行业分析软件为了工程设计方便对结构计算分析的有限元模型进行简化处理，例如增大单元划分网格，减少有限单元种类。结构工程师应了解所使用软件中的单元种类以及单元属性（例如单元自由度个数、刚度和质量信息等），以便于选择合适的单元。例如，楼板单元反映的是楼板在结构计算模型中的主要力学特征，其类型包括以下几种：楼板在其面内刚度无穷大、面外有限刚度（板模型），楼板在其面内有限刚度、面外刚度为零（平面应力模型），楼板在其面内、外均为有限刚度（平面壳元模型）。另外，结构计算分析模型中为减少计算量会设置一些分析假定，例如刚性楼板假定，不考虑 $P-\delta$ 效应的小变形假定以及材料的和几何的线性假定等。结构工程师应根据工程实际合理选择计算分析假定。例如对于比较规则的高层建筑结构，楼板刚度无穷大假定是符合实际情况的。[9]

基于软件的建模和计算机理的不同，不同软件对同一模型的计算结果会有些许差异，例如 ABAQUS 作为有限元软件可采用塑性单元模拟构件弹塑性行为，而 ETABS 和 MIDAS 均采用塑性铰模型模拟构件弹塑性行为。实际设计中，对比软件的差异，才能对分析结果的准确度做出合理判断。

（3）结构设计软件

目前，很多结构软件兼顾结构分析与设计两个功能模块，给结构工程师带来很大的方便。结构设计功能包括结构各项性能指标的判定，构件截面设计等，并在设计中融入规范等设计标准。

结构设计软件或者结构设计模块应关注其设计标准或规范的差异。国外常用的软件往往适用于美国、欧洲规范或国际上通用的规范，对于符合我国国情的中国规范不一定包括在内。国内外规范对于材料强度的划分、场地类型的划分、地震波的选择等都存在差异，在使用国外软件时应注意相应调整。

对于结构设计软件给出的设计成果，结构工程师应根据经验和理论知识判断其正确性、合理性以及可靠性。结构工程师在判断其可靠的情况下，可以参考结构软件的设计结果进行设计，并进行合理的归并和优化。目前构造设计还是结构设计的重要手段，以弥补计算分析的缺陷。结构工程师应在计算分析设计的基础上，进行有效的构造设计。

目前，国内市场上的结构专业软件种类很多。结构工程师应选择通过专业评估认证的软件。结构软件需通过住房和城乡建设部科技发展促进中心的评估测试（测试内容包括功能性、操作性和正确性等性能），测试合格后可被颁发建设行业科技成果评估证书，方可投入市场。

综上所述，选择设计软件时应充分认识结构的特殊性和软件的局限性，设计人员应以结构概念为主、设计软件为辅，通过软件的分析结果来验证对结构设计的预测，总结工程经验。

3.1.6.3　数字化技术

"数字化技术"已经悄然走进我们的生活，新技术的发展必然会对建筑结构的发展带来新的启示，同时也给结构设计带来了新的思考。数字化技术在工程结构中具有多方面应用，比如应用与工程项目全过程信息化管理的 BIM 技术和应用于工程结构模型制作的 3D 打印技术等。

1. BIM 技术

与工程设计越来越高的技术标准和发展要求相适应的是，工程设计辅助工具也发生了翻天覆地的重大革新，信息化技术与工程设计技术的融合成了时代发展的必然。我们见证了从"一张高脚凳、一支针字笔"的手工绘图作业，到计算机技术的初步应用；从计算机协同，模拟仿真技术的有力支撑，到运用信息化平台实现资源集成的历史性飞跃。

改革开放后的三十多年，我国工程信息技术的发展大体可以分为 4 个阶段，第一阶段为 20 世纪 80 年代结构计算技术的引入与应用；第二阶段为 20 世纪 90 年代的全面应用计算机制图的甩图板工程；第三阶段为 21 世纪头 10 年的二维协同设计的应用；第四阶段为进入 2010 后协同设计与 BIM 技术的深入推广应用。

（a）1980结构计算

（b）1990甩图板

（c）2000二维协同设计

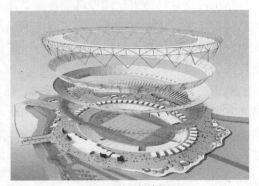
（d）2010协同设计与BIM

图 3.1-7　计算机辅助设计（CAD）技术发展历程

　　BIM 技术是一种应用于工程设计建造管理的数据化工具，通过参数模型整合各种项目的相关信息，在项目策划、运行和维护的全生命周期过程中进行共享和传递，使工程技术人员对各种工程信息做出正确理解和高效应对，为设计团队以及包括工程运营单位在内的各方建设主体提供协同工作的基础，在提高生产效率、节约成本和缩短工期方面发挥重要作用。

　　美国国家 BIM 标准（NBIMS）对 BIM 的定义由三部分组成：

　　（1）BIM 是一个设施（建设项目）物理和功能特性的数字表达；

　　（2）BIM 是一个共享的知识资源，是一个分享有关这个设施的信息，为该设施从概念到拆除的全生命周期中的所有决策提供可靠依据的过程；

　　（3）在项目的不同阶段，不同利益相关方通过在 BIM 中插入、提取、更新和修改信息，以支持和反映其各自职责的协同作业。

　　建立以 BIM 应用为载体的项目管理信息化，提升项目生产效率、提高建筑质量、缩短工期、降低建造成本。具体体现在：

　　（1）三维渲染，宣传展示：三维渲染动画，给人以真实感和直接的视觉冲击。建好的BIM 模型可以作为二次渲染开发的模型基础，大大提高了三维渲染效果的精度与效率，给业主更为直观的宣传介绍，提升中标几率。

（2）快速算量，精度提升：BIM 数据库的创建，通过建立 6D 关联数据库，可以准确快速计算工程量，提升施工预算的精度与效率。由于 BIM 数据库的数据粒度达到构件级，可以快速提供支撑项目各条线管理所需的数据信息，有效提升施工管理效率。BIM 技术能自动计算工程实物量。

（3）精确计划，减少浪费：施工企业精细化管理很难实现的根本原因在于海量的工程数据，无法快速准确获取以支持资源计划，致使经验主义盛行。而 BIM 的出现可以让相关管理条线快速准确地获得工程基础数据，为施工企业制定精确人才计划提供有效支撑，大大减少了资源、物流和仓储环节的浪费，为实现限额领料、消耗控制提供技术支撑。

（4）多项对比，有效管控：管理的支撑是数据，项目管理的基础就是工程基础数据的管理，及时、准确地获取相关工程数据就是项目管理的核心竞争力。BIM 数据库可以实现任一时点上工程基础信息的快速获取，通过合同、计划与实际施工的消耗量、分项单价、分项合价等数据的多算对比，可以有效了解项目运营是盈是亏，消耗量有无超标，进货分包单价有无失控等等问题，实现对项目成本风险的有效管控。

（5）虚拟施工，有效协同：三维可视化功能再加上时间维度，可以进行虚拟施工。随时随地直观快速地将施工计划与实际进展进行对比，同时进行有效协同，施工方、监理方、甚至非工程行业出身的业主领导都对工程项目的各种问题和情况了如指掌。这样通过 BIM 技术结合施工方案、施工模拟和现场视频监测，大大减少建筑质量问题、安全问题，减少返工和整改。

（6）碰撞检查，减少返工：BIM 最直观的特点在于三维可视化，利用 BIM 的三维技术在前期可以进行碰撞检查，优化工程设计，减少在建筑施工阶段可能存在的错误损失和返工的可能性，而且优化净空，优化管线排布方案。最后施工人员可以利用碰撞优化后的三维管线方案，进行施工交底、施工模拟，提高施工质量，同时也提高了与业主沟通的能力。

（7）冲突调用，决策支持：BIM 数据库中的数据具有可计量（Computable）的特点，大量工程相关的信息可以为工程提供数据后台的巨大支撑。BIM 中的项目基础数据可以在各管理部门进行协同和共享，工程量信息可以根据时空维度、构件类型等进行汇总、拆分、对比分析等，保证工程基础数据及时、准确地提供，为决策者制定工程造价项目群管理、进度款管理等方面的决策提供依据。

上海 2010 世博会场馆的设计与建设中 BIM 技术在德国馆、芬兰馆、世博文化中心等一系列建筑中得到了广泛的应用。在建的上海中心大厦已经成为中国在基于 BIM 技术的建筑信息化管理示范项目。

2. 3D 打印技术

3D 打印技术，是一种以数字模型文件为基础，运用粉末状金属或塑料等可粘合材料，通过逐层打印的方式来构造物体的技术。它无需机械加工或任何模具，就能直接从计算机图形数据中生成任何形状的零件，从而极大地缩短产品的研制周期，提高生产率和降低生产成本。灯罩、身体器官、珠宝、根据球员脚型定制的足球靴、赛车零件和建筑模型等都可以用该技术制造出来。图 3.1-8 即为 3D 打印机打印出的建筑模型。

图 3.1-8　3D 打印机打印出的足球场模型

　　建筑或结构模型的传统制作方式，渐渐无法满足部分高端项目的设计要求。在全数字还原不失真的立体展示中，国际知名的设计机构在大型场馆的造型设计中，常常会利用 3D 打印技术来构建先期建筑模型，其优势和无可比拟的逼真效果为设计师所认同。图 3.1-9 为同济大学建筑设计研究院（集团）有限公司采用 3D 打印技术的设计项目。

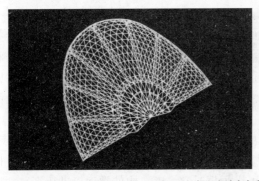
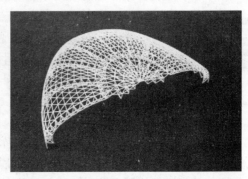

（a）绍兴金沙东方山水商务休闲中心水馆

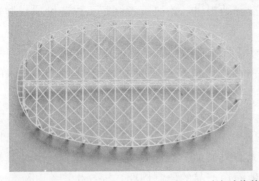
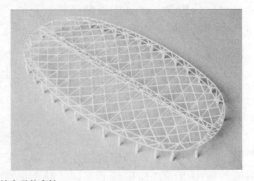

（b）上海科技大学体育馆

图 3.1-9　3D 打印的结构模型

与传统的手工制作模型相比，3D打印的结构模型具有以下优势：

（1）制作速度快。结构模型如果采用手工制作，通常需要1周时间；采用3D打印机"打印"模型，从模型调整到打印出最终模型，通常只需2天，大大缩短了模型制作时间，提高了结构设计效率。

（2）制作精度高。对于立面及屋面造型较复杂的大跨度建筑，特别是建筑造型以曲线造型为主时，手工模型会出现一定偏差。采用3D打印机"打印"模型，由于是逐层切片、逐层叠加的数字化制造，模型制作精度相当高，对复杂建筑造型的拟合效果极佳。

（3）可参数化调整。用3D打印机打印建筑模型，可以在工作平台上一次打印多个不同参数的建筑模型，方便对模型进行比较及参数调整；而采用手工制作，模型参数一旦出现变化，就要重新制作。

同时，也必须认识到3D打印存在以下不足：

（1）模型尺寸小。受限于3D打印机的工作平台大小及平台的升降高度，3D打印的模型平面尺寸及模型高度都受到一定制约。对于体量较大的建筑，3D打印模型由于尺寸较小，模型表现力不理想。

（2）成本较高。目前3D打印材料的价格依然较高，再加上不菲的设备使用成本，相比手工制作，3D打印并不具备价格优势。

3.1.7 个人知识管理

知识是人类对某项事物的客观认识，同样是一种财富，而知识管理和沉淀则可以理解为知识资本的积累和运作；知识越多，资本也就越多，我们也就有可能受到公众更多的认可和尊重。随着社会和行业的发展进步，我们在实践和运用专业知识的同时，也需要深刻地意识到知识老化和更新，以及知识积累的持续性。

结构工程师应该充分地认识到知识管理的重要性，借助一切可利用的社会平台，加强分享和学习，甚至乐于跨界式地探索和学习，使自身在执业生涯中获得最大的收获。作为一名优秀的结构工程师，需要不断地学习和进步，掌握个人知识管理的基本方法和技巧将是一个有效途径。

根据2009年中国国家标准化管理委员会发布的中国《知识管理框架》中对知识管理定义的描述，知识管理是对知识和知识的应用进行规划和管理的活动。其包含了人们通过信息技术将收集的数据，进行辨识、整理后形成有价值的信息，分析转化为知识，并最终通过实践验证、传播，成为人类智慧结晶的全部历程（图3.1-10）。

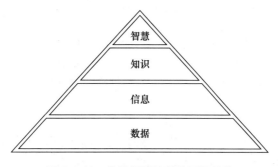

图3.1-10 从数据到智慧的层级结构

　　知识管理根据行为主体可以是个人、也可以是公司、社会团体，甚至也可衍生至行业、国家或国际化组织。此节重点围绕从结构工程师角度，如何进行知识管理。

　　个人对数据和信息的收集方法有很多，从传统的视听感交流，到通过电子化网络平台的电子信息传递，途径和方法非常广泛。编者根据网上目前流行的一张中国社会化媒体网络图谱改编制作了结构工程师社会化媒体格局概览见图 3.1-11。

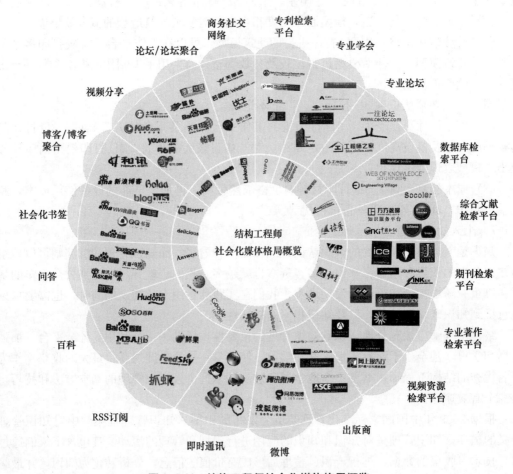

图 3.1-11　结构工程师社会化媒体格局概览

结构工程师常用的信息源有以下几种：

(1) 项目设计过程中的专业信息共享和交流

(2) 公司或行业内网络平台

(3) 专业文献，包括印刷型、缩微型、机读型、声像型等多种媒介形式

(4) 同事、导师和同学的互动及沟通

(5) 培训或其他学术交流活动

　　图书、报刊、研究报告、会议信息、专利信息、统计数据、政府出版物、档案、学位论文、标准信息通常被认为是十大信息源，其中后 8 种被称为特种文献。教育信息资源主要分布在教育类图书、专业期刊、学位论文等不同类型的出版物中。社会的发展推动着数

据和信息的收集方法和模式，虽然它时刻变化着姿态和形式，但获取的快捷、方便和广泛程度是人们共同追求的发展方向。

信息获取和使用固然方式很多，来源也越来越广泛，但怎样用好这些信息，并能有效解决工程技术问题更为重要。知识的价值对每个拥有者，甚至在不同的阅历环境下也并不尽相同，适时和适用时才能体现较高的价值，且知识的投资回报也会较高。所以使用知识需要在积累的同时，注意适度，有的放矢地获取和使用。过多或过早的信息积累也是一种浪费。

个人存储和共享知识的对象需要包括显性知识和隐性知识，显性知识通常是一种客观表现，能够通过理论性知识进行表现；隐性知识则更多地是一种主观倾向，要通过亲身参与和实践来得出，经常具有特定的场合才能显现。

显性知识较易明确或储存，对结构工程师来说，容易通过阅读、教育或培训等方式进行积累，用纸质、硬盘等固体媒介进行保存，但也容易被模仿和更新。而隐性知识更多地基于个人对知识的理解，例如工程实践或应变能力，很难用文字或语言完整或全面地记录下来。因此，需要通过共享的方式加强同行间的交流，在案例或事件中将这些知识传递或保存。

在个人知识管理的知识介绍中不得不提及"知识沉淀"，人事招聘中经常提及的"经历"一词就是知识沉淀的一种最直接的成果。随着结构工程师执业年限的增加，其拥有的隐性知识也自然在积累，知识财富也在扩张。但个人的经历只是知识沉淀的最浅表现。当一名结构工程师能够对自己所拥有的知识资本进行管理，并用来进行交换和再生产时，知识沉淀的价值才会成倍放大，其所拥有的知识资本也将快速累积。

企业的知识管理是在个人的知识管理意识提升的基础上开展的，并将其作为一项重要的专题工作，在工程设计行业中推广和运用。目前有很多设计院等知识型企业已经拥有专职的专业人员或成立了知识中心，从事知识管理工作，其目的就是管理和整合企业内所有员工的知识资本。结构工程师们的专业知识和技能被这些管理者以各种方式记录下来，分析和优化后再传送回去，从而获得个人、团队和企业能力的同步提升。这比结构工程师独立进行专业知识的积累要快速得多。就像历史进程中必然出现的社会分工，人们对自身专业知识的积累工作随着社会的进步，再次被细分，从而大大提高了工作效率和效果。

3.2 综合能力

伴随着国民经济及社会各行业的高速发展，结构工程师的工作形式和工作内容不断地发生变化，所以结构工程师应不断提升自身的综合能力，面对未来可能出现的各种机遇与挑战。除了不断地吸纳和更新相关专业知识外，有意识地对自身沟通能力、管理能力和职场的胜任力进行提升就显得尤为重要，因为这些能力将确保结构工程师从容面对未来的挑战，准确地把握自身定位，提高自我修养，实现服务社会的理想。

参照美国《2020 的工程师：新世纪工程的愿景》[10]中对未来工程师相关综合能力的经典描述：他/她需要拥有比尔盖茨（Bill Gates）的领导力，爱尔波特·爱因斯坦（Albert. Einstein）的科学洞察力，戈登摩尔（Gordon Moore）分析解决问题的能力，莉莲·吉尔布雷斯（Lillian Gilbreth）的创造力，巴勃罗·毕加索（Pablo Picasso）的想象力，莱特兄弟（Brother Wright）的意志力，埃莉诺·罗斯福（Eleanor Roosevelt）的博爱，马丁·路德金（Martin Luther King）的视野以及孩子般的好奇心。

根据结构工程师的知识领域和业务领域的不同，可以将结构工程师的综合能力分为个人发展、工程技术和管理与商务三个部分，每个部分再细分为更具体的能力要求。下面分别对每个部分以及它所包含的能力要求进行阐述。

3.2.1 个人发展

1. 基本职业知识

中国结构工程师的执业与资格认证主要受住房和城乡建设部与人事部等在内的国家政府部门管理，这就要求我们对相关政府部门的职能有所了解，对结构工程师相关的职业规范和法规有最基本的熟悉和了解，掌握其更新的动态。同时，结构工程师应积极参与各种学术会议，在核心期刊中发表论文，以及积极参加同行之间的交流活动，这有助于掌握结构工程的学术前沿动态，紧跟时代的步伐。

2. 沟通协作能力

结构工程师应具备基本的沟通能力，能够完成信息的有效传递和人与人之间的沟通和交往，这种沟通交往既包括口头表达，也包括书面表达和图形图像表达。一个人只有将自己领会的知识有效传递给他人并让他人领会才能证明他对知识的真正掌握，结构工程师同样如此。

首先，结构工程师要锻炼自己的口头表达能力及演讲能力，在日常工作中妥善处理好上级、同级、下级等各种关系，减少摩擦，调动各方面的工作积极性；同时，结构工程师也应有能力对自己所理解与领悟的知识进行有效表达，将对工作有益的信息传递给他人，这既有助于他人也能够帮助自己进一步提炼知识与经验，提升管理能力。

其次，结构工程师应善于书写，文笔通畅，因为结构工程师日常工作中需要经常涉及结构计算与分析报告、设计产品意见的提出与回复、图纸的说明等等需要书面表达的内容，这些工作都需要完善的书面表达能力。

最后，也是最重要的一点，就是结构工程师的图形图像处理能力，即图纸表达能力。图纸就是结构工程师的语言，是结构工程师对于设计作品的最终表达。要想让自己的设计经过专家论证并最终交付施工、完成建造，图纸是必备的工具，只有在图纸中清晰表达自己的意图与结构的设计理念，才能让自己的设计作品实现最初的设计意图与预期的使用功能。

结构工程师在日常工作中，在本专业内部合理分工的基础上，要团结协作，加强沟通，充分发挥每个设计人员的积极性。参与其中的结构设计人员应在项目设计过程中及时沟通信息，任何修改和疑问都应在第一时间传递给结构专业负责人，以便及时响应和协调。在设计过程中还应该与各专业密切配合与沟通，共同完成设计任务。

3. 创新与创造能力

现代社会离不开创新，因为无论是对一个社会还是对一个企业，创新都是唯一能够长期持续的竞争优势。从根本上说，价值源于创新。创新以及由创新引发的产业和技术革命所能创造的价值要远远大于重复性劳动所能创造的价值。正因为如此，几乎所有现代企业都把创新摆在企业发展的最核心位置，包括中国在内的绝大多数国家也都把自主创新视为可持续发展的根本动力。[10]

创造力是人类特有的一种综合性本领。它是知识、智力、能力及优良的个性品质等多因素综合优化构成的，是产生新思想，发现和创造新事物的能力。它是成功地完成某种创造性活动所必需的心理品质。例如创造新概念，新理论，更新技术，发明新设备，新方法，创作新作品都是创造力的表现。

创造力的构成包括以下方面：知识，包括吸收知识的能力、记忆知识的能力和理解知识的能力；智能（智力和多种能力的综合），既包括敏锐、独特的观察力，高度集中的注意力，高效持久的记忆力和灵活自如的操作力，也包括创造性思维能力，还包括掌握和运用创造原理、技巧和方法的能力等；个性品质，包括意志、情操等方面的内容，如永不满足的进取心、强烈的求知欲、坚韧顽强的意志、积极主动的独立思考精神等。知识、智能和优良个性品质是创造力构成的基本要素，它们相互作用、相互影响，决定创造力的水平。

创造力的培养包括以下几个方面：激发求知欲和好奇心，培养敏锐的观察力和丰富的想象力，特别是创造性想象，以及培养善于进行变革和发现新问题或新关系的能力；重视思维的流畅性、变通性和独创性；培养求异思维和求同思维；培养即时联想能力。即时联想是指采用集思广益的方式在一定时间内极迅速联想，引起新颖而有创造性的观点。

工程师一词在拉丁语中的词源是 ingeniator，意思是创造力。工程师们面对问题能够利用科学和聪明才智找出解决办法，因此创造力是结构工程的支柱。

结构工程师在新材料应用、结构计算分析方法、结构设计计算模型假定甚至在结构工程设计出图方式上都有过不少的探索和追求。平法改变了结构工程师的绘图方式，而今天BIM技术又将颠覆我们的传统绘图方式。有限元方法的出现也将结构计算从平面推向了空间。时代的发展都是创造力驱动的结果。

结构工程师的创造力还在于如何在工作中发现问题，如何将力学概念和科研成果运用到工程实践中去。当前产、学、研分工明确的现代社会，对创新的需求发现和成果应用同样应进入结构工程师的视野。工程师们可凭借专业技术建造一项项工程，应用智慧开拓出一项项创新。

最后需要指出的是，结构工程师的创造力同样需体现在向其他学科的拓展和知识的融合方面。术业有专攻是职业发展的一种途径，但在职业生涯中不断积累和实践，规划自己的职业生涯，用勇气和智慧寻求和探索社会所需要的"未开垦地"，或者投身于其他行业的发展经历，寻求对自我领域的启迪和警示，对个人发展也有不可忽视的价值，且能让事业之路走得更宽广。

3.2.2 工程技术

1. 概念设计

概念设计是指根据要求（结构稳定性、耐用性、美学和造价）设计切实可行的结构方案。目前，计算机软件的发展越来越迅速，功能越来越完善，结构工程师对结构计算软件的依赖性也越来越强，这很容易造成结构工程师对结构概念设计的忽视。在结构设计当中，最基础最重要的阶段就是方案设计阶段，结构工程师应有能力判断不同情况下选择不同结构方案的优劣性，包括对材料的选择与施工方案的选择等等。对结构概念设计的能力不是一朝一夕就可以获得的，这需要工程师勤学善思，多从实际项目中积累经验，进而理解与领会结构概念设计的要领。

2. 分析与设计

分析与设计能力是指对于不同类型的结构体系，结构工程师能对其进行合理的分析和设计，进而寻求最佳解决方案。这种能力包括传统的手算方法、现代的软件计算以及有限元分析等方法。结构工程师应熟悉每种方法的优劣与可靠性。

传统的分析方法包括对多跨连续梁、板以及二维框架的分析，结构工程师应了解如何将不同的结构简化或抽象为这些对象，以及一些在问题处理当中采用的近似方法。对于现代设计方法，结构工程师应关注结构的抗震性能、抗风性能和整体稳定性、抗连续倒塌能力、防火性能以及抵抗其他各种荷载的整体性能。

除了自身领悟的知识与能力之外，结构工程师也应该熟悉相关的规范、标准、条文说明、图集以及相关出版物当中的文献资料，并应用这些资料中的知识指导结构的设计与分析。同时，结构工程师在吸收消化这些资料当中的内容的同时，应学会批判式思考，创造性的运用知识解决工程问题。

3. 结构材料

结构材料使用是指结构工程师有能力决定材料的使用和协调。结构工程师应熟悉各种材料的材性、本构关系、适用性以及它们的制造、价格与施工方法等相关知识，同时也应了解它们在结构中是如何参与工作的。

4. 环境影响

结构工程师应熟悉环境和可持续发展方面的议题和法规，对工程建设过程中的环境影响有所了解，并有一定控制措施。结构工程师应对国家制定的有关环境保护的议题与法规，以及它们对设计方案选择与设计过程的影响有所了解。在结构设计方面，结构工程师应有保护环境的意识，尽可能的选择环保的结构方案与施工策略，减少结构对于周围环境的影响，实现结构设计的可持续发展。

在以往的设计中，环境保护的要素经常被结构工程师所忽视，但随着我们周围环境的日益恶化以及环保理念的加强，我们应在结构设计中有意识地考虑环境的要求，熟悉环境成本评估对结构设计的影响，与建筑师共同探讨，实现建筑的绿色概念与可持续发展。

在未来的设计中，结构工程师应考虑到结构材料生产与结构施工可能对环境带来的污染，包括固体污染物、液体污染物和气体污染物，对当地的环境保护法律法规也应有所了解，对结构垃圾的处理方案也应给出合理建议。目前关于结构设计的环境成本与环境保护的课题在国内外已有一些研究，结构工程师应关注这些研究动态。

5. 工程施工知识

结构工程师应了解各种先进的施工方法、施工装备、临时支撑结构、材料试验程序、施工组织设计以及工程质量验收等相关知识。结构工程师通过积累施工现场配合的经验，能够在施工现场指导施工，提出应该注意的问题，解答施工人员提出的问题。结构工程师可以参与施工配合或利用作为现场代表的机会在施工现场进行施工知识的学习与积累，参加工地例会，理论联系实际，将有助于个人的职业发展。

6. 岩土工程及基础设计

我国的结构工程师承担着岩土工程及基础设计的责任。作为结构工程师，除关注上部主体结构的安全与设计外，还需在岩土工程和基础设计方面不断的积累经验，拓宽专业知识与能力。例如深基坑工程是业主非常关注的工程内容，熟悉了解该专项技术对于结构工程师的个人能力发展也是非常重要的。

3.2.3 管理和商务

1. 管理能力

管理技能是指有进度计划和控制方面的管理技能和经验。结构工程师应具有项目管理和团队领导的能力，具体包括掌握项目团队管理和领导的技巧、程序计划编制和项目进度管控能力以及交流合作和接口管理。

结构工程师的管理能力主要体现于对人力资源的管理，对项目资源的管理，对资金合同的管理和对行政支持的管理。除面对面的管理方式外，结构工程师还应该在其他方式的信息交流当中发挥自己的管理能力。结构工程师的管理能力主要包括分析与决策能力和领导力。

（1）分析与决策能力

结构工程是多学科、各种知识及经验综合运用的结果，无论是管理、设计和建造都是如此，甚至一个细微的需求与愿望的实现也要经过工程师们的分析与决策。在任何一个项目里，结构工程师都需要不断地运用自己的各种知识与经验，经过各种分析得出各种决策。

分析能力是工程师必备的行为能力之一。结构工程师除了要擅长分析结构体系、力学模型及计算结果外，还要在分析建筑师的设计意图、业主的需求、社会人文现象及自然、政治、经济、社会发展趋势上下功夫。对周边事务的敏锐观察、触类旁通能让我们对结构分析有着更多的感悟，对市场和业主需求的关注和理解是我们全面地分析问题的前提条件。结构工程设计其实是一种专业服务，以服务提升客户和社会的满意和认可是我们不变的宗旨。

结构工程师的决策能力主要体现在能够正确把握项目人员能力、客观条件和技术要求等现状，并确认有效实施方案；没有分析是无法作出正确的决策的。一时的"拍脑袋"不可能成为永远的通行证，有经验的工程师们有时戏言他们通过"拍脑袋"解决问题，其实也是他们在思考和分析了已有的经验，果断地对应急事件作出的合理决策。结构工程师的决策能力需要工程经验甚至是失败的经验总结固化形成，因此经常总结分析项目案例、回顾和思考是提高决策力的有效途径。

（2）领导力

结构工程师可以是一个企业或部门的管理者，也能够组织一个团队去共同完成一个项目，甚至用自己亲手绘制的图纸指导一个建筑物的建造。上述工作均是广义领导力的不同表现。

所谓领导力是一种特殊的人际影响力，组织中的每一个人都会去影响他人，也要接受他人的影响，因此每个员工都具有潜在的和现实的领导力。领导力可以被形容为一系列行为的组合，而这些行为将会激励人们跟随领导，而不是简单的服从。结构工程师的领导力价值不仅体现在所属团队的项目策划和运作能力上，而且更多地体现在胜任项目专业工作和发展的层面上。

首先，作为结构工程师团队的领导者应将其所在团队的所有成员视作自己的臂膀，了解他们，使用他们，并依靠他们共同进步；这需要管理者的爱心、关怀、理解甚至容忍。而作为结构工程师自身也应从管理自己入手，认识自我，激励自我和拓展自己的影响力，为职业发展奠定领导力基础。

其次，项目的成功运作离不开专业决策和指引，其中专业负责人是十分重要的角色，结构专业负责人在结构设计项目中起着专业领导的作用，在各设计阶段，要根据工程项目的规模大小、使用功能、技术难易程度、设计进度要求等条件，与部门经理、室主任、所长以及项目经理研究商定，合理安排人员。在控制人力成本的前提下，保证项目达到客户的需求和符合技术条件，并做好非人力成本预算。在保证完成设计任务的前提下，要尽可能兼顾到培养设计人员的技术水平和合作能力，以提高个人及团队的战斗力和竞争力。

最后，作为结构工程师团队的领导者应该具有对行业的理解和更远大的关注度和洞察力，拓宽视野，积极寻求所领导团队的发展机会和行动方向，并以此策划和提供专业培训、带教以及学习的机会和氛围。

2. 商务能力

除管理能力外，结构工程师还应具备商务方面的相关知识与能力，这样有助于个人和企业的业务拓展。

（1）商业意识

结构工程师应该知晓结构设计与建造中商业和造价等方面的约束，了解国内甚至国际上的结构原始材料造价、人工费用、生产制造费用、市场和税收等因素的影响。结构工程师同时也要了解造价人员的一些计算规则，评估结构质量和结构单位造价的可靠依据。此外，结构工程师应重视对于结构造价影响较大的一些客观因素，包括结构形式和施工方式，并掌握一些项目概预算和项目全寿命周期经济成本评估的知识和技巧。

（2）合同知识

结构工程师应熟悉不同标准不同形式的合同，如设计服务合同、施工合同和采购合同等，同时也需了解可能产生的各种合同问题，如合同关系的建立与合同纠纷的解决等。

对于结构工程师上述的个人综合能力，企业对于结构工程师的能力也有相应要求。企业对于结构工程师的能力要求根据职务的不同而产生变化，结构工程师在不同的职位上应具备不同的能力，职位越高对能力的要求也越高。

第4章 工程建设及运营

本章第一节从业主、设计方和施工方等不同角度介绍了工程项目管理的基本概念和管理要点，之后则从不同角度讲述结构工程师在工程项目策划、设计、建设、运营及终止全生命周期内的实施过程及要点。

4.1 工程项目管理概述

4.1.1 工程项目生命周期

工程项目生命周期一般包括项目决策阶段（工程项目前期阶段）、项目实施阶段（包括项目设计和工程建造）和项目运营阶段（包括使用、维护与拆除）。结构工程师的参与在工程项目生命周期的各个阶段都具有重要作用。本章阐述结构工程师在工程项目生命周期各个阶段的工作内容以及重要贡献。

在工程项目前期阶段，结构工程师可以参与建设项目的策划，通过对工程场地信息的调研和评估，提供工程项目的结构可行性建议，同时为下一步项目设计阶段准备必要的资料。项目前期是整个工程项目的开端，做好项目前期的信息收集、可行性研究和策划工作可以减小工程项目后期阶段产生重大失误的风险，为之后的项目设计和工程建造做良好铺垫。

在项目设计阶段，结构工程师的主要工作内容是作为项目设计团队中的一员，负责结构设计，并协同其他各专业，共同完成设计工作。结构设计阶段可分为方案设计、初步设计和施工图设计三个阶段。结构设计是结构工程师主要从事的核心工作内容。在项目设计阶段，结构工程师应进行质量控制、进度控制和成本控制，对进度的实施在技术上和经济上进行全面而详尽地安排，形成设计图纸和相关说明文件，并为下阶段工程建造做好准备。

在工程建造阶段，参与结构设计的结构工程师可协助业主进行工程招投标答疑工作，并应配合施工单位的技术交底和验收工作。这个阶段是集中检验结构工程师的设计作品是否安全、经济并且便于施工的阶段，是结构工程师在完成大量设计工作后的又一项巨大挑战。结构工程师可为施工过程中关键技术问题提供咨询服务，协助业主监督和控制工程质量和安全，保证工程顺利进行。

对于各种新型复杂结构工程，设计应对施工过程中的关键影响因素以及关键环节控制有所考虑。设计方和施工方在建造过程中的相互配合有利于选择科学合理的施工方案、加快施工进度以及降低工程造价。

在工程项目的后期运营阶段，结构工程师可为项目的检测、维修、加固、改造和拆除提供咨询服务。按照我国规范规定，结构工程师的设计产品应在结构设计使用年限内保证结构的可靠性、适用性与耐久性。结构竣工交付后的服务可以说是工程结构建设和运营的分界点。设计回访等后期服务既有利于保证工程结构生命周期的性能，拓展结构改造、加固、维修、拆除等业务内容，也有利于客户关系的维护和客户忠诚度的培养，实现结构工程师业务和社会信誉的良性循环和可持续发展。

结构工程师在工程项目各个阶段的具体工作内容和服务流程如图 4.1-1 所示，并将在3.2～3.5 节详细展开。

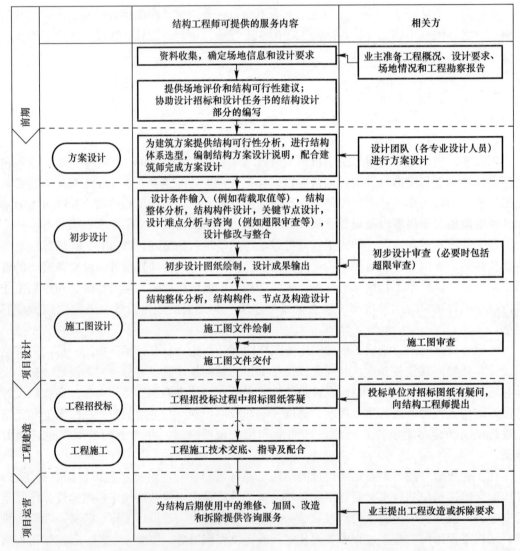

注：招标图纸一般为满足深度要求的施工图，有时为保证工程进度，也可采用满足招标要求的初步设计图纸或施工图设计过程文件。

图 4.1-1　结构工程师的工程项目管理基本工作流程

在工程项目生命周期内，各工程相关方应加强交流、协调配合，做好相关工作。相关方管理、合约管理和风险管理是工程管理的三个重要方面。下面（4.1.2～4.1.4 节）将对这三个方面分别进行论述。

4.1.2 工程建设相关方管理

工程建设的主体和生产关系随着工程建设需求的变化而不断发展变化，逐步演变出现代工程建设生产与消费的各方主体。以建筑工程为例，逐步形成现代建筑生产关系如下：

业主（建设方）—建筑物的投资方、使用方、所有者或设计及施工的委托人（如房地产开发商）等；

项目管理者—独立的项目管理（PM，Project Management）人员、施工管理（CM，Construction Management）人员或设备管理（FM，Facility Management）人员等；

设计者—建筑师、结构工程师、机电工程师或其他关联的工程技术人员等；

专业咨询顾问—地质勘察单位、安评单位、风工程顾问机构、结构试验顾问或其他专项技术咨询顾问等；

施工单位—承包商、分包商、建筑工人及其组织等；

监理—监理工程师；

供应商—材料生产方、组装方、材料供应商或建筑机械租赁商等；

运营者—建筑维修和管理者（物业）；

行政管理者—土地、规划、建设的管理部门，消防、绿化、环保、质检部门，法规制定机关等；

其他服务商提供者—金融保险机关、营销商、运营维修商、贸易商和运输商等。

图 4.1-2 中建筑活动的参与者之间存在非合同关系。如营销推广者和使用者（购买者）之间，专业咨询顾问、建筑师、结构工程师、机电工程师、监理和项目管理者两两之间等。

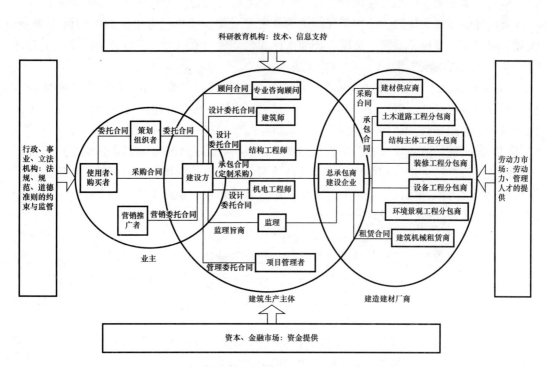

图 4.1-2 现代建筑生产关系（实线表示合同关系）

　　在工程建设中，结构工程师会在不同的建筑生产主体中发挥作用，结构工程师在不同的建筑生产主体中行使不同的职责，具体见表 4.1-1。

不同所属方的结构工程师职责　　　　　　　　　　表 4.1-1

结构工程师所属方	职　责
业主	业主项目管理团队中的结构工程师负责结构相关的项目管理工作及业主自营项目的结构设计工作
设计方	设计方中的结构工程师负责设计方承接项目的结构设计工作
施工方	施工方中的结构工程师负责施工方与业主、设计方的技术协调沟通，解决施工中出现的技术问题，确保施工顺利完成
专业咨询顾问	业主聘请的结构顾问公司中的结构工程师负责为业主进行结构咨询，评估、分析和解决合同范围内的结构技术问题

4.1.2.1　结构工程师与业主

　　结构工程师可通过两种方式参与业主工作：业主可以在项目管理团队中设置专职的结构工程师岗位，也可以聘请结构工程师作为结构顾问承担结构相关的项目管理工作；对于大型地产开发企业，可以同时设置专职结构工程师和聘请结构顾问团队进行项目管理工作。

　　工程项目各阶段，业主与结构工程师相关工作如下：

　　① 在方案设计阶段，结构工程师可以为业主提供前期准备和结构方案策划服务，如获取设计项目的基本特征，明确业主的设计要求，初步评价结构可行性、收集场地条件资料（交通、水文地理、地震和风等灾害影响、地下隧道和管道等）和社会条件限制，并进一步分析可能存在的风险。结构工程师协助业主完成编制招标任务书中的结构设计部分，包括工程概况、规模、投资、进度、场地条件和设计成果要求等，配合方案阶段业主的评审，并配合工程勘察工作。

　　② 在初步设计阶段，需协助业主向建设行政主管部门申请初步设计审查（典型的审核流程及内容详见 3.2 节）。结构工程师需要根据评审意见进行初步设计的调整。当所设计项目属于超限项目，结构工程师应同时提供超限申报材料给业主，由业主向建设行政主管部门申报抗震设防专项审查。抗震设防专项审查时，结构工程师应提供建筑结构工程超限设计的可行性论证报告和结构初步设计计算书，需要进行结构试验研究的工程还应提供结构试验研究方案。结构工程师应针对专家审查意见对初步设计文件结构专业部分进行修改和回复，最终完成初步设计审查和行政审批。

　　③ 在初步设计及施工图设计阶段，业主设计管理团队中的结构工程师除需要关注结构部分的设计要求外，还应关注项目其他相关专业的设计动态，判断对既定结构设计的影响，积极进行沟通工作，并协调其他专业、工种之间设计文件，修改和完善设计成果。

　　④ 对于场地在建建筑、正在维修或改扩建的建筑、处理邻近建筑，或保持已有建筑使用功能等有关的事项上提出建议。

　　⑤ 应业主要求，可参加工程项目的招标工作，参与对施工单位承建资格审查，审核投标单位文件中施工方案和落实措施，协助确定中标单位。

　　⑥ 对施工单位的文件进行审核及咨询，审核所描述的设计是否能够满足业主的要求，

或施工进程是否达到专业标准；建设主管部门对建设工程的施工图文件进行审查，以确保施工图的质量和项目建造的安全，结构工程师应协助业主完成相关审查（审核的相应流程及内容详见 3.2 节）。

　　⑦ 在结构的后期改造和拆除非运营阶段，结构工程师可以为结构后期使用中的维修、加固、改造和拆除提供计算分析及复核等服务，结构工程师开展相关结构技术评估，可以有效减少改造和维修的费用。

4.1.2.2　结构工程师与建筑师

　　对于综合性设计单位，结构工程师作为设计团队成员，为建筑师提供结构专业相关技术支持；对于未设置结构专业的建筑师事务所，可聘请结构工程师作为专业顾问。

　　在方案设计阶段，结构工程师参与提供场地评价和结构选型建议，比选后编制结构方案，并协助完成项目设计提纲结构设计部分的编写，配合建筑师对方案成果作出诠释或讲解，例如与建筑师共同参加方案评审会等。

　　在初步设计和施工图设计阶段，结构工程师负责各阶段结构设计的管理、结构设计成果的评审与确认等工作。在各个过程中，结构工程师都需要与建筑师进行有效的沟通和协调，如建筑立面效果处理、楼层净高确定、空间布置协调和节点构造设计等问题。结构工程师运用可行的技术完成结构设计，使建筑师的构思在现有的技术水平下能更经济、合理、安全地实现。

4.1.2.3　结构工程师与机电工程师

　　在初步设计和施工图设计阶段，协调机电工程师解决专业问题，如结构配合机电设备的留洞、基坑设计、结构配合管线穿越、设备基础结构的布置、设备荷载的确定、排水沟及集水坑的设计、降板的处理和预埋件的设计等；配合机电工程师参与工程的初步设计及施工图纸的会审及会签，做好技术沟通工作。

　　在施工阶段，结构工程师要与机电工程师做好配合，解决涉及结构和机电协同的施工问题。尤其是管线综合及因上部建筑功能需求变更造成的修改，都需要结构和机电工程师共同探讨，提出合理有效的解决方案。

4.1.2.4　结构工程师与专业咨询顾问

　　在工程设计进程中，结构工程师可以应业主的需求，在岩土、结构、幕墙、风工程和景观等专业咨询顾问公司的考察、选择及咨询成果评估上给业主提供相关建议；在业主的协调和组织下，设计单位的结构工程师需要和业主聘请的专业咨询顾问进行积极沟通，交流结构技术事宜，使结构设计达到业主的要求。

4.1.2.5　结构工程师与施工单位

　　在工程招投标阶段，结构工程师可提供的服务包括参与审查投标单位的施工方案等技术资料，审查施工单位技术素质及能力，能否满足该项工程的质量、成本控制及进度要求。

　　在施工阶段，结构工程师可提供的服务包括参与施工图会审、审查重大专项的施工组织设计，负责基础验槽及定位的复核，参与项目验收，参与解决施工中遇到的重大技术难题。

4.1.2.6　结构工程师与监理

　　在施工阶段，对监理在审查本项目的施工竣工及变更设计图纸、隐蔽工程验收及分项工程验收等工作时遇到的技术问题进行探讨、分析和沟通，如混凝土裂缝等质量问题、钢结构定位问题、施工精度问题等；配合监理评价施工过程中的质量问题对结构安全性的影响，进行技术审核，制定解决方案。

4.1.2.7　结构工程师与供应商

结构工程师可提供的相关工作包括：在施工准备阶段，协助业主对结构材料、设备的采购与供应提供结构专业相关的建议。

4.1.3　工程合同管理

4.1.3.1　合同类型

在工程建设领域，合同方式有三种常见形式，即设计合同、顾问合同和总包合同[11]。

（1）设计合同：结构工程师需要根据合同要求完成相应的结构设计任务，反映了业主管理、设计委托、施工承包的三方合作模式。适用于建筑设计要求复杂、艺术性要求高的建筑生产，这是建筑物生产实践中最为普遍、适用范围最广、也是国际通行的合同形式，是现代职业结构工程师最常涉及的合同。

（2）顾问合同：结构工程师需要根据合同要求完成相应的结构咨询任务，反映了业主直营，业主与设计、施工一体化的单方合作模式或业主管理、设计委托、施工承包的三方合作模式，是设计合同有益的补充。

（3）总包合同：反映了设计与施工一体化的总承包、业主与总承包公司的两方合作模式——交钥匙合作模式（Turnkey）、EPC（Engineering Procurement Construction，即设计—采购—施工总承包）等合作模式。适用于建筑艺术性、个性要求不高，而建筑的功能性和工艺性要求高的建筑生产，是工业建筑生产的标准合同形式类型——其设计的主要内容为工程设计（Engineering）。由于业主不提供设计和过程监控而仅对工程成果进行检验，业主可以有效地转移责任给总承包企业，在政府投资的市政工程、工业建筑、交通建筑中应用较为广泛。这类合同形式需要承包商具备很高的综合管理和资源整合能力，但总承包企业中的设计部门由于服务于施工部门，往往按照施工的要求变更、简化设计，不适用于建筑性要求高的建筑类型。

4.1.3.2　合同执行基本原则

合同执行过程中，相关各方应遵循以下原则：

实际履行原则：订立合同的目的是为了满足一定的经济利益目的，满足特定的生产经营活动的需要。根据实际履行原则，当事人应当按照合同规定的标的完成义务，不能用违约金或赔偿金来代替合同的标的；任何一方违约时也不能以支付违约金或赔偿损失的方式来代替合同的履行，守约一方要求继续履行的，应当继续履行。

全面履行原则：是指当事人除了应按合同约定的标的履行外，还要根据合同标的的数量、质量、标准、价格、方式、期限、地点等完成合同义务。全面履行原则对合同的履行具有重要意义，是判断合同各方是否违约以及违约应当承担何种违约责任的根据和尺度。

协作履行原则：协作履行原则是指合同各方在履行合同过程中，应当互谅、互助，尽可能为对方履行合同义务提供相应的便利条件。

诚实信用原则：诚实信用原则是合同法的基本原则，履行合同特别是履行内容十分复杂的建筑工程承包合同，贯彻该原则尤为重要。按照该原则，承发包双方在履行合同过程中应当实事求是，以善意的方式行使权利并履行义务，以使双方所期待的正当利益得以实现；当对合同条款的内容产生分歧时，应当考虑义务的性质、法律的基本规定和行业惯例，从合理维护双方利益的角度出发，努力探求解决争议的最佳办法。

情势变更原则：情势变更原则是指合同依法订立以后，由于不可归责于当事人的原因，履行合同的基础发生了变化，如果仍然维持合同的效力，将会产生显失公平的后果，在这种情况下，不利影响的一方当事人有权请求法院或仲裁机构变更或解除合同。由于情势变更的理论与实践十分复杂，不易划清正常商业风险与客观情势变更的界限，《中华人民共和国合同法》未确立情势变更制度，但司法实践是认可情势变更为履行合同的原则的。

4.1.3.3 履约能力

履约经营的成败在于结构工程师履约能力的大小。结构工程师的履约能力指结构工程师进行有效投标的能力、合同订立及合同管理的严密性、索赔能力及抵抗风险和转移风险的能力。

（1）提高合同管理能力和索赔能力。

结构工程师应对合同风险（工期、设计文件、工程环境等环节可能遭受的风险）有一个总体评价，这些风险造成的损失往往是在订立合同时无法想象的；结构工程师要充分发挥自身技术优势与多方合作，尽量规避合同风险。

结构工程师应建立合同实施的保证体系，以保证合同实施中的所有日常工作有序进行；做好监督协调工作，对合同实施情况进行跟踪，收集信息，对比分析，进行技术支持；对于合同变更进行有效落实和检查。

国外建筑企业高度重视索赔工作，拥有专业的索赔专家资源。据统计，国外建筑公司工程项目的索赔额会超过合同价的 $10\%\sim20\%$，有的甚至超出合同价的一倍。国内企业还未培养起强烈的索赔意识，这大大降低了企业通过履约而获利的能力。结构工程师需增强索赔意识，全面研究国际上先进的合同管理和索赔的方法、措施、手段和经验。在实际索赔中，要注意客观、合法与合理。

（2）提高设计项目有效中标能力。

在建筑市场中，以投标方式确定承揽项目的企业已成为最主要的方式，因而除了设计企业自身的经济实力、丰富的管理能力外，建立一套行之有效的投标策略，从而提升设计企业有效中标能力，也具有十分重要的意义。

在招投标阶段，结构工程师可从客户分析、市场分析、竞争优势分析等入手，制订投标策略，并在投标过程中通过标书、答疑及必要的现场踏勘，制订出技术水平高的投标书，以提高中标的可能性。

（3）提高风险防范及控制能力。

防范和控制风险的总目标在于选择最经济有效的方法减少或避免损失的发生，将损失发生的可能性和严重性降低到最低程度。对于结构工程师来说，同样需要高度重视索赔技巧和工程量变更的及时报备和结算，就是要将控制、防范风险的行为和措施贯穿于工程项目的设计、建造直到竣工投产全过程当中。

4.1.4 风险管理

风险管理是指对影响项目目标实现的各种不确定性事件进行识别和评估，并采取应对措施将其影响控制在可接受范围内的过程。[12]

风险管理首先是要进行风险分析，并根据发生的概率和控制的效益来决策风险控制的方法。一般通过风险识别、风险估计、风险驾驭、风险监控等一系列活动来进行风险管理工作。

风险管理措施的拟定和选择需要结合项目的具体情况进行，同时还要借鉴历史项目的风险管理记录、管理人员的个人经验以及其他同类项目的经验等。针对不同的项目类型、不同风险类型应作具体分析，谨慎拟定和选择相应的措施。

4.1.4.1　风险种类

结构工程师面临的风险种类根据其所属方的不同而不同（图 4.1-3）。

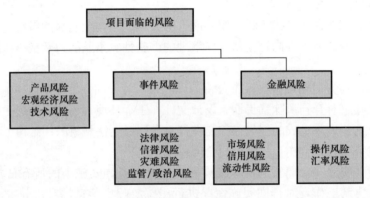

图 4.1-3　风险种类

（1）结构工程师所属方是业主

需要面临的风险有法律风险、产品风险、宏观经济风险、灾难风险、监管（政治）风险和市场风险等。以下举例说明。

需要面临的法律风险有合同签订时的缺陷和显失公平。合同条款不全面、不完善，文字不细致、不严密，致使合同存在漏洞。如在合同条款上，存在不完善或没有转移风险的担保、索赔、保险等相关条款，缺少因第三方影响而造成工期延误或经济损失的条款，存在单方面的约束性、过于苛刻的权利等不平衡条款。

需要面临的产品风险有资金、材料和设备供应等风险因素。作为业主的管理成员，应防止总包单位供应的材料或设备质量不合格或供应不及时。

需要面临的宏观经济风险、灾难风险和监管（政治）风险等属于社会大环境风险，如动乱、恐怖事件、金融危机、政府宏观调控政策等。

（2）结构工程师所属方是设计方

需要面临的风险有技术风险和法律风险等。以下举例说明。

需要面临的技术风险是技术创新风险，在一些重大工程的关键技术攻关和创新中，由于经验缺乏、技术首次应用等因素导致技术创新的失败而造成的风险。

需要面临的法律风险有合同签订时的缺陷、显失公平和合同主体资质资信问题。如业主经济状况恶化，导致履约能力差，无力支付设计款或因信誉差而有意拖欠设计款。

（3）结构工程师所属方是施工方

需要面临的风险有灾难风险、法律风险、信誉风险、技术风险、宏观经济风险和市场风险等。以下举例说明。

　　需要面临的灾难风险是指自然界中客观因素的变化对施工企业可能造成的损失。主要表现在异常天气的出现，如台风、汛期、暴风雨（雪）、洪水、泥石流等不可抗的自然现象和其他影响施工的自然条件，都会造成工期拖延和财产的损失。

　　需要面临的法律风险有业主提供资料不足和合同主体资质资信问题；由于业主提供的施工现场存在周边环境等方面自然与人为的障碍或"三通一平"等准备工作不足，导致结构工程师不能做好施工前期的准备工作，给正常的施工带来困难。

　　需要面临的信誉风险是，若业主经济状况恶化，导致履约能力差，则无力支付工程款或因信誉差而有意拖欠工程款。

　　需要面临的技术风险有地质地基条件设计风险、技术规范风险和施工技术协调风险；业主提供的地质勘察资料有时与实际出入很大，异常地质情况或其他障碍物会增加工作量，导致设计变更图纸供应不及时；结构工程师需要关注技术规范以外的特殊工艺，明确所采用的标准、规范，在施工过程中进行较好的协调与统一，尽量不影响工程的验收和结算；结构工程师应及时协助解决施工人员遇到的重大技术问题，减小由于施工技术与其专业能力不相适应而产生的技术风险。

　　需要面临的宏观经济风险是工程量、工作量，人力成本预算、工期等变更和事先策划不准确造成的经济风险。需要控制经济成本的支出。

　　需要面临的市场风险是作为投标方成员会遇到的经济风险，经济风险主要是工程量、工作量，人力成本预算、工期等变更和事先策划不准确造成的。结构工程师必须仔细分析研究投标者须知、设计图纸、工程质量要求、合同条款及工程量清单等存在着潜在经济风险的部分。

4.1.4.2　风险控制

　　建设工程风险控制的措施主要包括：风险减免、风险转移和风险自留等。

　　现代建筑企业需要积极推行保险制度和索赔制度建设，保险和合同是风险转移的重要形式。由于不可预测的某些风险总是存在，风险事件的发生是造成经济损失或时间损失的根源，合同双方都期望转嫁风险，保险具有分散风险、经济补偿、转移风险的职能，大型建筑工程必须借助于保险这一经济组织来转嫁其风险，对大型建筑工程实行全面的风险评价与保险势在必行。在合同履行中，推行索赔制度是向对方转移风险，但工程索赔制度在我国尚未普遍推行，建筑企业对索赔的认识还很不足，对索赔的具体做法也还十分生疏。因此必须了解索赔制度转移风险的意义，学会索赔方法，使转移工程风险的合法、合理的索赔制度健康地开展起来。如地质条件变化引起的索赔、不可抗力引起的索赔等[13]。

　　结构工程师使用的风险应对措施根据其所属方的不同而不同。

　　（1）结构工程师所属方是业主

　　业主主要需要控制的是投资风险，尤其是对后期工程量变更造成的追加投资的风险控制。

　　需要使用的风险减免措施有深入研究和全面分析有关的工程设计文件，仔细审查图纸、复核工程量、分析合同文本和研究招标策略，以减少合同签订后的风险，并对合同中垫资、担保、索赔等条款予以关注。

　　需要使用的风险转移措施有向第三方转移风险，包括推行担保制度和进行工程保险。推行担保制度，这是向第三方转移风险的一种有效作法。我国《担保法》规定了五种担保方式（保证、抵押、质押、留置和定金），但在工程施工阶段以推行保证和抵押两种方式为宜；实施风险评价与保险活动，有利于减少灾害事故的发生，保险公司能迅速识别工程中的风险因素，会为业主提供优质的风险管理服务，减少风险发生的频率和受损后的破损程度，减少设计和施工过程中的潜在风险，确保工程质量。

（2）结构工程师所属方是设计方

结构设计最需控制的是结构方案的重大调整，例如地质条件的变化，建筑功能变更引起的竖向构件、荷载等的调整，以及施工过程中因施工方案调整导致的主体结构受力分析的变化等。

需要使用的风险减免措施有调查业主或施工单位的资信，进行工程相关条件调查，分析材料供应和设计变更等可能性；熟悉和掌握工程各阶段的有关法律法规，依据法律法规办事，增强用法律保护自己利益的意识，有效地依法控制工程风险；做好与施工方等有关建设主体的协调与沟通工作，要积极参与对有关建设主体的严格管理，督促有关建设主体认真履行合同，把可能发生的风险减少到最低程度。加强履约管理，分析工程风险。在合同谈判和签订过程中，虽然已经发现了风险，但合同中还会存在词语模糊，约定不具体、不全面、责任不明确甚至矛盾的条款。因此任何结构设计的合同履行过程中都要加强合同管理，分析不可避免的风险。如果不能及时透彻地分析出地质条件变化等风险，就不可能对风险有充分的准备，在合同履行中就很难有效控制，特别是对风险较大的工程项目更要强化合同分析。

需要使用的风险转移措施有风险共担，避免苛刻、责权利关系严重失衡的合同。在签订和实施合同时必须考虑双方的利益，做到公平合理。设计方应按国家相关收费标准，保障合理利润，不能过于迁就业主单位，且合同双方都不应该单方推卸风险。

（3）结构工程师所属方是施工方

施工方最大的风险是经济风险，垫资和闭口合同均为目前建筑市场中较为多见的由施工方独立承揽风险的表现形式。

需要使用的风险减免措施有熟悉和掌握工程各阶段的有关法律法规，依据法律法规办事，增强用法律保护自己利益的意识，有效地依法控制工程风险。

需要使用的风险转移措施有风险共担，避免苛刻、责权利关系严重失衡的合同。在签订和实施合同时必须考虑双方的利益，做到公平合理。施工方应仔细编制工程量清单，根据以往同类型建设项目经验修正报价，并提出合理利润，不能过于迁就业主单位，且合同双方都不应该单方承担风险。[12][13]

4.2 工程项目前期

4.2.1 概述

在项目前期，结构工程师可提供的技术服务内容包括：①了解和定义业主需求，明确设计项目的特征及要求；②搜集场地和环境等项目信息，包括对设计项目的场地条件和周边环境及其他社会经济等条件进行调研并评估其对结构设计的影响；③根据所收集的信息对设计项目进行可行性研究，协助业主进行前期策划工作。

明确业主意愿和收集资料是一个逐步推进甚至反复的过程。结构工程师必须密切关注业主需求并及时交流设计项目的特征和可能存在的结构问题。结构工程师需要充分理解业主的要求，以及工程的场地、周围环境和自然条件等对结构设计有哪些影响和限制。结构工程师需和业主积极探讨如何实现他们的要求，并从安全性、经济性和适应性等方面对其实施的可行性给出专业的咨询意见。

全面搜集场地信息以及其他可能限制设计决策的因素是必要的。结构工程师可向业主提供自己所需要的资料清单和必要的调研计划，以配合业主实现场地环境的调研和数据收集工作。

结构工程师必须充分考虑到可能的场地约束条件及其他可能的不利条件对结构设计的影响，并提出可行性建议避免或改善这些影响。最终收集的数据以及可行性研究和建议需进行整理归档，这些资料可作为业主的前期策划工作成果的一部分。

项目前期阶段是综合考虑各个方面的资源和限制条件进行项目策划的过程。结构工程师在这个阶段基本上是承担结构顾问的角色，结构工程师需具备足够的专业知识和经验协助业主完成项目策划阶段的各项工作，并为下一阶段设计做准备（见表 4.2-1），必要时可协助业主进行招标文件中相关内容的编写。

结构工程师在项目前期可提供的技术服务 表 4.2-1

工作阶段	主要内容	注意事项
项目策划	场地评价和项目建设的结构可行性建议	获取设计项目的基本特征，明确业主的设计要求，初步评价结构可行性
		收集场地条件资料（交通、水文地理、地震和风等灾害影响、地下隧道和管道等），和社会条件限制（当地法规调研），进一步分析和说明结构可行性，以及可能存在的风险
设计招标设计任务书	结构设计任务书	结构工程师可作为咨询顾问协助业主完成编制招标任务书中的结构设计部分，包括工程概况、规模、投资、进度、场地条件和设计成果要求等

4.2.2 服务内容

4.2.2.1 需求分析

在项目前期，首先要了解业主的需求，并对项目进行概念性的了解和评估，主要内容包括：

（1）需要建设什么类型的工程（公共建筑，民用建筑还是工业建筑），建筑功能如何以及该工程的社会地位、经济地位以及对环境影响等；

（2）工程是否较为常见，有无体型复杂、超高、超长及大跨度等特征；

（3）现有的结构体系是否可以满足该需求，是否需要结构体系创新设计；

（4）对结构土建成本的控制要求；

（5）项目设计时间的限定；

（6）对结构材料是否有特殊要求，考虑材料选用问题；

（7）工程所处的地理位置，是否处于交通便利地段，对工程材料的选用和运输有无影响；

（8）工程所处环境是否有恶劣环境和影响场地稳定性的不良地质条件，包括是否为山区、海边、地震活动断裂带、溶洞、滑坡和采空区等；[14]

（9）其他可以直接获得的影响结构设计的因素等。

根据上述信息，结构工程师可向业主提供初步的结构可行性建议，并配合造价工程做出成本预估，然后提出需要深入调研的项目信息和资料。

4.2.2.2　资料收集

　　获取项目信息和资料后，才能确定和理解各种不同的场地条件，为项目的策划布局提供指导性意见。业主如果已有这些信息资料，可直接提供给结构工程师，业主也可咨询或委托结构工程师完成相关工作。表 4.2-2 举例给出了可能的场地限制条件的类型[15]。很多情况下，结构工程师直接搜集信息的方式可能更为有效，因为他们更了解需要什么以及如何更容易地获取这些信息。

　　需收集的项目信息和资料一般有两种类型。一类是与所处地理位置及局部地区有关的资料，包括经济和交通是否发达、地震烈度区划分（可参阅中国地震烈度区划图）以及该地区已建成项目的设计资料等；另一类是该场地范围内的情况，包括地下水、土层构造、不良地质条件以及场地既有建筑等情况，此类信息资料需由业主委托专业的工程勘察单位对场地进行勘探，并提交勘探资料。

　　在勘察之前，结构工程师需提出场地勘察技术要求，确保勘察单位的勘探结果能够覆盖结构设计所需要的场地信息。而其他场地条件可能需进行专项调查研究，如场地地震安全性评价（参见附录六《地震安全性评价管理条例》）。

场地条件分类　　　　　　　　　　　　　　　　表 4.2-2

物理条件	地上	已有结构；已有厂房/基础设施；人群；交通；植被；地势；水文
	地下	污染物；天然气；地质情况/土工技术；下水道、隧道、管道、电缆等；既有地下室、储液罐、基础、基坑；军工设施；地下水
	周边环境	房屋；地形地貌；水文；道路、轨道、基础设施（水电、通信等）；材料供应；出入口
	场地区域条件	洪水灾害；地震灾害；污染源；飞机和机场；气候变化
	拟建结构	规划许可；安全控制
经济条件		造价；财务可行性；资源可利用性；成本控制要求
社会条件		法律、标准、规程；环境影响评定；碳排放；能源和可再生能源的利用；材料可持续利用；材料和构件的循环再利用；寿命周期总费用；施工、运营和拆除期间的安全性和可施工性；可检测性和可维护性；易损构件的可替换性

4.2.2.3　可行性研究

　　工程建设需满足各方面的要求。首先应满足法律条文、批文、标准、规程和指南文件中有关结构设计的要求，例如规划许可和场地安全评价等。其次应满足业主的项目策划要求，包括工程进度和工程效益等，在某些其他情况下这些要求需要设计师与业主共同商讨决定。

　　在获取足够的项目资料和信息之后，要对项目的可行性进行评价。在这个过程中，结构工程师要通过专业知识和经验，对工程项目实施提出建议。包括是否有不宜建设的场地条件，是否有可能造成结构成本较大提升的因素，是否有可能遭受不可修复灾害的风险。

　　在工程项目前期阶段，进行充分而全面的考虑可减少工程后期的失误。业主需组织进行项目策划工作，综合考虑各个方面的资源和限制条件，这往往需要各专业顾问的参与。一个成功的工程项目可行性分析的关键是，策划参与者能够预见项目各阶段可能遇到的主要问题。任何一个条件的改变都有可能对业主的需求有重大影响。结构工程师的参与有助于识别潜在的工程问题，并提前采取相关措施。策划团队中不同专业的信息和限制条件需有效整合，从而系统的考虑相关影响。

4.2.3 案例

【案例1】某支援非洲项目前期的场地考察和资料收集

中国某国际工程设计咨询公司受委托派考察组对非洲某学校建设项目进行了设计考察。在非洲期间，考察组对建设场地进行了现场考察，从地理位置、周边环境、基础设施、地质情况等方面进行综合考虑，并根据场地情况和埃塞方提出的要求对方案设计进行了调整。

考察组为了更好地完成考察设计任务，行前制定了各专业考察计划，其中结构专业的考察计划及经过实地考察得到的场地条件主要有以下几个方面：

(1) 地貌特征、气候、经济和工业发展水平

该地区为内陆国家，境内中部隆起，以山地为主体，大部分属高原。

该地区虽然离赤道很近，但是气候宜人。尤其是人口主要聚居的中部高地，平均气温极少超过20℃。在人口稀少的低地，属典型的亚热带和热带气候。大部分地区气候温和，最高气温一般在3月~5月可达34℃左右，最低气温一般在11月~1月，山顶可低到0℃。季节温差与国内相差不多。

该地区经济以农牧业为主，工业基础薄弱，公路运输是国内的主要交通运输方式，以亚的斯亚贝巴为中心，有6条主要干线。

(2) 当地主要工程材料

当地有一家水泥厂，但目前只生产325号水泥。在数百公里外的其他水泥厂有425号等其他标号水泥。当地产的砂子含泥量较高，不适用于制作混凝土，质量较好的河沙可以从一百多公里以外运来。当地有经营建材的经销商，从经销商手中可以买到所需的水泥和砂石料。在当地没有发现生产商品混凝土的厂家。该市可以进行沙石、水泥、混凝土、砖、砌块等工程材料的质量检测。所采用的大多为美国材料实验协会（ASTM）和英国标准(BS)。位于市内的国家工程实验室拥有较为完备的实验检测设备和专业的工程技术人员。

当地主要建筑材料以当地石材为主，人工剁凿的青石砌块以其就地取材、价格便宜、隔热坚固成为当地房屋主要的墙体材料，另外当地也使用黏土空心砖，规格与国内黏土实心砖基本一致。当地有多家企业生产水泥空心砌块，且具有相应的质量检测标准，生产的砌块质量较好。当地生产的空心砌块分为A、B、C三个等级。其中A、B级砌块为承重砌块，C级砌块为非承重砌块。A级砌块的抗压强度为4.2MPa、B级为3.5MPa、C级为2.0MPa。当地生产的水泥空心砌块完全可以用于框架结构的砌块填充墙和其他围护墙体。这对于确定墙体荷载具有重要意义。

当地钢材以进口为主。钢筋分为40级和60级两个等级。屈服强度分别为220MPa和400MPa。

以上信息可以确定结构形式可以为钢筋混凝土结构，混凝土采用现场搅拌的制作方式，有质量保证，钢材进口会是较大的花费。同时，也可采用砖混结构。

(3) 当地周边学校建筑物结构类型

当地学校的建筑物多为三层以下的低层建筑，基本上为钢筋混凝土框架结构和砖混结构。墙体材料主要有混凝土砌块、黏土砖以及料石、毛石等。屋面结构大多采用波形镀锌铁皮、镀锌压型钢板，屋架采用木屋架和钢屋架。由于当地没有酸雨，屋面铁皮瓦的使用寿命较长，通常可以使用30年以上。

（4）地质情况

当地某勘察设计单位对该市的地质情况做了勘察，并绘制了工程地质图。该地区的土质类型多为岩石、碎石土层，地质情况较好，地基承载力较高。除上述区域外，其他地段多为膨胀土地区。膨胀土是一种非饱和的、结构不稳定的粘性土，具有显著的吸水膨胀和失水收缩的变形特性。该市的膨胀土具有很高的膨胀率，最低也在 30％ 以上，最高可达170％。离场地向东 7km 左右，靠近山脉。地表土层多为裸露的岩石，以及岩石风化后的形成的碎石土。

图 4.2-1　场地膨胀土　　　　　　图 4.2-2　当地生产的混凝土小型空心砌块

地质情况较好，具有较高的地基承载力，但设计时应考虑膨胀土的不利作用。

（5）地震及风压

该地区属于地震多发地区。当地的地震规范《Design of Structure for Earthquake Resistance》划分为 0、1、2、3、4 共 5 个区域，地震依次由无到强。该市位于第 2 区。近年来，发生在该市及周边地区的一系列地震逐渐引起了人们的重视，它使得生活在该市，特别是东北部市中心地带的人们感受到了强烈的地震所带来的影响。发生在 1961 年和1977 年的两次震中位于该市东北部 200km 处的地震，让市内的居民感到了它所带来的强烈震动，部分建筑物在地震中受到了轻微的损坏。1979 年 6 月 28 日发生的强烈地震影响了整个城市，特别是南部的郊区，部分地区的地震烈度已达到相当于中国 VI 度的水平。

通过走访该地区的中国公司，并参照以前中国政府援建项目的设计经验，按照 VII 度抗震设防烈度进行设防可以满足当地的抗震要求。

该市没有 50 年一遇 10min 平均最大风速的统计，但当地气象部门向考察组提供了最近 10 年的风速和风向的记录。从记录中可以看出近 10 年内最高风速仅为 9m/s，这在当地已经可以算做大风。通过走访该地区的中国公司，并参照以前中国政府援建项目的设计经验，在本项目的设计中，可不考虑风荷载的作用，结构不必做特别的防风措施。

（6）当地的设计规范

该地区有混凝土设计规范、荷载设计规范、建筑抗震设计规范等结构设计规范以及建筑材料质量检验标准和规程。结构设计时，应主要满足当地的设计规范，同时结合中国规范做合理性调整。

根据以上收集的资料，可对建筑结构的形式，以及场地条件有了概念性的了解，使结构设计师对结构设计以及可能出现的问题有了总体的把握，为之后的结构设计做好准备。同时提出的结构可行性建议有助于业主的项目策划以及建筑结构概念设计，并可协助业主编制设计招标文件。

【案例2】某地铁项目工程策划咨询方案书目录

某地铁项目工程策划咨询方案书目录　　　　　　　　　表 4.2-3

1 总说明书		17 自动扶梯、电梯	
2 设计基础资料		18 机电设备监控	
	2.1 客流	19 火灾自动报警	
	2.2 地质	20 门禁系统	
	2.3 车辆	21 屏蔽门	
3 行车组织与运营管理		22 防淹门	
4 限界		23 控制中心	
5 线路		24 停车场	
6 轨道			24.1 总说明书
7 车站			24.2 工艺设计
	7.1 土建		24.3 站场与线路（含地质路基）
	7.2 低压配电与照明		24.4 房屋建筑
	7.3 通风与空调		24.5 电力工程
	7.4 车站给排水及水消防		24.6 通风与空调
8 区间			24.7 给、排水及水消防
9 供电		25 车辆段与综合基地	
	9.1 供电系统		25.1 总说明书
	9.2 牵引降压混合变电所和降压变电所		25.2 工艺设计
	9.3 电力监控		25.3 站场与线路（含地质、路基）
	9.4 接触轨系统		25.4 房屋建筑
	9.5 杂散电流服饰防护		25.5 电力工程
	9.6 供电车间		25.6 通风与空调
10. 变电			25.7 给、排水及水消防
	10.1 主变电所电气设计	26 防灾	
	10.2 主变电所的房屋建筑	27 人防工程	
11 通信		28 环境保护及劳动安全卫生	
12 信号			28.1 环境保护
13 综合监控			28.2 劳动安全卫生
14 自动售检票		29 工程筹划	
15 隧道通风		30 概算	
16 给排水及消防			30.1 总概算
	16.1 区间给排水及消防系统		30.2 各单元概算
	16.2 自动灭火系统		

4.3 工程项目设计

4.3.1 项目类型

结构设计为建筑设计提供了技术支撑，使得建筑由概念成为现实。而不同建筑的结构设计有不同的特点，结构工程师需要根据相应的建筑特点进行结构设计。因此了解和掌握不同的项目类型及其对结构设计的影响是十分必要的。工程结构项目类型的划分有着多种标准，普遍认同的分类标准有三种：按主要的结构材料类型划分，按结构体系划分和按建筑产品的类型划分。

4.3.1.1 按结构材料分类

建筑结构按照所采用的材料不同，可分为混凝土结构、钢结构、砌体结构、木结构和组合结构等。由于所采用的主要材料不同，其设计方法和需要关注的主要问题也不尽相同。结构设计人员应该在充分理解和掌握不同材料及相应结构特性的基础上进行结构设计。如混凝土材料是一种脆性材料而且其抗拉性能很差，因此，混凝土结构项目需重点关注的是裂缝控制以及构造措施等。而钢结构则更加关注稳定性以及防火防腐问题。表 4.3-1 展示了不同材料类型的项目及其设计特点。

不同材料类型的项目及其设计特点　　　　　　　　　表 4.3-1

类 型	主要特点	结构设计主要关注的问题
混凝土结构	混凝土受压性能较好，受拉性能较差；结构耐腐蚀性较好	1. 结构体系选型和结构布置； 2. 裂缝控制； 3. 结构构造措施等
钢结构	材料强度高，塑性变形能力强。结构不耐腐蚀，需要特别的防火措施	1. 结构体系选型和结构布置； 2. 结构整体及构件的稳定性； 3. 节点设计； 4. 结构的变形和振动控制等； 5. 结构的防腐及防火措施等
砌体结构	砌体抗压强度高，抗拉强度低。通常承受轴心压力或小偏心受压	1. 结构体系选型和结构布置，如纵横墙间距等； 2. 结构构造措施，如构造柱和圈梁的设置等
木结构	材料轻质，环保。结构不耐腐蚀，同时需要注意防火	1. 结构体系选型和结构布置； 2. 结构抗火措施； 3. 节点设计及耐腐蚀性
组合结构	由两种或两种以上材料组合而成；可以充分利用不同材料的性能；常采用的组合形式有：钢-混凝土组合结构，钢-木组合结构和砖-木组合结构等。不同材料间的协同工作是组合结构充分发挥作用的重要条件	1. 结构体系选型和结构布置； 2. 组合截面设计等； 3. 节点设计； 4. 施工方便性考虑

4.3.1.2 按结构体系分类

结构体系是指结构抵抗外部作用的构件组成方式。结构体系的主要作用为有效地承受外部荷载及作用并将其传递给基础，从而保证结构的安全性。通常结构体系需要承受的荷载及外部作用有：结构自重荷载、风荷载、雪荷载和地震作用以及非荷载作用等。

根据抵抗外荷载及作用的不同，可以将多高层建筑结构体系分为竖向承重体系和抗侧力体系[16][17]。而竖向承重体系又由水平构件系统及竖向构件系统组成（如图 4.3-1 所

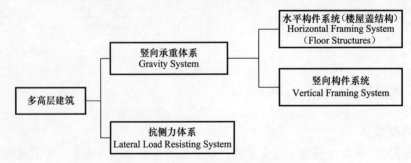

图 4.3-1　多高层建筑结构体系分类示意图

示）。大跨度空间结构也有多种结构体系。不同的结构体系的受力特点是不同的，其适用范围等也有较大差别。因此在结构设计过程中，应针对不同的建筑要求，采用合理的结构体系。不同结构体系的主要特点如表 4.3-2～表 4.3-4 所示。

多高层结构竖向承重体系 表 4.3-2

结构体系类型		结构特点	结构主要优缺点	主要适用范围	设计主要关注的问题
水平构件系统[18][19]	平板	由板柱或板墙体系组成，楼面荷载直接由板传给竖向承重构件	优点：提高楼层净高，有利于通风，照明设备的安装；经济性好；缺点：由于板的抗冲切及挠度要求，板厚较大，板跨受到限制	居住、办公、商业建筑等	1. 楼板的板厚选取；2. 楼板冲切验算；3. 板跨的合理选取
	主次梁	主、次梁为直线型水平构件，起抗弯作用，并将板上荷载传给竖向承重体系	可以有效的减轻楼盖重量，能够承受较大的荷载，并能保证较大的柱间距，这种体系较为经济，适用性较强，在建筑工程领域得到了广泛的应用	办公、商业建筑等	1. 板厚及板型选择；2. 板跨，梁高等的合理选择
	双向密肋梁	传递板上荷载时是沿两个方向同时作用，通常要求柱网开间接近方形	板跨大且双向传递荷载，梁网格上的平板可以做得很薄。节省材料，板跨较大	办公、酒店建筑等	1. 需要考虑柱上板带梁与跨中板带梁受力性能的不同；2. 柱端厚板设计；3. 梁格尺寸选取等
	宽扁梁	介于梁板体系与平板体系之间的过渡形式，梁高宽比小于普通梁	有利于减小楼板跨度，有利于保证结构的刚度和延性	办公、酒店建筑等	1. 梁截面限制条件；2. 梁截面承载力计算；3. 节点计算与设计；4. 构造要求等
竖向构件系统[16]	柱	柱为一种典型的结构构件，可有效的承受由屋楼面及梁上荷载，并同时抵抗侧向荷载作用	布置灵活，主要力为轴力及弯矩。可根据建筑需要及结构要求选用不同的材料及截面形式	办公、商业建筑等	1. 柱截面限制条件；2. 柱截面形式及材料选择；3. 柱轴压比及承载力计算；4. 构造要求等
	剪力墙	剪力墙作为竖向构件的一种，在提供较大的侧向刚度的同时，可以有效的传递楼屋盖的竖向荷载	结构刚度大，在传递竖向荷载的同时提供了很大的抗侧刚度，对结构抗风及抗震有利	办公、高层住宅等	1. 墙数量及位置布置；2. 墙材料及厚度选择等
	悬挂结构	由悬索、钢构件或预应力混凝土构件等组成的悬挂体系，将楼面荷载通过悬挂构件传给其他竖向构件	可以充分利用材料性能，并可满足建筑的特殊需求等	商业、特殊功能建筑等	1. 悬挂构件的选型；2. 悬挂部分对主体结构的影响等
	转换构件	转换构件可以将搁置其上的柱、墙荷载传递给下层的其他竖向构件	可以有效的进行结构转换，配合建筑要求，形成底部大空间	含转换层的结构，部分框支剪力墙结构，如住宅商业混合建筑等	1. 转换构件承载力的计算；2. 转换层侧向刚度连续性等

多高层建筑结构抗侧力体系 表 4.3-3

结构体系类型	结构特点	结构主要优缺点	主要适用范围	设计主要关注的问题
框架结构	利用梁、柱组成框架	优点：平面布置灵活，可形成较大空间，立面处理比较方便。缺点：侧向刚度较小，当层数较多时，会产生过大的侧移，易引起非结构性构件破坏	通常用于住宅结构，低层商业建筑等	1. 结构位移控制；2. 结构节点受力分析及钢筋处理；3. 梁、板，柱强度等级不一致的处理等；4. 结构构件的抗震构造措施
板柱-剪力墙结构	无梁楼板与柱组成的板柱框架和剪力墙共同承受竖向和水平作用的结构。水平力主要由剪力墙承受	优点：无结构梁，可以减少楼层的单层高度，对一些建筑的使用和某些装饰工程带来了方便。缺点：抗侧刚度明显低于有梁结构，地震中板柱节点易发生破坏	可用于对净空要求较高的低层建筑，地下建筑体等；其适用高度低于框架剪力墙结构	1. 结构抗侧力体系的整体性保证措施；2. 板厚的选择及其冲切验算；3. 柱端受力分析及构造措施
框架-剪力墙结构	剪力墙主要承受水平荷载，竖向荷载主要由框架承担。侧向变形呈现弯剪型	既有大空间的优点，又具有侧向刚度大的优点	层数较多的工业厂房、旅馆、住宅等	1. 剪力墙与框架承担剪力的比值；2. 框架中剪力墙数量及布置位置
剪力墙结构	用钢筋混凝土墙板来承受竖向和水平力的结构称为剪力墙结构	优点：侧向刚度大，水平荷载作用下侧移小；缺点：剪力墙的间距小，平面布置不灵活，不适用于大空间的公共建筑，自重也较大	通常适用于小开间的住宅或旅馆以及办公楼等	1. 结构位移及变形的控制；2. 剪力墙的数量及布置；3. 剪力墙厚度的确定
部分框支剪力墙结构	底层为框架的剪力墙结构；刚度介于全剪力墙与框架剪力墙之间	优点：可以提供底部大空间，供商业使用；缺点：容易形成底部薄弱层，楼层侧向刚度比容易发生突变	底层需要做商店或停车场而需要大空间的建筑等	1. 楼层转换构件的设计；2. 楼层位移及变形控制；3. 楼层侧向刚度连续性及薄弱层验算
筒体结构	有一个或几个筒体作为整体抵抗水平力作用的结构体系。其基本类型通常有实腹筒、框筒和桁架筒。其组合类型有：筒中筒、束筒等	优点：空间结构体系，具有很大的抗侧刚度和抗扭刚度；建筑平面设计具有较好的灵活性	高层及超高层建筑等	1. 筒体类型的选择；2. 剪力滞后效应的考虑及合理设计；3. 结构位移及变形控制等
框架核心筒结构	由核心筒与外围的稀柱框架组成的结构。筒体部分主要承受水平荷载，框架部分主要承担竖向荷载。同时，为了控制结构侧移，可设置伸臂桁架等形成带伸臂的框架-核心筒结构	建筑平面布置灵活，便于设置大空间，同时又具有较大的抗侧刚度	高层及超高层建筑等	1. 框架与筒体承担的剪力之比；2. 核心筒体内可能配置钢骨以提高延性；3. 筒体或框架柱截面的竖向收进；4. 含伸臂构件的结构最优伸臂布置等
巨型结构	由大型构件（伸臂桁架、环带桁架、巨型柱和巨型支撑等）组成的主结构与常规结构共同作用的一种结构体系	主结构材料形成空间作用，抗侧刚度大。常规结构部分承受自身荷载，截面较小，平面布置灵活	具有综合建筑功能的超高层建筑结构等	1. 巨型构件的形式及尺寸选择；2. 巨型构件的连接节点设计；3. 巨型结构及构件的性能化设计等

大跨空间结构体系 表 4.3-4

结构体系类型	结构特点	结构主要优缺点	主要适用范围	设计主要关注的问题
桁架结构	桁架是由杆件组成。节点一般假定为铰节点，当荷载作用在节点上时，杆件只有轴向力	优点：可利用截面较小的杆件组成截面较大的构件	单层厂房的屋架等	1. 桁架上下弦杆的间距；2. 杆件截面的选择；3. 杆件及整体稳定性验算等
网格结构[20]	由许多杆件组成的网状结构。是高次超静定的空间结构。通常包括网架和网壳	优点：空间受力体系，杆件主要承受轴向力，受力合理，节约材料，整体性能好，刚度大，抗震性能好。杆件类型较少，适于工业化生产	大跨度屋面等	1. 结构选型；2. 结构风荷载、温度荷载计算等；3. 支座、节点等设计；4. 结构整体和构件稳定验算等
拱式结构[20]	拱是一种有推力的结构，其主要内力是轴向压力	优点：主要内力为轴向力，可以使得混凝土等脆性材料发挥其抗压性能好的特点，同时建筑造型美观；缺点：施工较为复杂	大跨度的体育馆，展览馆等	1. 拱脚的水平推力的处理；2. 结构整体及构件稳定性验算等
悬索及索网结构[20]	悬索及索网结构通过索的轴向受拉来抵抗外荷载的作用，可以充分利用材料强度	优点：能充分利用高强材料的抗拉性能，可以做到跨度大、自重小、材料省、易施工	大跨度体育馆，展览馆，机场航站楼等	1. 结构的位移及变形控制；2. 温度变化引起的结构内力计算等
薄壳结构[20]	由曲面形板与边缘构件（梁、拱或桁架）组成的空间结构，属于空间受力结构，主要承受曲面内的轴向压力，弯矩很小	优点：具有很好的空间传力性能，能以较小的构件厚度形成承载能力高、刚度大的承重结构，能覆盖或围护大跨度的空间而不需中间支柱，能兼重结构和围护结构的双重作用，从而节约结构材料	大型歌剧院等	1. 结构稳定性验算；2. 连接构件及节点设计等
张弦（弦支）结构[21]	用撑杆连接上部压弯构件和下部的受拉构件，通过在受拉构件上施加预应力，使上部结构产生反挠度，从而减小荷载作用下的最终挠度，改善上部构件的受力状态，并通过调整受拉构件的预应力使之成为自平衡的体系	优点：受力合理，可以提高结构的稳定性和承载能力，施工过程简单	大跨度体育场馆、机场航站楼等	1. 结构初始平衡和形态分析；2. 撑杆的平面外稳定；3. 张拉预应力设计与施工方案与工艺等
膜结构[22]	由多种高强膜材料及加强构件（钢架、钢柱或钢索）通过一定形式使其内部产生一定的预张应力以形成一种作为覆盖结构的空间形状，并能承受一定的外部荷载作用的一种空间结构形式	优点：采用轻质膜材料，结构自重轻，造型美观，适用跨度大	大跨度体育场馆等	1. 体形设计；2. 初始平衡形状分析；3. 荷载分析；4. 裁剪分析等

4.3.1.3 按建筑类型分类

对工程项目另一种常用的划分模式是以建筑产品的类型进行划分的。不同建筑功能对结构设计有着不同的要求（表 4.3-5）。作为结构工程师，需对各类型建筑产品的主要结构特点应加以关注和了解。

建筑类型的项目及其结构设计特点   表 4.3-5

项目类型	建筑结构特点	主要关注的结构设计问题
办公建筑[23]	办公楼楼层类型一般可以分为两类：一类是将办公室作为同一平面上下重复的标准层部分；另一类是入口大堂、设备层和避难层等特殊层部分。因为标准层的设计占整个办公楼的一半以上，它对大楼的整体效率和使用上的方便性影响很大	1. 楼屋盖结构选型、适用范围及其基本尺度； 2. 主体结构选型、适用范围及其基本尺度等
教育建筑[24]	教育建筑的抗震防灾安全设计应予以充分重视。在教育建筑进行抗震设计时，不仅要考虑其结构本身的抗震能力，还应按照抗震防灾以及避震疏散的要求有选择性地将学校建设成为社区安全场所和避难空间	1. 结构抗震设防标准； 2. 结构设计经济性与安全性的平衡
居住建筑	由于结构成本占住宅建安成本的比重很大。降低建筑立面、装修及机电设备成本可能影响建筑品质。因此，对于住宅类建筑，结构设计的经济性控制是十分重要的	1. 合理的结构形式； 2. 结构平面布置及构件尺寸和配筋等的优化； 3. 结构的材料用量控制
文化建筑	文化建筑通常需要有特殊的艺术表达形式，因此需要结构工程师提供技术支持，以合理的结构形式配合建筑师完成想要达到的建筑效果	1. 结构体系选型； 2. 优化的构件和节点设计
体育建筑[25]	体育建筑通常是一种大跨度空间建筑，结构的合理与否会直接影响建筑的美观和经济性。由于其跨度大的特点，常采用钢结构，其节点设计等也十分重要	1. 结构体系选型； 2. 构件和节点设计； 3. 结构材料用量控制
酒店建筑	酒店建筑一般对建筑结构的品质要求较高。而且通常存在着层高变化以及竖向构件不连续等问题	1. 结构体系选型； 2. 层高变化对侧向刚度连续性的影响； 3. 结构可能存在的转换部位设计
医疗建筑[25]	医院建筑是一种特殊的服务性公共建筑，医院建筑较一般公共建筑，在满足特殊医疗设备的要求、内部使用功能等方面都有很大的不同，其中医疗设备较多	1. 不同功能区结构体系选型； 2. 不同科室对结构设计的影响，如 CT 室等有较重设备的房间及直线加速器室的大体积混凝土设计等
商业建筑[23]	商业建筑往往和高层办公及住宅建筑集成形成城市综合体。商业部分通常配置在高层建筑的底部楼层及与塔楼相邻的裙房区域。塔楼底部楼层以及塔楼与裙房交接处往往会形成转换层，裙房内部为了配合商业功能，会有较多的大跨度结构	1. 结构转换的处理； 2. 结构大跨度构件及超长混凝土设计和施工的控制措施等
工业建筑	工业厂房通常与普通建筑有较大区别。不同功能的工业建筑对结构设计的要求差别也较大，如化工厂房对结构的耐久性设计要求较高，重型机械厂房对吊车及导轨的抗疲劳性有较高要求等	1. 不同功能的厂房对结构设计的特殊要求； 2. 工业建筑特殊构件设计
交通建筑[25]	交通建筑通常需要大空间，满足人流组织和疏散的要求。需考虑交通工具的动力荷载效应对结构影响	1. 大跨度构件的设计； 2. 交通工具的动力荷载效应； 3. 结构变形、振动控制及对周边建筑物的影响等

4.3.2 设计管理

对于一般建设工程项目，设计阶段（包括方案设计、初步设计和施工图设计）是结构工程师工作的核心部分。结构工程师往往作为项目设计团队中的一员，负责结构设计，并协同其他各专业共同完成设计任务。

在项目设计阶段，结构工程师最主要的工作内容是在方案设计、初步设计和施工图设计三个阶段完成相应的结构设计，形成各阶段设计图纸和计算书等设计文件，并通过相应的设计审查。

4.3.2.1 设计服务特点

结构设计作为结构工程师的一种职业服务，其核心是使设计的产品或服务满足客户需要和技术规程要求。结构设计一般在建筑设计之后，配合建筑设计，同时建筑设计也不能超出结构设计以及施工工艺的能力范围，结构设计决定了建筑设计能否实现。

结构设计作为一种工程技术，具有以下特点：

（1）结构设计是结构工程师通过数学、力学和材料等基础科学为理论基础，对建筑进行理论模型化，并借助于计算机、专业设计软件等工具所进行计算、分析并绘制出设计图纸的综合应用过程。结构工程师应该善于抽象建筑结构的理论模型，善于用数学和力学分析建筑结构的工作机理。

（2）建筑结构设计必须讲究经济效益。一个成功的建筑结构设计，不仅技术上先进合理，还需要经济上效益显著。

（3）结构设计是一种工程实践活动，结构工程师必须在不断实践的锻炼中积累相关经验，才能更好的进行结构设计服务。

（4）结构设计的复杂性表现在设计中各种因素的不确定性以及结构方案的多元性，需在满足建筑功能及美观性要求的同时保证结构的安全性、适用性和耐久性。因此建筑结构设计通常是一个具有多解而没有标准答案的问题，结构工程师需要找到一个相对最优的方案。

（5）结构设计具有创新性。首先，结构材料在不断的创新。随着材料科学的发展，新的建筑材料不断出现，高强度高性能材料得到了广泛应用，推动了结构设计的不断发展与进步；其次，结构体系不断创新。随着建筑物的高度和跨度的发展演变以及土地集约化利用的要求，新的结构体系不断涌现，建筑使用空间不断增加，而结构自身材料所占比例不断减小；此外，结构受力分析方法也在不断的创新。从早期以材料力学为基础偏重构件的结构分析方法，发展到以结构力学为基础偏重二维结构的结构分析方法，以及当前以有限元理论为基础的三维整体结构分析方法。

设计服务和其他生产一样，必须采用标准的程序控制保证质量，实现生产过程的标准化、程序化和组织化。这一过程中的设计服务同时必须在有计划的良好组织下进行，并且提供服务的每个员工的职业素质是决定服务质量的关键。

4.3.2.2 设计服务组织模式

组织模式是组织内部各个有机构成的要素相互作用，以求有效、合理地把资源组织起来，为实现共同目标而协同努力。

结构设计服务通常依托于设计机构。设计机构在执行每一个项目时都会根据项目情况组织项目设计组，在设计机构的各个团队之间形成工作小组，一般采用矩阵式管理模式。在实际设计过程中，不同设计企业内部会根据资源和项目类型设置相应的组织模式，对于技术简单的项目，技术界面比较明晰，常设置弱矩阵（项目经理工作类似于协调人员）；对于有中等技术复杂项目而且周期较长的项目，需要设置管理和训练有素的协调人员，常设置平衡矩阵（项目经理负责协调和管理）；对于技术复杂而且时间相对紧迫的项目，跨部门协调工作较多，需要有较大权限的项目经理和专职的项目管理人员，常设置强矩阵（项目经理负责多方协调与管理）。

在结构设计团队内部通常根据结构设计任务的不同划分为不同的工作小组，各工作小组负责不同的设计部分。典型的项目运作组织架构如图 4.3-2 所示。

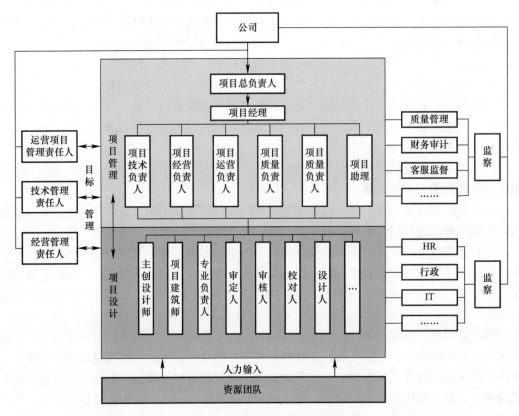

图 4.3-2 典型项目运作组织架构

由于设计项目具有综合性，因此在执行每一个项目时都会根据项目的情况组织项目设计组。在各专业小组内部设置专业负责人，负责本专业的设计生产全过程。具体的设计工作则由设计人员实施。

典型的设计服务项目团队组成人员及职责如下：

项目总负责人：全面负责项目的目标、质量和进度，负责协调各专业间的技术配合；执行项目生产运营流程，开展项目实施；组织项目组成员考核；与顾客沟通，进行设计解释，参与合同谈判；负责实施设计变更及修改；负责实施项目工地技术配合等。

项目经理：协助设计总负责人开展工作，并对下列事项负责：按相关规定组织项目团队开展项目实施；确保项目按计划进度运行，组织各专业间的技术沟通和配合；复杂项目实施过程中的顾客关系管理；组织实施设计变更及相应的计划调整；组织实施项目工地技术配合；负责项目的归档等。

主创设计师：负责方案的创作、构思及完善；负责方案的阐述；负责与顾客沟通方案的构思与调整；负责方案的调整修改与跟踪；负责生产过程中阶段性成果的确认；负责执行项目技术、质量目标；配合项目建筑师完成项目实施。

项目建筑师：负责项目生产设计的全过程；对主创设计师的方案进行技术支持和完善；协调各专业的配合，制定详细的实施计划并落实；协调、组织项目的校审工作；组织项目工地配合；与顾客沟通，进行设计解释；组织完成设计变更及修改；执行项目技术、质量目标。

审定人：参与重大咨询、设计方案的关键技术讨论、研究和指导，在审核签署的基础上，审定各阶段咨询、设计文件；审定总体方案和关键技术措施的合理性；审定咨询、设计总体布置图和计算原则；审定关键技术科技创新成果的可靠性、合理性和可操作性；审查设计产品文件履行规定程序的情况；验证审定意见的执行情况；负责本专业的设计质量评定；批准本专业设计产品文件的交付等。

审核人：参与咨询、设计方案和主要技术问题的讨论研究，在校对签署的基础上，对本专业的咨询、设计文件及图纸进行审核。审核重大技术措施是否完整合理和可操作性；审核重要基础数据、计算原则和假定，计算公式和计算模式是否正确，计算软件的选取是否合理，检查关键性的计算结果；审核包括文字说明和图纸在内的咨询、设计文件内容是否齐全、有无漏项，采用的技术标准、规范是否恰当，选用的标准图、套用图是否合适以及设计文件深度是否符合规定；审核与工程项目有关的措施是否恰当、真实反映工程特征；验证审核意见的执行情况等。

专业负责人：项目本专业最终责任人。确保本专业设计文件符合国家有关法令、法规和标准的规定；负责本专业的设计生产全过程；完成本专业部分的策划报告；负责本专业按时按要求提资，并确认提资内容的正确性；与顾客沟通，进行本专业的设计解释；负责向施工单位进行技术交底，提出关键部位施工要求，解决施工中发现的设计问题，参加竣工验收；负责收集整理本专业设计文件及质量记录，协助项目经理归档等。

校对人：对设计文件是否符合制图标准和制图深度的规定进行校对，认真检查设计中的"错、漏、碰、缺"，提出校对意见；验证校对意见执行情况等。

设计人：在专业负责人的指导下从事设计工作；对完成的设计文件进行严格自校；执行、落实设计评审中提出正确和符合提资深度要求的技术资料；在设计中及时、准确的填写有关的质量记录；认真改正校审人员提出的问题，如涉及其他专业，应及时与有关专业或设计总负责人沟通；配合专业负责人做好本专业设计文件归档工作等。

绘图人：绘图人员在设计人员的指导下负责图纸绘制工作等。

项目助理：协助项目经理进行项目管理，包括项目立项、策划、进度跟踪、预算和成本控制等；负责工时系统管理，执行工时系统的相关规定，并审核工时记录；协调项目经理进行项目的辅助管理，包括日程安排、文档整理、数据收集及其他项目配合工作；按时准确地收集、整理和上报相关运营数据，定期完成并提交相关统计分析报告等。

工地代表：代表设计团队，组织处理施工现场的设计问题；参加技术交底，工程例会等现场服务；根据设计文件及图纸内容，答复有关设计的问题及解释设计意图；对属于设计方面的问题，尽可能予以解决，当无法解决时应及时向设计总负责人请示处理意见，以保证问题得到及时妥善的解决；做好现场工作日志等。

4.3.2.3 设计服务竞争模式

结构设计服务通常有两种模式，一种是依托于综合性的设计企业，另一种是组建独立的专业型设计机构（结构设计事务所）。目前国内较多采用的是第一种模式，结构设计人员在公司综合竞争中有重要作用。

结构设计服务通常依托于设计企业（机构），设计企业作为一种综合力量要在市场竞争中取得优势地位，获得更多的市场份额和发展机会，起决定作用的是企业的核心竞争力。核心竞争力是指企业在长期的知识和技能积累基础上形成的与组织结构和外部环境相适应的一种竞争合力，是企业在其生产经营的价值链活动中形成的一种适应于市场变化且不易被对手模仿的独特能力。设计企业（机构）在围绕核心竞争力所展开的发展战略主要包括成本领先战略、差异化（特色经营）战略和业务聚焦战略[16]。而结构设计服务则对其各个战略有其独特意义（表4.3-6）。

设计企业发展战略与竞争模式及结构工程师对企业核心竞争力的贡献   表4.3-6

战 略	成本领先	差异化			业务聚焦（重点集中）	
核心竞争力	成本/效率	个性	高完成度	策划/管理	地域化	行业化
模式	成本领先型	创业精英型	全能均衡型	管理专家型	地区主导型	行业主导型
特征	高效率低成本	特色/创意	品质均优	全局管理	地域聚焦	产业聚焦
客户动机	需要产品多样化，预算最优化	需要声誉、形象的提高	需要克服项目风险和不利因素	全过程项目管理	需要市场进入和服务	值得信任的合作伙伴
客户价值	成本、质量和协调连贯性	新颖的创意或技术	在相关领域内具有卓越的领导能力	对于较大的、复杂的项目具有娴熟的管理能力	双方对地区共同承担责任	在一个行业市场内的服务深度
项目获得	低成本并满足质量要求	以新颖的创意而闻名	在项目关键方面有专长	大型工程、组织技能	对地区的贡献	在一个行业内的广泛经验
结构工程师的贡献	合理的结构设计有助于控制和优化建设总成本	提供技术支持，通过创新的结构设计配合建筑方案，营造建筑效果	高效地进行各专业设计配合	全过程的各专业设计配合，在大型工程中参与协调多方进度，给出包括构件制作、安装和运输等的咨询意见；高效的施工配合	熟悉地域，实施便利，并可参与施工配合	提供特殊行业内的专业化结构工程支持

4.3.2.4 项目设计流程

工程项目开发与设计通常是系统化与流程化的。通常工程设计项目开发和建设可分为五个阶段：可行性研究阶段、方案设计阶段、初步设计阶段、施工图设计阶段和现场施工阶段。典型高层建筑项目开发流程如图4.3-3所示。

建筑结构设计企业（机构）或建筑结构设计单位通常在方案阶段开始介入，其设计流程通常包括：合同评审，设计策划，设计输入，设计评审，设计验证，设计质量评定，设计输出，设计归档，产品交付，设计确认，设计更改，施工配合和竣工验收等（如图4.3-5所示）。

4.3.2.5 设计质量控制

建筑工程设计中，结构设计专业是极其重要的。结构设计作为施工的依据，使得工程项目的质量目标与水平具体化。设计质量的优劣直接影响工程项目的功能、使用价值和投

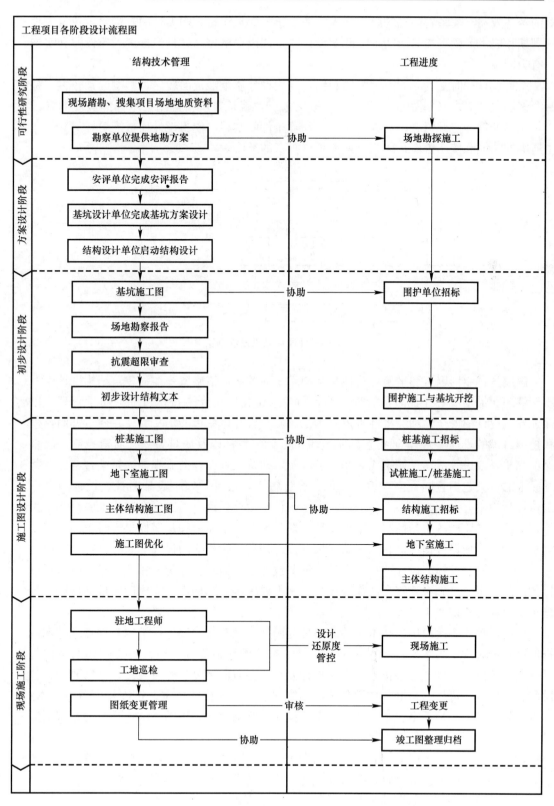

图 4.3-3 典型高层建筑项目开发流程框图

资的经济效益，关系着国家的财产和人民的安全。而且建筑结构设计的质量将对建筑工程的周期和成本产生直接的影响，因此对设计质量加以严格控制，是保证工程建设顺利实施的有力措施。

结构设计同时受到多方面因素的制约，结构设计质量涉及面较广，影响因素较多，是一个多层次的概念（如图 4.3-4 所示）。概括来讲，就是在严格遵循技术标准法规的基础上，正确处理和协调资金、资源、技术、环境条件的制约，使得设计项目能更好的满足业主所需的功能和使用价值，能充分发挥项目投资的经济效益。

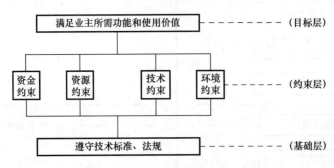

图 4.3-4　结构设计质量概念系统框图[26]

解决各种制约因素和平衡经济性与结构安全性的最佳策略就是加强建筑结构设计中的质量管理。借助 ISO 全面质量管理体系，对建筑结构的设计进行全过程的质量管理，以保证建筑设计的安全性和经济性都得到满足。质量管理体系标准定义为"在质量方面指挥和控制组织的管理体系"，通常包括制定质量方针、目标以及质量策划、质量控制、质量保证和质量改进等活动。如第 4.3.2.4 节叙及，建筑工程设计的流程往往是结合各专业共同完成的，其包括合同评审，设计策划，设计输入，设计评审，设计验证，设计质量评定，设计输出，设计归档，产品交付，设计确认，设计更改，施工配合和竣工验收等。为了建立健全各阶段的质量控制，结构设计前期需要对业主需求和建筑构思进行识别，建立需求分析，完成设计输入资料的确认并根据设计任务组建相应的设计团队；结构设计过程中，要遵守资料互提、设计评审、设计验证和设计质量检查及评定的相关要求，以保证设计的产品技术合理先进、符合法律法规以及深度要求等。结构设计完成后应根据需要进行施工配合，并参加竣工验收。

同时，项目各阶段中的技术文件的整理与归档应规范化，以保证结构专项管理技术依据的完整准确性、技术资料的可查询性、技术决策的可追溯性。通常需要归档的文件包括：设计合同、设计任务书正式文本，设计要点，各阶段批复、评审意见、来往要函、各阶段会议纪要，可研、初勘、详勘各阶段勘察报告；扩初设计文本、抗震超限审查文本；基坑支持、基础、地下室、主体结构各部分扩初图纸与正式施工图；结构计算书；审图意见和施工阶段设计变更等。

因此，为了更好的完成结构设计，提供技术先进、质量合格和经济效益好的设计产品，需要根据全过程的质量管理要求规范各个阶段的设计服务。典型建筑结构设计项目设计全过程质量管理流程如图 4.3-5 所示。

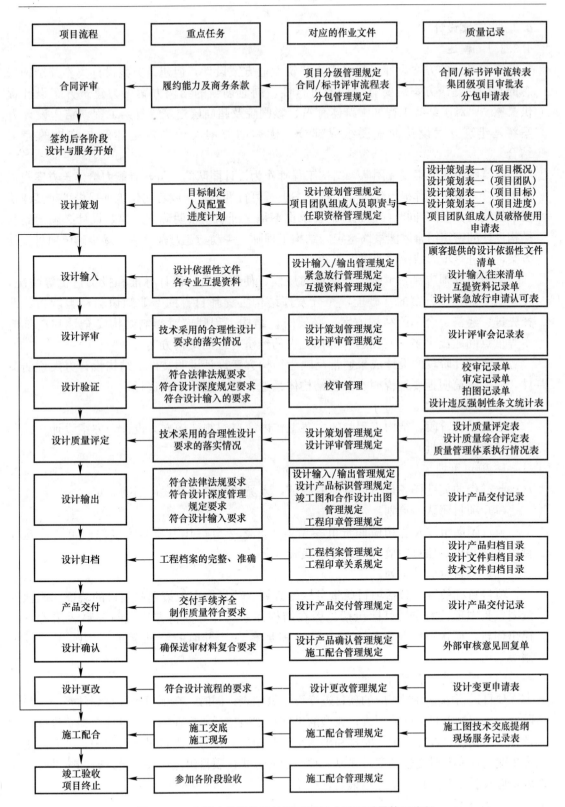

图 4.3-5 典型建筑结构设计项目设计全过程质量管理流程

4.3.3　方案设计

4.3.3.1　概述

结构专业的方案设计一般滞后于建筑专业方案设计，但建筑方案设计离不开结构概念的支持。建筑方案需要有结构的可行性，同时创新的结构方案可为建筑方案设计提供灵感。[27] 对于某些工程如大跨体育馆、影剧院及超高层建筑等复杂工程，结构设计方案将是建筑方案设计的重要组成部分。优秀的方案设计必定是建筑与结构的完美结合。

建筑师组建方案设计团队，结构工程师作为设计团队的一员，有能力给建筑方案提供技术支持（对建筑师提出建筑和结构方案进行可行性分析，或者向建筑师提供满足其建筑需求的结构方案）。同时，建筑师的要求也不是一开始就很明确的，建筑设计必须达到与结构设计的密切结合才能最终落定。结构工程师应主动与建筑师交流，逐步确定项目设计方案，为进一步的结构设计提供条件。

结构工程师应深入了解工程项目的规模、使用性质、设计标准和投资造价等情况，在建筑专业初步方案的基础上，充分发挥结构工程师自身的专业知识和经验能力，选择先进、经济、合理的结构方案。必要时，结构工程师应对影响结构安全性和造价成本等重点问题提出多方案比选、选择先进的经济合理的结构方案。

方案设计阶段的设计成果通常反映为结构方案设计说明文件。结构设计方案说明文件，应能够简明扼要地说明本工程结构体系选择的合理性和先进性。

4.3.3.2　服务内容

方案设计阶段，结构工程师的主要工作内容有编制结构方案设计、方案设计文件和配合完成行政审批等。

1. 项目策划

此过程的关键任务是项目目标的制定，人员的配置和进度计划的制定。

（1）项目团队的策划

项目团队组成及各相应职责可参见第 4.3.2.2 节，其中项目承接部门负责确定项目团队，并确定项目中校对人及专业负责人等。

（2）项目目标的策划

项目目标的策划包括项目质量目标的策划、项目评审的策划和项目的验证、确认的策划；其中项目的质量目标包括是否在结构体系、计算分析方法或新材料运用等方面提出创新，或达到行业领先水平，是否满足客户某方面的特殊需求（例如用钢量控制等）。

（3）项目进度的策划

项目进行时应编制相应的项目进度设计策划表；同时，在项目进度策划的每一个设计阶段均应编制项目进度策划表；典型的进度策划表包括：专业内设计进度、提资进度、设计评审的安排、设计校审的安排和出图交付时间的安排等。项目设计过程中，若实际进度发生变化，应及时更新进度，并以一种明示的方式让项目组及相关人员及时知晓并容易获取，应及时更新项目进度计划策划表。

2. 方案设计

方案设计的过程包括：

（1）设计条件输入

结构专业需要从业主及建筑专业接收设计项目的设计依据、简要设计说明，对建筑概况及设计范围进行确认，编制结构专业设计原则和技术要点，然后提出结构可行性建议并反馈给建筑专业。结构专业接收的设计资料包括以下内容，并可根据工程大小、复杂程度进行增减：

① 设计任务书或设计要求；

② 政府主管部门对项目设计提出的要求，如：人防平战设置要求和防护等级，根据城市规划对建筑高度限制说明建筑物的控制标高等；

③ 气象、地形地貌、安评、环评、地质初（勘）察报告或周边可做参考的地质条件资料等；

④ 主要经济指标、建筑层数、层高、总高度和功能布局等；

⑤ 地方设计标准、工程等级、使用年限、耐火等级等；

⑥ 总平面布置图：场地的区域位置、场地的范围（城市规划限定的用地红线、建筑红线及地形测量图），场地内拟建道路、停车场、广场、绿地及建筑物的布置（建筑物的名称、出入口位置、层数）；

⑦ 各层平面图：总尺寸、轴网尺寸和开间进深，各房间使用功能和房间面积，各房间使用名称和房间面积，各层楼地面标高等；

⑧ 地下停车库的停车位、行车路线及防火分区划分等。

（2）多方案比选和评审

结构工程师应根据建筑师提供的建筑构想，凭借结构体系概念的知识和工程经验，以传力直接和经济合理为原则，提出建筑结构体系。方案设计阶段的结构选型十分重要，包括上部结构选型和基础选型等。结构工程师应重视结构方案的提出和评审，必要时需要提出多种结构方案，通过方案比选最终确定最优方案。

根据设计条件，并考虑施工可行性及经济性，对多种方案进行比选[18]。多方案比选过程中综合考虑以下条件：①建筑的总体体型、立面效果、平面布置等要求；②结构体系合理；③经济适用；④其他专业的限制条件。这个过程也是设计团队反复沟通完善的过程。

在这个过程中，结构工程师应重视结构的概念设计。概念设计是设计人员运用所掌握的知识和经验，从宏观上把握结构设计的基本问题，包括结构在不同荷载（竖向荷载、风荷载及地震作用）下的传力路径，其中抗震概念设计尤为重要。抗震概念设计应保证结构的整体性，避免严重不规则性。例如：承载力和刚度应在平面内和沿高度均匀分布，以避免关键部位出现薄弱环节的破坏机制；抗震建筑结构应有多道防线设计；结构变形和破坏机制应有高延性的耗能能力。

（3）最终方案的确认与评审

最终方案的确定需综合考虑各专业的技术要求并联合评审。各专业负责人应协助建筑师检查方案，是否满足业主设计要求，各专业是否存在原则上的技术冲突，是否满足设计任务书要求，各专业是否存在技术问题，设计概念是否符合项目定位。确定最终的方案设计图纸、文字说明、主要技术经济指标，各专业的方案说明及需要解决的问题。

3. 设计成果输出

最终的方案设计成果包括建筑方案及其他各专业方案设计说明。结构方案设计说明应满足一定的设计深度要求（可参见附录七《建筑工程设计文件编制深度规定》）。结构方案设计说明通常包括表 4.3-7 中的内容：

结构方案设计说明的典型内容　　　　　　　　表 4.3-7

设计依据	本工程结构设计所采用的主要法规和标准
	业主提出的符合有关法规、标准和结构有关的书面要求
	主要阐述建筑物所在地与结构专业设计有关的场地条件，包括风荷载、雪荷载、地震基本情况，有条件时概述工程地质情况等
结构设计	建筑结构的安全等级、设计使用年限和建筑抗震设防类别
	上部结构选型概述和新结构新技术的应用情况
	采用的主要结构材料及特殊材料
	阐述基础选型
	说明拟采用的结构分析方法和分析程序
	地下室的结构做法及防水等级，当有人防地下室时说明人防等级
	说明结构工程造价预估（包括地上、地下、基础）

4. 行政审批

设计团队可配合业主完成各项行政审批工作。通过与政府沟通了解城市规划等部门的各种要求和限制性条件，完成相应的行政审批手续，以获得建设用地规划许可和建设工程规划许可等。

结构工程师在行政审批过程中配合完成涉及结构专业的事宜，比如协助建筑师编制结构方案设计说明。

4.3.3.3　案例

【案例 1】上海某学校结构设计方案说明

1. 工程概况

项目位于××区××地块，位于××路南，××路西，地块总面积为 17085m²，地上建筑面积约为 50000m²，地下建筑面积约为 36000m²。项目主要建筑功能包括教学研究、文化活动、商业服务、创业基地、交流讨论、后勤设施和紧急交通。本项目共包括 C1、C2 和 C3 三个地块。

本案例主要阐述 C1 地块的结构设计说明，其他不作赘述。C1 地块占地面积约为 4500m²，地上建筑面积约为 14600m²。建筑总高度约为 50m，地上 12 层，地下室 3 层。

2. 设计依据

(1) 本项目的结构设计使用年限为 50 年，建筑安全等级为二级。

(2) 本项目依据国家及上海市现行建筑结构规范、规程和标准进行设计，依据的规程规范主要有：

《××××标准》(GB××××-××××)

《××××设计规范》(GB5××××-××××)

《××××技术规范》(GB××××-××××)

《××××设计规程》(××市标准××××)

《××××技术规程》(JGJ×-××××)

(3)竖向荷载

根据不同的建筑功能,楼面活荷载取值如下:

表 4.3-8

建筑功能	楼面活荷载	建筑功能	楼面活荷载
教室、办公室、会议室	2.0kN/m²	厨房	4.0kN/m²
休息室	2.0kN/m²	健身房	4.0kN/m²
资料室、书库、档案室	5.0kN/m²	展览厅	3.5kN/m²
储藏室	5.0kN/m²	消防疏散楼梯	3.5kN/m²
餐厅	2.5kN/m²	上人屋面	2.0kN/m²
卫生间	5.0kN/m²	设备用房	7.0kN/m²

较重型的设备荷载按实际情况或有关规定、规范取值。其他竖向荷载,如恒载和附加恒载,可根据结构构件自重、建筑面层及吊顶做法以及相关的设备管线重量等进行确定。

(4)地震作用

本项目的抗震设防烈度为7度,基本地震加速度值为0.1g,设计地震分组为第一组,建筑场地类别为Ⅳ类,场地特征周期为0.9s(多遇地震及设防地震)和1.1s(罕遇地震),抗震设防重要性类别为丙类。地震作用取值将同时参考上海市抗震规范和场地地震安全性评价报告的建议取值综合确定。

(5)风荷载

本项目风荷载作用下的结构刚度和强度设计均采用50年一遇基本风压0.55kN/m²,地面粗糙度取为D类。由于建筑单体距离较为接近,确定风荷载取值时,需考虑相邻建筑干扰效应的影响。

(6)其他荷载及作用

基本雪压为0.2kN/m²,与活荷载不同时考虑。温度作用考虑计算温差为+30℃/-30℃。地下室人防区域按照平战结合的人防设计考虑设计荷载取值。

(7)场地地质条件

上海地区场地地貌为长江三角洲冲积平原,软土地基,地下水位较高,冬季无冻土。在设计阶段前期,可参考已建成的基地周边地块工程地质情况。最终用于设计的工程地质及水文地质情况根据本项目的场地工程勘察报告确定。

3. 地基基础

根据本工程地基及上部结构特点,拟采用桩筏基础。具体桩型可根据对周边环境的影响、沉桩可行性、工程造价比选并参考工程勘察报告建议确定。

4. 结构体系

C1地块建筑拟采用钢筋混凝土框架-剪力墙结构。地面以上的建筑平面布置形成较为清晰的西北单元和东单元。在建筑可行的情况下,拟在西北单元和东单元之间设置变形缝,形成西北单元结构单体和东单元结构单体。一方面降低平面尺寸超长问题的影响,另一方面减少结构抗震设计的不规则性。剪力墙结合上下贯通的楼梯间和隔墙设置，以尽量避免墙体转换。由于底部楼层建筑使用空间较大，可能存在无法避免的转换，可局部设置少量转换构件。西北单元结构单体在第6~8层局部收进，9层以上整体悬挑约15m，拟在悬挑附近楼层设置转换构件，由于悬挑跨度较大，必要时可根据分析结果在竖向转换构件中设置内埋型钢桁架，以满足结构在竖向和水平荷载下的承载力要求。6层以下中庭屋面采用轻钢结构，并尽量优化构件和节点设计，以形成通透和轻薄的效果。本工程框架抗震等级为三级，剪力墙抗震等级为二级。

本工程存在平面尺寸超长问题。针对平面体型超长，为减小混凝土收缩与徐变、温度的不利影响，在结构构造上考虑采取以下措施减少温度和收缩应力：适当距离设置施工后浇带，并加强养护；在顶层、楼面变化区域等温度变化影响较大的部位，适当增加结构构件的配筋率，以抵抗温度变化产生的内力。

5. 结构材料

基础承台采用C30混凝土。地下室底板，外墙，顶板均采用C30密实防水混凝土。主楼柱、剪力墙采用C50~C30混凝土，楼盖梁板采用C30混凝土。预应力梁采用C40混凝土。普通钢筋采用HRB335钢（$f_y = 300\text{N/mm}^2$）和HRB400钢（$f_y = 360\text{N/mm}^2$），为节省钢材，降低结构配筋量，尽量采用高强度钢筋。主要承重钢构件采用Q345钢，次要钢构件可采用Q235钢。填充墙采用砂加气混凝土砌块或其他轻质隔墙材料，以减轻结构自重，减少梁、柱、墙、基础构件截面。

6. 结构分析

本工程结构拟采用三维空间结构模型进行分析计算；地震作用采用振型分解反应谱法；计算机应用软件采用PKPM系列结构软件之一的SATWE三维空间分析程序进行计算，SATWE软件采用空间杆单元模拟梁、柱及支撑等杆件，用壳元模拟剪力墙。对钢结构部分拟采用SAP2000、3D3S或ANSYS程序计算。

【案例2】某项目裙房大跨、大悬挑区域结构方案比选

1. 工程概况

××工程为大型商业综合体，由地下三层及地上35层服务公寓（总高122.9m）、40层酒店（总高169.7m）及5层商业裙房组成。其中商业裙房部分成L型（如图4.3-6所示），平面尺寸东西向长190m，南北向宽190m，总高度30.5m。本项目裙房采用框架结构，抗震等级为一级，楼（屋）盖采用现浇钢筋混凝土梁板结构。

裙房地上二层至顶层存在大跨度通廊（如图4.3-6所示），结构布置形式较为复杂，纯钢筋混凝土梁的布置方案，梁高将很难控制，影响到建筑空间。因此，应针对大跨度提出具有可行性的方案，并进行方案比选。

2. 大跨度通廊的结构方案比选

裙房通廊部位局部梁跨度较大（最大跨度约29m，见图4.3-6），考虑建筑净高需求与节约整体成本，需合理考虑大跨度梁的结构布置方案。通廊按其所处平面位置分为7处，详见图4.3-6。

针对大跨度通廊的结构布置，主要有以下两种方案：

（1）中部大跨度、大悬挑区域采用钢结构，钢结构通过混凝土内预埋件与其铰接，钢结构区域楼板采用压型钢板组合楼板。

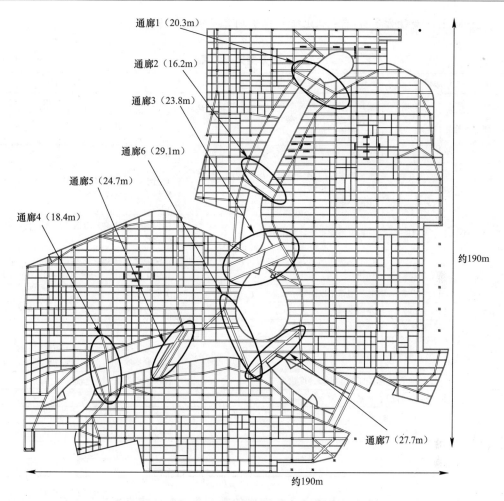

图 4.3-6 商业裙房结构平面布置及大跨度通廊示意图

（2）对于跨度比较大的梁，采用型钢混凝土，型钢混凝土梁与框架柱刚接，连接型钢混凝土梁的框架柱内埋设型钢。

钢结构方案与型钢混凝土方案各区通廊大跨度梁的截面参考尺寸见表 4.3-9。

通廊主要构件尺寸   表 4.3-9

通廊编号	梁长度（m）	钢结构方案	型钢混凝土方案		
		$h \times b \times t_w \times t_f$（mm）	$B \times H$（mm）	（mm）	含钢率
1	20.3	H1000×400×18×30	600×1300	H 950×350×18×22	4.1%
2	16.2	H 800×350×14×25	500×1000	H 700×250×16×20	4.1%
3	23.8	H 1200×500×20×30	650×1500	H 1150×400×18×25	4.1%
4	18.2	H 900×400×16×25	550×1200	H 900×300×16×22	4.1%
5	24.7	H 1200×500×20×30	700×1600	H 1200×450×20×25	4.1%
6	29.1	H 1400×550×22×40	800×1900	H 1500×500×22×30	4.1%
7	27.7	H 1400×550×22×35	800×1800	H 1400×500×22×30	4.1%

注：型钢混凝土方案的框架柱需加内埋型钢，柱内型钢尺寸此处未列出。

针对上述两种方案进行方案比选，比选内容见表 4.3-10：

两方案比选内容　　　　　　　　　　　表 4.3-10

		钢结构方案	型钢混凝土方案
建筑影响	净高	梁高度降低，建筑净高增加大；钢梁腹板留设孔洞或采用钢桁架，可供设备管线通过，进一步增加净高	梁高度降低，净高增加小于钢结构，设备管线不易从梁内穿过
	视觉效果	无影响	无影响
经济性	梁	梁截面减小较多，混凝土用量减小，自重减轻，钢材用量增加，钢梁腹板开洞或采用桁架减小钢材用量	截面少量减小，混凝土用量减小，钢材用量增加小于钢结构
	柱	柱内可不设钢骨，费用明显减少	柱内须埋设型钢，用钢量增大，柱子截面可适当减小
	楼板	压型钢板组合楼板，材料造价较高，不需要支模	现浇混凝土楼板，材料造价较低，需支模，且由于通廊挑空，支模成本较高
	工期	施工快，工期缩短	工期延长
施工可行性	支模	不需支模	支模较困难
	典型节点	钢结构的连接相对简单	节点钢结构连接与布筋复杂
	施工可靠性	可靠性高	节点处混凝土浇筑质量不易保证，对混凝土施工要求较高
	施工方便性	施工难度小，速度快	梁和节点处施工难度较大
设计复杂性	结构布置	容易	容易
	节点	容易	复杂，需详尽的节点深化图
	截面与配筋	容易	一般
其他事项	防火	需要	不需要
	防锈	需要	不需要

综合上述情况，钢结构方案由于具有降低梁高最大，使建筑净高增加较多并且施工难度小、速度快、设计简单等优点，最终选用大跨度通廊区域采用的结构方案为钢结构方案。

4.3.4　初步设计

4.3.4.1　概述

初步设计阶段是介于方案设计和施工图设计之间的阶段，结构工程师的主要任务是在方案设计的基础上调整、细化，以确定结构布置和构件截面的合理性和经济性，为施工图设计做准备。这个阶段不但包括设计深化，还包括和各专业协同配合，是一个从建筑专业为主扩展到各专业协作、从体量空间造型的概念性提案发展到综合性技术解决方案的过程，因此也称为"初步设计"和"扩大初步技术设计"等，都是从不同角度对这一设计阶段的界定。

结构工程师在初步设计阶段应从结构专业方面论证结构性能上的适应性、技术上的可行性、经济上的合理性，最终完成结构设计的主要技术设计与整合，明确结构布置和构件尺寸等技术参数，保证结构体系的完备性和确定性。为实现上述目的，结构工程师在此阶段应进行大量的结构分析和可行性论证以及反复的设计优化。

初步设计文件应满足初步设计文件编制深度的要求，并通过行政主管部门的审查。这既是对设计理念和方案设计的更确切更完整的表达，是各个设计指标和性能得以实现的技术设计保障，也为下一阶段的施工图设计提供基础条件。

4.3.4.2 服务内容

1. 结构布置和构件设计

在方案设计完成以后，初步设计应在方案设计的基础上进一步明确结构体系和结构布置，尤其是柱、墙、主梁、斜撑、桁架、底板等主要受力构件进行结构构件截面设计（包括截面尺寸和配筋率等）及关键节点设计。随着由于目前的工程建设项目复杂性的提高，以及结构专业设计软件的发展，一般会在初步设计阶段进行整体结构计算分析。对于超限项目，结构工程师还必须进行大量的结构分析，以确保结构满足在各不利工况下的安全或使用功能的要求，达到既定的设计目标。

结构分析是指采用力学方法对结构在各种荷载与作用（例如竖向荷载、风荷载与地震作用等）下的内力、变形等作用效应进行计算分析，为构件设计提供依据。

2. 初步设计文件编制

初步设计文件用于审批，包括政府或业主对初步设计文件的审批。在初步设计阶段结构专业设计文件应有设计说明书和主要结构布置图。关于结构专业初步设计文件编制深度的要求参考附录七《建筑工程设计文件编制深度规定》。

当业主对初步设计文件编制深度和合同文件中另有要求时，除满足"深度规定条文"中的要求外，还应满足合同中的要求。例如，有的业主要求扩大初步设计文件应满足供工程招标使用，此时初步设计文件的内容应该满足工程招标的深度要求。

3. 初步设计审查

建筑工程初步设计完成后，需进行初步设计或总体设计审查。在提交初步设计成果之前，结构工程师应认真核对初步设计文件的完整性和深度要求，可参考表 4.3-11 列出的提纲进行自我评审。

初步设计结构专业评审提纲 表 4.3-11

序　号	主要评审内容
一	结构设计标准： 1. 是否属于当地抗震规范或政府文件要求进行地震安评的项目 2. 抗震设防分类（尤其注意学校、医院类）是否合理 3. 业主是否存在特殊荷载及加固改建要求（核对设计任务书） 4. 加固改建中的项目的后续结构使用年限是否合理
二	上部结构体系： 1. 是否属于超限结构 2. 是否属于需进行抗震专项评审的建筑结构 3. 框架结构的单跨框架设置是否合理 4. 框架—剪力墙结构的计算倾覆弯矩比对结构限高及结构形式的判断的影响，是否合理 5. 嵌固层的选择是否合理 6. 地勘报告对山地建筑是否进行场地稳定评价（注意地震场地稳定性评价、断裂带、断层等）
三	基础及地下室结构： 1. 当地下室顶板嵌固时，顶板厚度是否需满足规范要求 2. 基础埋深是否满足规范需求 3. 抗浮是否满足要求 4. 桩型的选择是否属于当地可以合理使用的范围 5. 大面积填土对基础的影响是否考虑合理（沉降、桩侧阻力及桩身质量）

续表

序　号	主要评审内容
四	结构计算： 1. 水平地震影响系数、场地特征周期、阻尼等动参数指标是否合理（核对地方性标准及安评报告，注意学校医院类） 2. 异型建筑的风荷载体形系数是否满足规范要求 3. 抗震等级及抗震构造措施的选择是否合理 4. 超限项目是否进行了抗震超限的补充计算（多程序验算、静力或动力弹塑性验算） 5. 非 50 年结构设计使用年限的结构地震动参数计算是否合理 6. 设防烈度地震、罕遇地震计算时地震动参数及结构强度取值是否合理 7. 楼板的计算模型是否合理（开大洞，凹凸时应为弹性板或局部刚性板） 8. 无楼板边梁是否考虑了幕墙等侧向风荷载作用 9. 无地下室结构的底层层高是否合理 10. 低烈度地震区是否进行了非抗震组合的补充计算 11. 超限高层及其他建筑是否按规范要求进行了沉降计算 12. 安全等级为一级的基础构件是否考虑了重要性系数
五	图纸表达： 1. 附属构件或特殊构件（如铸钢件、支座、雨篷及架空层）及特别施工要求等可能引起造价较大变化部分，是否表达 2. 各单体间抗震缝宽度及相互关系是否表达 3. 地下室顶板高差等存在水平传力要求的构件是否进行了加腋处理

初步设计文件经过审查后，设计人员应对评审意见进行回复，按照审查意见对初步设计进行进一步技术校核，最终完成和通过初步设计审查。

4.3.4.3　服务流程

1. 设计条件输入：

（1）方案设计成果，包括建筑功能、布局和结构方案的设计说明等；

（2）业主需协助提供典型的资料包括：场地工程勘察报告，场地地震安全性评价报告和风工程研究报告等；

（3）建筑专业提供根据方案评审意见或业主需求等调整后的平面、立面及剖面等技术条件提资、结构评审意见和其他相关修改要求；

（4）给排水、暖通、电气等专业提供的净高、开洞、设备尺寸和重量等设计协同要求；

（5）进一步确认结构设计的设计条件和要求：设计时间节点，设计依据，结构体系和设计要求等。

2. 分析及设计

根据结构概念设计成果和工程经验初步拟定结构平面布置和构件尺寸。选择合适的结构分析方法（结构分析软件的确定包括结构模型的建立以及荷载的输入），对结构在各种荷载下的内力和变形进行计算，分析结构的传力路径和结构性能，判断结构体系布置以及构件尺寸是否满足要求。这个过程需要多步验算和反复调整。

计算分析内容除了常规的分析内容外，还可有以下几种分析专项内容：

（1）抗震分析专项，包括弹性反应谱分析，弹性时程分析，弹塑性静力分析和弹塑性时程分析；[28]

（2）抗风分析专项，包括风荷载作用下的静力弹性分析和风振响应引起的舒适度分析；

（3）整体稳定分析专项；

（4）抗连续倒塌分析专项；

（5）施工模拟分析专项；

（6）非荷载作用分析专项，包括收缩徐变，温度效应，沉降分析等。

3. 设计验证和设计成果输出

由于设计项目的规模、复杂性、时间周期和专业协同团队作用，设计团队需要根据设计任务书和规范进行定期的审核验证，以保证设计目标和技术要求的实现。

（1）设计验证标准：设计任务书，各专业技术条件，法规，图集和初步设计评审提纲。

（2）初步设计的校审：自校、互校，单位审核和业主审核。

（3）通过会审、拍图等方式，各专业对互提的设计条件进行相互审核并确认成果。

（4）根据评审意见进行初步设计的优化。

初步设计成果输出应满足初步设计审查的深度要求，特别注意超限高层建筑结构需进行超限专项审查报告的编制。由于超限高层建筑结构设计项目近几年来比较常见，故在4.3.4.4中将以独立的篇幅介绍超限高层抗震专项审查。

4. 设计确认和行政专项审查

初步设计成果（包括超限专项审查报告）需经过内部审核和业主审核，必要时，建设单位需将具备报审条件的全套初步设计文件交于建设行政主管部门审核。建设行政主管部门牵头组织，建设单位邀请有关单位召开评审会议，进行集中审查，并视工程具体情况邀请有关专家和工程技术人员参加。

4.3.4.4 超限高层抗震专项审查

1. 超限高层建筑工程的认定

超限高层建筑工程，是指超出国家或地方级现行规范、规程所规定的适宜高度和使用结构类型的高层建筑工程，结构布置特别不规则的高层建筑工程，以及有关政府管理机构文件中规定应当进行抗震专项审查的高层建筑工程以及有关政府管理机构文件中规定应当进行抗震专项审查的高层建筑工程。

根据《超限高层建筑工程抗震设防专项审查技术要点》（建质〔2010〕109 号，参见附录八），超限高层建筑可以分为以下几种类型[29]：

（1）高度超限的高层建筑工程：建筑物高度超过规定的最大适用高度的高层建筑结构可称为高度超限的高层建筑工程。

（2）规则性超限的高层建筑工程：具有平面不规则、竖向不规则、扭转不规则等严重不规则的建筑结构可称为规则性超限的高层建筑工程。

（3）其他类超限高层建筑工程：属于以下情况的高层建筑工程也属于超限高层建筑工程：①特殊类高层建筑：抗震设计规范、高层混凝土结构技术规程和高层钢结构技术规程暂未列入的其他高层建筑结构，特殊形式的大型公共建筑及超长悬挑结构，特大跨度的连体结构等；②超限大跨空间结构：屋盖的跨度大于 120m 或悬挑长度大于 40m 或单向长度大于 300m，屋盖结构形式超出常用空间结构形式；③采用新结构体系、新结构材料或新抗震技术（超出现行规范应用范围）的高层建筑。

具体认定参数可参考《超限高层建筑工程抗震设防专项审查技术要点》，并应随规范、规程修订而相应调整。当具体工程的界定遇到问题时，可从严考虑或向全国、工程所在地省级超限高层建筑工程抗震设防专项审查委员会咨询。

2. 超限高层建筑工程的抗震设计要求

超限高层建筑工程的抗震设计时，除应遵守现有技术标准的要求外，还应有特殊的要求，包括下列内容[29]：

（1）超限程度的控制和超限抗震概念设计：当建筑工程属于超限高层建筑工程时，宜重新考虑进行抗震概念设计，改变结构布置。

（2）结构抗震体系的要求：结构抗震体系应满足结构体系的一般性要求，即传力路径明确、多道设防、有必要的承载力、刚度、稳定性和良好的变形耗能能力等。

（3）结构抗震性能设计要求：对超限高层建筑所在地进行地震安全性评价，从而确定设计地震动参数；超高层建筑的抗震性能目标宜采用较高水平；不同性能水准的结构可参考高层建筑技术规程进行设计。

（4）结构抗震计算分析的要求：结构抗震计算分析应采用 2 个或 2 个以上的符合结构实际受力情况的力学模型且建设主管部门鉴定的计算程序；进行结构弹塑性分析时，必要时要采取动力弹塑性时程分析方法，并满足动力弹塑性时程分析的相关规定（例如地震波的选取规定等）。

（5）结构抗震构造措施的要求：提高关键构件的抗震等级；对扭转效应明显的超限高层建筑结构应采取一定的措施减少地震扭转效应；对大开洞、刚度突变处应有一定的加强措施等。

（6）地基基础抗震设计的要求：高度超限时应控制建筑物周边桩身尽量不出现拉力；平面不规则或平面尺寸过长时，对地基不均匀沉降较敏感，应采取后浇带等施工措施；对于竖向不规则或高差较大时，应设置沉降缝以减少地基不均匀沉降对上部结构的影响。

（7）必要时，应包括结构抗震试验的要求：对现行规范（规程）未列入新型结构体系，或超高很多，或结构体系特别复杂、结构类型特殊的高层建筑工程，当没有可借鉴的设计依据时，应选择结构整体模型（缩尺比例不宜小于 1/50）、结构构件或节点模型（缩尺比例不宜小于 1/5），进行必要的抗震性能试验研究。

3. 超限高层建筑工程的抗震专项审查流程

超限高层建筑工程在初步设计阶段应完成超限高层建筑工程的抗震专项审查。超限抗震专项审查的一般流程如图 4.3-7 所示。

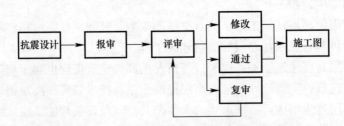

图 4.3-7 超限抗震专项审查的一般流程

4.3.4.5 案例

初步设计的成果包括设计说明书和结构布置图（注明定位尺寸和主要构件的截面尺寸等），必要时还有超限抗震专项报告。设计说明书包括设计依据和设计说明。下面给出某设计项目的初步设计说明书节选以及某项目的超限抗震专项报告的目录作为参考。

【案例1】某高层办公楼结构初步设计说明节选

1. 概况：××××

2. 设计依据：（包括采用的规程、图集、地质条件和荷载等）××××

3. 结构设计：

高层办公楼部分地面以上21层，地下设1层地下室。平面形式近似为扇形，长短方向尺度约为15m×54m。结构主体高度约90m，标准层层高为3.9m。

建筑平面在五层以下设有裙房区域。从有利于抗震和解决平面超长问题等方面考虑，办公楼和裙房通过设置沉降缝（兼抗震缝）完全断开。结构类型为A级高度高层建筑。结构主体采用钢筋混凝土框架-剪力墙结构。为增强结构刚度、控制结构平面扭转和偏心，在建筑平面两端结合电梯井和卫生间布置了L形剪力墙。考虑到本次设计中主要采用C30混凝土，高层部分1～6层部分受荷较大的柱拟采用型钢混凝土柱，以在满足抗震要求的同时，控制柱截面尺寸。

（1）基础设计

高层办公楼部分地基基础设计等级为乙级，基础设计安全等级为二级。本工程±0.000相当于绝对标高2309.7m，室外地面标高约为2308m。设计基准期内最高水位埋深按场地下0.50m进行设计。本建筑设有一层地下室。高层办公楼区域与大会议厅地下室局部有通道连接，在通道处设置变形缝断开。地基基础设计考虑地基承载力、控制差异沉降和地下水浮力等因素。

根据本工程地基及上部结构特点，采用桩基础。根据勘察单位提供的中间勘察资料，对各种桩型进行经济技术比较。最终确定采用桩径为800mm的钻孔灌注桩。有效桩长约45m，桩端进入第⑥₁层全风化～强风化泥岩约1.0m，单桩抗压承载力设计值约为3250kN。筒核和剪力墙下反力较大筒心核和剪力墙下反力较大，采用满堂布桩的方式，桩距约为3倍桩径；框架柱桩以柱为中心相对集中布置，桩距为3倍桩径。

本工程地下室共一层，采用钢筋混凝土结构，主楼的混凝土筒体和框架柱延伸至底板。地下室范围内结构框架和剪力墙抗震等级为二级。底板为钢筋混凝土平板式筏基，筏板厚度为1600mm，在高层办公楼和大会议厅局部相连部分设置后浇带，以释放差异沉降引起的内力。

本工程需对基坑围护进行专项设计。基坑设计单位应该具有相应设计资质、熟悉同类的场地地质情况，经验较为丰富。

（2）上部结构设计

主体结构形式为钢筋混凝土框架-剪力墙结构，框架和剪力墙的抗震等级均为二级。核心筒结合建筑平面中部电梯井设置。为控制结构平面扭转和偏心，在建筑平面两侧结合消防电梯和卫生间设置L型剪力墙。

考虑到夹层楼板削弱较大，故适当增大二层楼板厚度至140mm，双层双向配筋，以增强一、二层协同作用的能力。五层以下柱构件预埋型钢，以增加结构延性，提高抗震性能。对楼面凹口周边边梁和楼板进行适当加强，以降低凹口的影响，减小楼板开裂。在整体分析中对存在凹口和开洞削弱的楼板采用弹性楼板假定，控制多遇地震混凝土处于弹性，并按基本烈度地震下的内力进行配筋。加强各楼层结构边框梁，提高结构整体抗扭刚度。

（3）结构分析主要结果

办公主楼单独进行分析，模型建至地下室顶板，并以地下室顶板为嵌固端，地下一层与地上一层的侧向刚度比满足 2 倍的要求。结构计算结果如表 4.3-12 所示。计算指标符合规范中有关扭转控制、侧向刚度控制的规定。

主要结构分析结果　　　　　　　　　　表 4.3-12

自振周期（相应扭转系数）	1	2.9833	（0.31+0.49+0.20）
	2	2.7877	（0.67+0.30+0.03）
	3	2.6622	（0.02+0.21+0.77）
	4	0.9423	（0.04+0.80+0.16）
	5	0.8069	（0.09+0.19+0.71）
	6	0.7928	（0.87+0.00+0.13）
	7	0.5075	（0.03+0.85+0.12）
	8	0.4048	（0.94+0.01+0.04）
	9	0.4035	（0.02+0.14+0.84）
以扭转为主的第一周期与平动为主第一周期的比值			0.892<0.9
有效质量系数	X 方向		99.10%
	Y 方向		99.38%
剪重比	G_{ox}/GE		1.80%
	G_{oy}/GE		1.61%
地震作用下层间位移角（采用刚性楼板假定）	U_{xmax}/h		1/880
	U_{ymax}/h		1/1141
风荷载作用下层间位移	U_{xmax}/h		1/1424
	U_{ymax}/h		1/4683

结构计算的水平位移比情况，即"最大位移与层平均位移的比值/最大层间位移与平均层间位移的比值"，见表 4.3-13：

位移比计算结果　　　　　　　　　　表 4.3-13

层号	X	$X-5\%$	$X+5\%$	Y	$Y-5\%$	$Y+5\%$
1	1.00/1.00	1.00/1.00	1.00/1.00	1.00/1.00	1.00/1.00	1.00/1.00
2	1.06/1.05	1.24/1.25	1.29/1.28	1.06/1.05	1.04/1.03	1.08/1.07
3	1.06/1.05	1.25/1.27	1.29/1.28	1.05/1.05	1.03/1.03	1.07/1.07
4	1.06/1.05	1.26/1.27	1.28/1.26	1.05/1.04	1.03/1.02	1.07/1.06
5	1.05/1.05	1.26/1.25	1.27/1.22	1.05/1.05	1.03/1.02	1.07/1.07
6	1.05/1.05	1.26/1.23	1.26/1.20	1.05/1.05	1.03/1.03	1.07/1.08
7	1.05/1.05	1.25/1.23	1.25/1.18	1.05/1.05	1.03/1.03	1.07/1.08
8	1.05/1.05	1.25/1.23	1.24/1.17	1.05/1.05	1.03/1.03	1.07/1.08
9	1.05/1.05	1.25/1.22	1.23/1.17	1.05/1.05	1.03/1.03	1.07/1.08
10	1.05/1.05	1.25/1.22	1.22/1.16	1.05/1.06	1.03/1.03	1.07/1.09
11	1.05/1.04	1.25/1.21	1.21/1.16	1.05/1.06	1.03/1.03	1.07/1.09
12	1.05/1.04	1.25/1.21	1.21/1.17	1.05/1.06	1.03/1.03	1.07/1.09
13	1.05/1.04	1.24/1.21	1.21/1.16	1.05/1.06	1.03/1.04	1.07/1.09
14	1.05/1.03	1.24/1.21	1.20/1.16	1.05/1.07	1.03/1.04	1.07/1.09
15	1.05/1.03	1.24/1.20	1.20/1.17	1.05/1.07	1.03/1.04	1.07/1.10
16	1.05/1.02	1.24/1.20	1.20/1.17	1.05/1.07	1.02/1.04	1.07/1.10
17	1.05/1.02	1.24/1.20	1.19/1.17	1.05/1.07	1.02/1.04	1.07/1.10
18	1.05/1.02	1.24/1.20	1.19/1.18	1.05/1.07	1.02/1.05	1.07/1.10

续表

层 号	X	$X-5\%$	$X+5\%$	Y	$Y-5\%$	$Y+5\%$
19	1.05/1.02	1.24/1.20	1.19/1.17	1.05/1.07	1.02/1.05	1.07/1.11
20	1.05/1.02	1.24/1.20	1.19/1.17	1.05/1.08	1.02/1.05	1.07/1.11
21	1.05/1.02	1.24/1.20	1.19/1.16	1.05/1.07	1.02/1.04	1.07/1.11
22	1.05/1.04	1.24/1.22	1.19/1.12	1.05/1.06	1.02/1.04	1.07/1.09

计算指标符合高规（2010）的 3.4.5 条规定的有关规定，满足扭转控制条件。

【案例 2】某超高层建筑结构的超限抗震专项审查目录

××项目建筑高度 300m，属于超限高层建筑工程，其抗震专项审查报告的目录如表 4.3-14 所示。

某超高层建筑结构抗震专项审查报告的目录 　　　　表 4.3-14

1 报告说明	1.1 工程概况	11 罕遇地震作用下弹塑性时程分析与结构抗震性能评价	11.1 结构动力弹塑性分析的目的
	1.2 专家预审会意见及回复		11.2 弹塑性分析方法和模型建立
2 结构设计依据参数	2.1 设计规范、标准及规程		11.3 地震动参数与地震波信息
	2.2 设计依据文件		11.4 塔楼整体分析结果
	2.3 设计基本参数		11.5 构件抗震性能评价
3 结构材料	3.1 混凝土		11.6 结论及改进
	3.2 钢筋	12 施工过程及非荷载效应分析	
	3.3 钢材	附件 A1：风荷载分析报告	A1.1：规范风荷载
	3.4 焊接		A1.2：相邻建筑的群体效应
	3.5 连接件		A1.3：规范风荷载分析
4 荷载取值与荷载组合	4.1 竖向荷载		A1.4：风洞试验风荷载
	4.2 地震作用		A1.5：规范及风洞试验风荷载比较
	4.3 风荷载		A1.6：风荷载分析主要结果
	4.4 雪荷载		A1.7：风振舒适度验算
	4.5 荷载组合		A1.8：风洞试验风荷载
5 岩土工程分析	5.1 工程地质概况	附件 A2：输入地震波分析报告	A2.1：概述
	5.2 地质条件适应性评价		A2.2：地震波参数
	5.3 地震安评报告概述及场地地震特征		A2.3：设计反应谱
			A2.4：地震波选用
6 塔楼地基基础设计	6.1 桩基分析	附件 A3：罕遇地震作用下弹塑性	A3.1：工程及分析概况
	6.2 筏板设计		A3.2：材料特性
	6.3 基础沉降分析		A3.3：结构建模
7 塔楼结构体系概述	7.1 塔楼抗侧力体系		A3.4：地震动参数及地震波信息
	7.2 塔楼重力体系		A3.5：性能目标及设计指标
	7.3 悬挑桁架布置与比较		A3.6：弹塑性时程分析结果
8 塔楼超限分析	8.1 超限情况判别		A3.7：结论及改进
	8.2 针对超限情况的结构设计和相应措施	附件 B：结构计算书	附件 B1：整体结构分析结果（软件一）
			附件 B2：整体结构分析结果（软件二）
9 塔楼结构整体分析结果	9.1 计算概述		
	9.2 主要分析结果		
10 塔楼构件验算及节点设计	10.1 构件内力放大系数		
	10.2 核心筒设计		
	10.3 框架设计		
	10.4 柱间支撑设计		
	10.5 环带桁架设计		
	10.6 悬挑桁架设计		
	10.7 楼面振动分析		
	10.8 关键节点分析		

【案例3】某大跨空间结构的超限抗震专项审查目录

　　××项目是大跨空间结构，主体分为内部钢筋混凝土结构和外部屋盖及立面围护钢结构。钢筋混凝土结构采用框架结构体系。屋盖主体呈现椭圆形态，纵向长度为130m，横向最大宽度为106m，采用张弦梁结构。结构存在1项严重规则性超限情况（楼板不连续），1项一般规则性超限情况（扭转不规则）和1项大跨超限空间结构类型（单向张弦梁钢结构屋盖），属于超限高层建筑工程。其抗震专项审查报告的目录如表4.3-15所示。

某大跨空间结构超限抗震专项审查报告的目录　　　　　　表 4.3-15

			7. 钢结构屋盖计算分析报告专篇		
1. 工程概况			7.1 概述		
2. 设计依据			7.2 结构选型与结构布置		
2.1 设计规范、标准、规程及依据性文件			7.3 屋盖钢结构计算总信息		
2.2 设计使用年限、安全等级和设防类别			7.4 结构设计及计算结果		
2.3 建筑风荷载和雪荷载				7.4.1 主要构件规格	
2.4 建筑抗震设防标准			7.4.2 结构静力计算结果	7.4.2.1 典型工况内力分析结果	
2.5 主要的楼屋面活荷载标准值				7.4.2.2 典型工况变形分析结果	
2.6 工程地质情况				7.4.2.3 索力分析	
3. 主要材料选用				7.4.2.4 屋盖支座分析	
3.1 混凝土			7.4.3 结构动力计算结果	7.4.3.1 自振特性	
3.2 填充墙				7.4.3.2 弹性反应谱分析	
3.3 钢筋				7.4.3.3 弹性时程分析	
3.4 钢材及其预埋件				7.4.3.4 抗震性能评价	
4. 基础与地下室设计			7.4.4 温度作用分析		
5. 钢筋混凝土结构设计			7.5 构件设计		
5.1 框架柱			7.6 抗连续倒塌分析		
5.2 框架梁及次梁			7.7 屋盖结构稳定性与弹塑性承载力分析		
5.3 楼板			7.7.1 线性特征值屈曲分析		
5.4 结构超长措施			7.7.2 弹塑性极限承载力分析		
6. 上部整体结构计算分析			7.7.3 塑性发展机制		
6.1 计算分析软件			7.7.4 活荷载的布置形式对结构稳定影响		
6.2 主要计算分析结果			7.8 典型节点分析		
6.3 弹性时程分析			7.9 用钢量统计		
6.4 静力弹塑性分析					
6.5 楼面振动分析					
6.6 看台结构楼板振动分析					
6.7 楼板应力分析					
6.8 温度作用分析					

4.3.5 施工图设计

4.3.5.1 概述

　　本阶段是结构工程师设计项目核心工作环节的最后一步，同时又需要为施工配合服务做好准备。本阶段的任务是编制出完整的、可实施的施工图，以指导工程建造。

　　施工图文件的编制应当满足完整、全面、清晰、准确、有序的原则，同时施工图编制还应当满足效率性原则。施工图文件的编制方式和形式与业主的施工承包方式和设计材料采购方式有关。施工图设计阶段应明确施工图文件最终交付的时间节点，合理组织安排施工图设计与编制工作。

4.3.5.2 服务内容

施工图文件的设计需要完成结构的全面设计，明确结构的所有空间布置及技术参数，对材料的使用、结构构造措施和施工技术要求都需要有明确的定义与表达，以保证设计成果在下一阶段的建造施工过程中的实现。

结构工程师应在初步设计的基础上，对设计产品进行进一步深化，使其达到施工图文件所需的深度要求。主要完成的任务包括：①结构计算和深化分析；②构件和节点设计；③明确构造措施；④绘制结构布置图、构件详图、节点详图；⑤编制施工说明等。

施工图纸是对建造施工对象进行全面计划的蓝图。一般采用二维或三维投影的纸质媒介（平面图、剖面图等）的方式，将整体结构按楼层绘制图纸文件，全面表达结构的构件、节点关系和详细做法，以保证施工建造的准确、高效和有序。因此，施工图纸应当完整、全面、清晰、准确和有序。

1. 制图规则

施工图纸应有一定的制图规则，以保证制图质量和效率，满足设计、施工、存档的需要。

（1）结构专业施工图纸编目体系示例

专业代码：S

代号：0：目录，说明；1-：结构布置及详图等。

（2）结构专业施工图图层体系样例

结构专业施工图图层体系样例   表 4.3-16

层 名	内 容	线 型	颜 色
S-AXIS	轴线	Center	42
S-DIM	一般标注（如轴线尺寸等）	Continuous	3（绿）
S-TEXT	说明字体	Continuous	3（绿）
S-ELE	标高	Continuous	210
S-BE-SEC	一般梁线	Con…/Das…	4（浅蓝）
S-BE-DIM	梁编号及标注（字绿、线紫）	Continuous	3（绿）
S-BE-PRI-REBAR	平法框架梁、连梁配筋	Continuous	7（白）
S-BE-SEC-REBAR	平法一般梁配筋	Continuous	3（绿）
S-COL-WALL-C	墙、柱连续线	Continuous	2（黄）
S-COL-WALL-DIM	墙、柱编号及标注（字绿、线紫）	Continuous	3（绿）
S-COL-WALL-SOLID	墙、柱填充	Continuous	251
S-TIE-BEAM	圈梁线	Center	21
S-TIE-BEAM-NO	圈梁编号及标注	Continuous	3（绿）
S-TIE-COL	构造柱	Con…/Das…	11
S-TIE-COL-NO	构造柱编号及标注	Continuous	3（绿）
S-TIE-COL-SOLID	构造柱填充	Continuous	251
S-SLAB	板编号及标注	Continuous	7（白）
S-SLAB-REBAR	板筋	Continuous	7（白）
S-STAIR	楼梯线	Continuous	3（绿）
S-EM-PARTS	预埋件	Continuous	30
S-HOLE	留洞	Continuous	1（红）
S-PILE	桩线	Continuous	21

续表

层　名	内　容	线　型	颜　色
S-PILECAP	桩承台	Con…/Das…	121
S-STEEL-BE	钢梁线	Center	151
S-STEEL-BE-NO	钢梁编号及标注	Continuous	7（白）
S-STEEL-COL	钢柱线	Continuous	64
S-STEEL-COL-NO	钢柱编号及标注	Continuous	7（白）
……	……	……	……

（3）图框要求

图框一般分为六种，分别是 A0 图框、A1 图框、A2 图框、图纸目录、设计修改通知单和主要设备及材料表，图框应按 1：1 大小制作，以保证图框大小和文字大小合适。图框中应含有以下填写栏目：

结构专业施工图图框栏目样例　　　　　　表 4.3-17

建设单位	填写建设工程设计合同中的发包人或委托方
设计单位	设计单位名称和标志
工程名称	填写建设工程设计合同中的工程名称
工程编号	填写建设工程设计合同对应的工程项目管理编号，必要时需包含子项编号
项目名称	填写由工程负责人确定的各单项工程的名称
设计人员签字栏	由相应的设计人员姓名，手签
图纸名称	填写该张图纸的图名
专业	结构
图号	填写相应的图纸顺序号

（4）结构专业出图常用比例

图样的比例，应为图形与实物相对应的线性尺寸之比。绘图所用的比例，应根据图样的用途与被绘对象的复杂程度，并结合图框大小，选用合适比例，使最终图纸既能清楚表达，又美观大方。结构专业出图的常用比例如下：

平面图：1：100、1：150；

楼梯大样图：1：50；

详图：1：10、1：20、1：30、1：50。

2. 施工图文件编制深度

在施工图设计阶段，结构专业设计文件应包含图纸目录、设计说明、设计图纸、计算书（内部归档）。施工图文件应满足《建筑工程设计文件编制深度规定》的要求（参见附录七）。

4.3.5.3　服务流程

施工图阶段，结构工程师可按图 4.3-8 所示的流程图完成设计任务。

1. 设计条件输入

本阶段一开始，应当针对前一阶段的设计成果评审结果和设计条件进行确认，应确定设计依据的完整性和可靠性。建设单位或业主需提供以下相关资料：

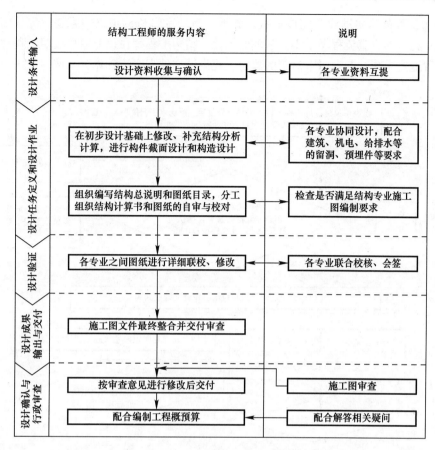

图4.3-8 施工图设计阶段的服务流程

① 经主管部门审查批准的初步设计文件和审查意见；

② 当地人防、消防、行政主管部门对该工程初步设计的审查意见；

③ 工程地质勘查资料（详勘）；

④ 经市政、交通、园林、人防、环保等部门审查通过的总平面布置图；

⑤ 特殊用房的工艺设计图；

⑥ 特殊使用荷载要求及相关工艺设备；

⑦ 超限抗震专项审查意见。

2. 设计任务定义与设计作业

进行施工图作业时，设计团队各专业应相互配合协同工作。各专业的设计条件和设计成果应以统一图纸表达，方便各专业相互提资与校对。

结构工程师在施工图绘制时，应考虑建筑、给排水、暖通等专业的设计条件和要求。例如考虑建筑专业的层高、净高、楼地面做法、平面、立面线条、电梯设置等要求，给排水和暖通等专业的留洞、特殊设备的荷载、基础要求，集水井、共同沟的设计要求，以及非结构构件如幕墙、装修等的预埋件和荷载等。这些条件影响到结构构件设计，尤其是节点构造详图的设计。

3. 行政审查

建设主管部门对建设工程的施工图文件进行审查，以确保施工图的质量和项目建造的安全。结构工程师应协助业主完成审查。各地方行政主管机构根据国家建设部的施工图审图规定，对施工图审查流程做了不同程度的细化，结构工程师在执业时可按照工程建设所属的行政主管地要求执行。现以上海市的建设工程设计文件审查流程作为示例（图 4.3-9）。

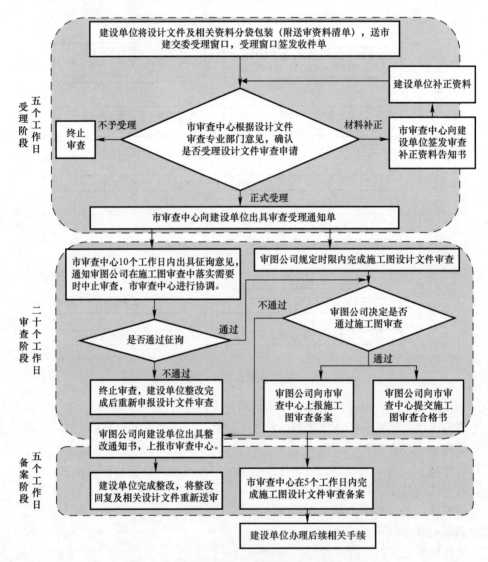

图 4.3-9 上海市建设工程设计文件审查流程图

4.3.5.4 案例

1. 施工图结构总说明节选

（1）工程概况

本工程为××公司开发，位于××，总建筑面积约××m²，包含住宅等功能。本工程各单体设计标高±0.000 相当于黄海高程××m。

（2）本工程设计遵循的标准、规范、规程、审批文件（略）

（3）本工程建筑分类等级、采用的结构分析软件、荷载取值（略）

（4）主要结构材料

a. 各类构件所用混凝土列表（略）

b. 不同环境类别下混凝土材料宜符合下表要求：

混凝土材料要求   表 4.3-18

环境类别	最大水胶比	最大氯离子含量	最大碱含量（kg/m³）
一	0.60	0.3%	不限制
二 a	0.55	0.2%	3.0
二 b	0.50	0.15%	3.0
三 a	0.45	0.15%	3.0
三 b	0.40	0.10%	3.0

注：其他有关要求按《混凝土结构设计规范》GB 50010—2010 第3.5.3条之注解。

c. 要求采用防水混凝土的构件，其混凝土还应满足下列要求：（略）

d. 钢筋的强度标准值应具有不小于95%的保证率，并且应符合现行国家标准的要求。当钢筋的品种、级别或规格需做变更时，必须经设计同意并办理设计变更文件。钢筋的检验方法应符合现行国家标准《混凝土结构工程施工及验收规范》GB 50204 的规定。

e. 钢筋的抗拉强度实测值与屈服强度实测值的比值不应小于1.25；抗震等级为一、二、三级的框架和斜撑（含梯段），其纵向受力钢筋采用普通钢筋的屈服强度实测值与屈服强度标准值的比值不应大于1.3，且钢筋在最大拉力下的总伸长率实测值不应小于9%。

（5）钢筋混凝土结构构件钢筋的保护、锚固和连接（略）

（6）地基、基础、地下室及基坑：

a. 本工程所在场地内土层，自上而下主要包含：（略）

b. 本拟建场地区域，未发现有构造断裂、滑坡、土洞、岸边冲刷、地面沉降、地裂缝等影响工程和稳定性的不良地质作用，亦未发现墓穴、防空洞等对工程不利的埋藏物，未发现场地内原厂房的基础，适宜工程建设。

c. 本工程基础形式概述：

基础形式概述   表 4.3-19

基础形式	桩型	桩规格或桩径（mm）
桩-柱下承台	预应力混凝土管桩	PHC-400(95)AB-C80

d. 除特别说明外，基础有关构造均按图集 11G101-3 执行。

e. 施工前须合理组织基槽或基坑的开挖顺序、各单体施工顺序，必要时应控制各部分的施工进度，应避免因不恰当的基坑开挖、回填、坑边堆载等，对基础或主体结构造成不利影响。基底标高存在较大高差时，尤应注意该问题。

（7）钢筋混凝土构件的施工图表示方法（略）

（8）后浇带、加强层、施工缝、伸缩缝

（9）非结构构件（略）

（10）观测及检测要求：

a. 沉降观测：观测点位置详细见结施图中"➘"所示；

b. 观测级别为：三级；

c. 变形测量频率：首次观测应在基础垫层或基础底板完成后进行；施工期间，每施工完2~3层观测一次；主体封顶后每1个月观测一次；竣工验收后，第一年4次，第二年2次，以后每年1次，直至沉降稳定为止。

d. 观测应由具备相应资质的单位承担，按照《建筑变形测量规程》JGJ8的相关规定执行。

e. 观测中发现异常情况应及时通知各有关单位。

（11）其他说明（略）

2. 某项目施工图文件的图纸目录

某项目施工图图纸目录   表 4.3-20

图　号	图纸名称	规　格	比　例	日　期
S-000	图纸目录	A1	无	略
S-001.1	结构设计施工图总说明（一）	A1	1：100	略
S-001.2	结构设计施工图总说明（二）	A1	1：100	略
S-001.3	结构设计施工图总说明（三）	A1	1：100	略
S-001.4	结构设计施工图总说明（四）	A1	1：100	略
S-001.5	结构设计施工图总说明（五）	A1	1：100	略
S-001.6	结构设计施工图总说明（六）	A1	1：100	略
S-001.7	结构设计施工图总说明（七）	A1	1：100	略
S-001.8	结构设计施工图总说明（八）	A1	1：100	略
S-100.1	桩位图	A1+	1：100	略
S-100.2	桩详图及试桩说明	A1+	1：100	略
S-100.3	地下室结构平面图	A1+	1：100	略
S-100.4	地下室柱平面图	A1+	1：100	略
S-100.5	承台配筋详图	A1+	1：100	略
S-100.6	地下室设备预埋平面图	A1+	1：100	略
S-101.1	一层结构平面图	A1+	1：100	略
S-101.2	一层结构详图	A1+	1：100	略
S-101.3	一层梁配筋平面图	A1+	1：100	略
S-101.4	一层柱平面图	A1+	1：100	略
S-101.5	一层设备预埋平面图	A1+	1：100	略
S-102.1	二层结构平面图	A1+	1：100	略
S-102.2	二层结构详图	A1+	1：100	略
S-102.3	二层梁配筋平面图	A1+	1：100	略
S-102.4	二层柱平面图	A1+	1：100	略
S-103.1	三层结构平面图	A1+	1：100	略
S-103.2	三层结构详图	A1+	1：100	略
S-103.3	三层梁配筋平面图	A1+	1：100	略

续表

图 号	图纸名称	规 格	比 例	日 期
S-103.4	三、四层柱平面图	A1+	1：100	略
S-104.1	四、五层结构平面图及详图	A1+	1：100	略
S-104.2	四、五层梁配筋平面图	A1+	1：100	略
S-105.1	五~八层柱平面图	A1+	1：100	略
S-106.1	六~八层结构平面图及详图	A1+	1：100	略
S-106.2	六~八层梁配筋平面图	A1+	1：100	略
S-109.1	九层结构平面图及详图	A1+	1：100	略
S-109.2	九层梁配筋平面图	A1+	1：100	略
S-109.3	九层柱平面图	A1+	1：100	略
S-110.1	屋面层结构平面图及详图	A1+	1：100	略
S-110.2	屋面层梁配筋平面图	A1+	1：100	略
S-110.3	屋面层柱平面图	A1+	1：100	略
S-111.1	机房层结构平面图	A1+	1：100	略
S-111.2	机房层梁配筋平面图	A1+	1：100	略
S-201	楼梯详图1	A1+	1：100	略
S-202	楼梯详图2	A1+	1：100	略

4.4 工程项目建造

4.4.1 工程招投标

4.4.1.1 概述

招投标，即招标和投标，招投标是利用市场竞价机制来采购的一种较公平的竞争方式。

招标是指建设单位（业主）就拟建的工程发布通告，用法定方式吸引工程项目的承包单位参加竞争，进而通过法定程序从中选择条件优越者来完成工程任务的一种法律行为。

投标是指经过特定审查而获得投标资格的工程项目承包单位，按照招标文件的要求，在规定的时间内向招标单位填报投标书，争取中标的行为。投标书分为商务投标书和技术投标书。

由于结构工程部分的施工工期以及造价在整个建设工程项目中所占的比重很大，例如：住宅项目结构造价占工程总造价的50％以上，超高层或大跨度等大型项目结构工程造价也占总造价的20％以上。在建设项目施工招投标过程中，结构工程师扮演着重要的角色，因此结构工程师参与工程项目招投标的优势在于：

（1）作为项目的结构设计师，对建筑结构的技术内容、难点、细节具有最全面的把握，是向承包商解释结构施工图文件、算量或报价文件内容和要求的最佳人选。

（2）作为结构方面的专业人员，具有评价承包商结构施工技术能力的条件和经验。

（3）由于长期的结构服务，拥有成功合作过的施工承包商名单可供选择和推荐。

我国目前采用的方式为业主通过内部招标采购部或委托专业的招标机构进行此阶段的

工作，其问题在于面对复杂的结构设计内容和结构材料标准规格，专业的招标机构往往关注于承包商投标文件和商务价格的比选，无法对承包商针对此项目的具体业绩、经验、技术实例进行审核，更无法就项目的技术要点、施工难点进行具有针对性的解释、说明、答疑，帮助业主选择真正胜任的承包商。

4.4.1.2　服务内容

结构工程师在大多数情况下作为设计方参与到建设项目的工程招投标当中，工程招投标也称建设项目施工招投标（主要为工程施工招标投标以及材料采购招标投标），是指结构工程师在完成必须的设计工作后，帮助建设单位/业主进行该工程项目的施工阶段招标投标工作。此时，结构工程师应根据自己在结构设计与施工方面的知识，帮助业主或建筑师进行决策，为他们的招标提供推荐建议，解答他们在招标中遇到的疑惑；同时可以帮助解答投标单位（施工单位以及总承包单位）在报价过程中所遇到的结构体系或构件以及材料用量方面的问题。

在工程招投标的过程当中，结构工程师应根据自己的义务以及职责准备好工程招投标所需要的专业资料与文件，为招投标单位提供良好的结构顾问与咨询，保障所服务的对象或单位能够顺利完成招标投标工作。

对于招投标的基本概念与流程，结构工程师也应该有很好的掌握，做到通览全局，抓好自身本职工作，为服务对象解决实际问题，提高自身在招投标过程中的职业价值。招投标的基本知识主要有以下几个方面：

1. 招标方式

招投标按照招投标范围的不同也分为三种[11]：

（1）公开招标。也称竞争性招标，是指招标人以招标公告的方式邀请不特定的法人或者其他组织投标，即招标人在指定的报刊、电子网络或其他媒体上发布招标公告，吸引众多的企业单位参加投标竞争，招标人从中择优选择中标单位的招标方式。按照竞争程度（范围）公开招标可分为国际竞争性招标和国内竞争性招标。其特点是向所有的投标人开放，理论上富于竞争性，但较费时费力，目前应用较少。

（2）邀请招标。也称为有限竞争招标或选择性招标，是指招标人以投标邀请书的方式邀请特定的法人或其他组织投标，即由招标人根据承包商的承包资信和业绩，选择一定数目的法人或其他组织（一般不得少于 3 家），向其发出投标邀请书，邀请他们参加投标竞争。邀请招标的特点是其不使用公开的公告形式，接受邀请的单位才是合格投标人，且投标人的数量有限。

（3）协议招标。适用于价格不是主要评价标准，并且一般不需要竞争的标段，主要通过业主与一个或多个承包商进行协议而非竞争确定中标者的方式，从严格意义上讲不属于招投标方式，且不被法律认可，但也是工程采购中常用的一种方式，也可称为议标。

招投标按照招投标过程分为两种[11]：

（1）单阶段招标。在投标时将所有信息发给投标人，投标数字即是承包商提供的执行和完成工作的报价，以此为标准进行评标。

（2）双阶段招标。一般针对复杂、大型项目，进行技术和商务（报价）两个阶段招投标，或竞标（暗标）和议标（明标）两个阶段的招投标来选择承包商。

2. 招标文件

招标文件一般由商务和技术两部分组成。商务部分包括招标邀请，投标要求，合同文本等，技术部分包括招标图纸，施工细则或工程量清单等技术要求。根据招标科目的不同情况，招投标文件的构成会有所不同。对于结构工程来说，招标文件技术部分主要包含编制依据、工程概况、设计图纸资料、施工部署与准备、材料加工制作与运输、施工方法与管理措施等等。

3. 标底文件

标底是安装工程造价的表现形式之一，是指由招标人（业主）自行编制的，或者是委托具有编制标底资格和能力的中介机构代理编制，并按规定报经审定的招标工程的预期价格，在工程招标投标过程中起着至关重要的作用。

在编制标底过程中，结构工程师应提供及时的咨询服务，为编制标底提供结构材料用量咨询以及施工咨询等工作，方便标底编制人员确定结构材料用量与结构工程造价。

4. 招标的评标、定标

评标是指由招标单位依法组建的评标委员会对所有的有效标书进行综合分析评比，从中确定理想的中标单位。评标应依据评标原则、评标办法，对投标单位的报价、工期、质量、主要材料用量、施工方案或组织设计、以往业绩、社会信誉、优惠条件等方面综合评定，公正合理地择优选定中标单位。

在评标、定标过程中，若结构工程师服务于业主单位，则应根据自己在结构方面的知识与经验为业主提供合理化建议，帮助业主合理评标定标；若结构工程师服务于投标单位，则为了帮助投标单位中标，结构工程师应出色完成本职工作，在保证结构安全合理的情况下，尽量控制造价、缩短工期，使竞标单位能够顺利中标（表 4.4-1）。

结构工程师工程施工招投标阶段服务内容　　　　　表 4.4-1

工作阶段	相关责任方			注意事项
	业主/建筑师	结构工程师	竞标方	
1. 招标文件编制	主体/协助	咨询答疑	参与方	根据项目的设计内容、规模、复杂程度等，为业主以及建筑师提供结构方面的建议与意见
2. 投标文件编制	审查/协助	咨询答疑	主体	在投标文件编制阶段为文件编制单位提供及时的技术说明与答疑工作
3. 招标	批准/协助	协助咨询	参加	根据项目特征，评估承包商在结构施工方面的资历与条件 审查备选投标人所递交的关于结构施工与材料加工及运输等方面的解决方案为业主及建筑师审标提供可靠的结构专业咨询
4. 投标	批准/协助	协助建议	主体	审查投标文件中关于结构的部分，对结构材料及施工等方面的内容进行评估，为业主及建筑师提供评标建议
5. 定标	主体/协助	协助建议		协助业主同承包商签订合同，明确合同条款，确保施工合同中结构方面的完备性

4.4.1.3 服务流程

我国标准的政府工程公开招投标程序如下图所示：

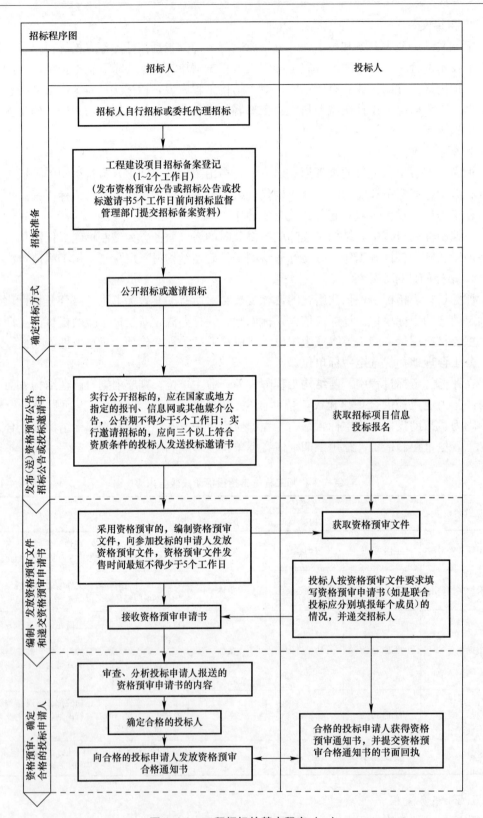

图 4.4-1 工程招标的基本程序（一）

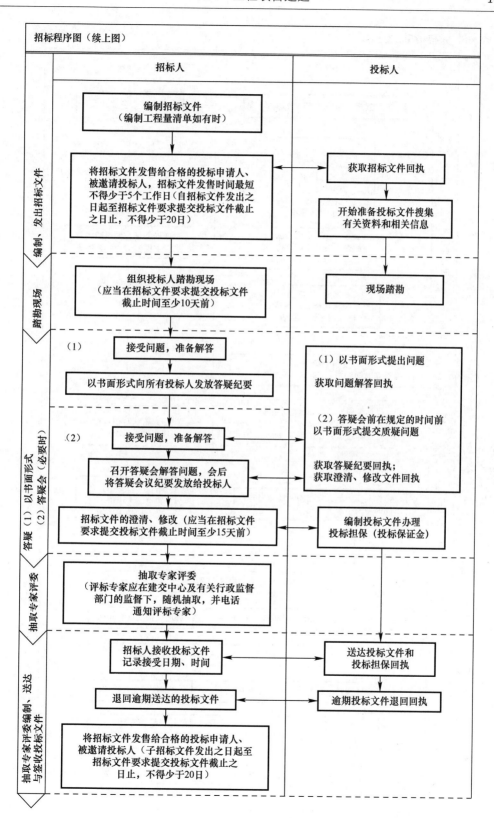

图 4.4-1 工程招标的基本程序（二）

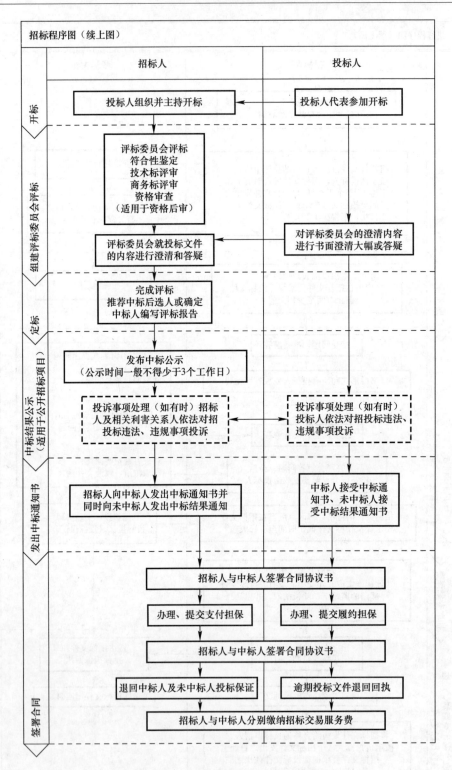

图 4.4-1 工程招标的基本程序（三）

4.4.1.4 案例

某超高层项目钢结构采购招标

某超高层项目主体钢结构主要包括支承主体结构的钢柱、钢梁、钢桁架等构件，该项目的建设单位聘请了专业的招投标代理公司对主体钢结构的招标文件进行编制，招投标代理公司在钢结构招标文件编制过程中遇到了一些结构专业方面的技术问题。工程结构设计方的结构工程师就本项目招标代理公司制作钢结构材料供应和制作加工招标文件中所遇到的技术问题进行了答疑，逐条详细讨论和说明澄清，为该项目的钢结构顺利招标贡献了自己的一分力量。具体的招标图疑问答疑回复如下表（附件1）所示：

附件1：招投标代理公司招标图疑问答疑回复

序号	招标图纸问题	摘录结构图纸	答复意见
1	钢材等级请明确	Q345B、Q345GJ，等级采用B级或更高	Q345B、Q345GJC
2	连接板牌号等级	普通连接板Q235B	除图纸中特别说明外，普通连接构件的牌号不低于被连接构件的牌号和等级
3	钢构件牌号	组合巨柱、外伸桁架、空间桁架及连接板采用Q345GJ	除图中特别注明者外，巨柱、环带、伸臂、径向桁架采用Q345GJC；且除特别说明外，厚度大于等于50mm的钢材均采用Q345GJC
4	钢板检测/探伤		依照国家标准执行，并参见附件2第1.1条
5	Z向性能		请详见附件2第1.1条
6	钢材交货状态		请详见附件2第1.1.10条
7	高强螺栓/栓钉、锚栓	摩擦型高强螺栓/GB 10433极限抗拉强度410MPa/GB 50017—2003	请详见附件2第1.2条和3.2条
8	焊缝检测		请详见附件2第2.0.1条，此外补充以下三条要求： 1）对于一级焊缝，整条焊缝均须检验。 2）焊缝等级取为二级焊缝的部分熔透焊缝要检查整条焊缝。 3）焊缝等级取为三级焊缝的角焊缝的探伤比例应取至少20%
9	除锈及防腐	仅明确除锈等级	请详见附件2第4条； 同时增加以下补充和修改： 修改： 附件2第4.0.3.6条修改为："对于没有防火涂料覆盖的室外钢结构，采用热镀锌处理." 补充： 由厚涂型防火材料覆盖的室内钢结构要满足以下要求： · 钢材表面处理（除锈等级）SSPC—SP3或等效级别。 · 工厂底漆： 改性醇酸树脂（modified Alkyd）一道，厚度2.0mil（50μm），底漆要达到或超过Tnemec公司10-99底漆系列的技术性能。 · 厚涂型防火材料，见建筑师提供的喷涂阻火材料性能技术要求。 · 厚涂型防火材料一定要与工厂底漆匹配，厚涂型防火材料供应商要提供与工厂底漆匹配的证明并做粘结强度试验（pull-off test）

续表

序　号	招标图纸问题	摘录结构图纸	答复意见
10	制作与安装要求		请详见附件 2 第 6 条
11	图 S3-043 中下面的表格有一处注释 "SEE DETAIL 2/S3-029"，但这版图纸里没有 S3-029 这张图		图纸 S3-029 详见附件 3

注：附件 2 为地上结构设计总说明（钢结构），附件 3 为补充图纸 S3-029（本案例仅为说明前文，因此不附加附件 2 与附件 3）。

4.4.2　工程施工

4.4.2.1　概述

工程结构的施工阶段是结构工程师的设计作品是否合理、稳定并且便于施工的集中检验阶段，是结构工程师在完成大量设计工作以及施工图工作后的又一项巨大挑战。工程结构施工就是选用合适的材料或构件，进行恰当的施工和安装来实现设计的结构性能的最重要的过程和环节，需要结构工程师作为专业人士和业主代理全程、全面地监督和控制，保证现代工程结构的巨大规模和复杂功能能够在投资、质量、进度的资源限定条件中得以实现。同时，结构工程师需要在施工过程中密切配合建筑师及其他各专业，保证各专业协调施工。

在现代的建筑结构生产/建造过程中，业主、承包商和设计咨询单位是建筑生产的主体三方，结构工程师是结构设计文件的编制者，是代理业主对施工承包商进行施工合同中结构施工部分管理的最佳人选。也就是说，结构工程师的结构工程实践和设计服务的目标是供业主使用的建筑结构的实现，其工作内容包含两个主要方面：设计和施工配合。在结构设计阶段，结构工程师作为与业主签订设计委托合同的乙方，负责完成设计过程，确定完成建筑结构的体系和构件参数；在施工阶段，结构工程师作为业主的代理人以及建筑师的密切配合者，协助与配合建筑结构的建造方进行施工现场的结构施工管理，参与控制建筑结构的质量、工期和造价的实现。

结构工程师监督管理自己设计的项目并保证设计意图的实现，是最自然、最合理、最有效的安排，也是最符合业主利益的方式。针对目前我国施工监理制度的现状，结构工程师应该明确合同要求，本着对施工负责的态度完成结构设计，同时在合同要求的条件下认真完成现场指导与施工配合工作，施工过程中施工方会遇到大量关于结构方面的问题，作为结构方面的专业人员，结构工程师应本着对自己设计作品负责的态度做好对施工现场的咨询答疑以及顾问工作，指导承包方又好又快地完成自己设计的作品，对施工中可能出现的设计变更、临时结构支撑以及结构施工难点问题提供专业的咨询与顾问工作。若监理工程师与结构工程师对问题的处理方法产生冲突，结构工程师应本着对结构设计和对工程项目负责的态度，与监理工程师及时主动沟通，向其交代可能遇到的结构施工难点与质量控制要求，指导其完成好结构方面的施工监理工作，保证结构设计意图的实现，达到业主的期望值。

工程施工是一项十分复杂的系统工程，它涉及现场多工种、多专业的交叉作业，因此，建筑设计产品能否顺利施工，光靠结构工程师个人的努力是远远不够的，它需要设计各专业人员与业主和施工承包商的协调和配合。这种协调和配合不光在初步设计以及施工图设计中很重要，在施工监造及施工配合中同样重要。如果在施工过程中各方配合得当，就可以把由于各专业之间相互交叉、相互影响所造成的重复施工和材料浪费减少到最低程度，这一点不仅是施工承包商需要考虑的，结构工程师以及其他专业设计师在施工阶段同样要重视这个问题。

4.4.2.2 服务内容

结构工程师在工程施工建造阶段的主要职责及服务内容包含以下几点：

1. 设计控制

工程技术最大的进展体现在对结构高度、跨度与复杂性的不断挑战。随着设计与施工的关系变得越来越密切，设计中遇到的技术难题不单纯是设计问题，更多的是施工实施可行性的问题。随着各种新型复杂结构建设项目的增多，工程结构在施工中出现的事故也日益增多，分析已有的工程事故，我们不难发现，由于设计中未考虑施工过程诸多因素影响或对施工过程中复杂与突发情况未进行应有的分析而发生事故的不在少数，因此人们开始对工程结构在施工过程中表现出的诸多力学及关键技术问题愈来愈重视。由于我国工程设计与施工建造分属于不同的部门，在设计期间全面考虑施工建造的相关问题存在较大的困难。作为结构工程师，应该全面了解结构施工相关知识，在设计时提前考虑设计内容的施工实现以及可能遇到的施工问题，使结构设计意图能够顺利实现。

结构设计中经常遇到的与施工相关的技术问题包括结构设缝与后浇带设计、关键施工工序控制、对结构材料的选择与代换、施工荷载限值、施工过程模拟分析、超长结构合拢温度的控制、卸载与安全监测、施工误差与结构验收等相关问题。

施工阶段结构工程师服务内容还包括审查钢结构及幕墙的深化设计、大体积混凝土施工方案以及塔吊基础设计等。

针对以上结构工程的施工问题，结构工程师在设计时就应给予充分的考虑，避免在施工时临时出问题临时解决，造成材料浪费、工期拖延甚至施工事故的发生。由于设计、施工在建造过程中密切相关，只有设计与施工的充分结合才能选择科学、合理的方案，加快施工速度、降低工程造价。结构工程师在设计时应考虑并解决的施工问题主要包含以下几点[30]：

（1）对于结构超长问题，结构工程师应合理设置结构的伸缩缝，对于对设缝有严格要求以及设缝后仍超长的结构应进一步设置施工后浇带，防止混凝土产生裂缝。

（2）结构材料性能指标的选择与结构设计的安全性、经济性密切相关，应充分考虑其加工工艺、地域性、价格等因素，确保材料供货。

（3）在确定结构的安全度与构件的应力比时，应充分考虑施工堆载、临时支撑及塔式起重机等因素的影响。

（4）通过施工过程模拟可以准确反映结构刚度与质量的形成过程，对结构设计优化与施工过程控制均具有重要意义。

（5）确定超长结构的合拢温度对保证结构设计的安全性与合理性非常重要，结构工程师应知晓结构合拢温度的计算方法以及超长结构合拢时的温度控制原则。

（6）大跨度结构卸载是钢结构安装过程中最为关键的环节，应加强分析与现场监测。

（7）对于超高层结构，应考虑结构的核心筒超前层数问题、竖向差异变形问题、伸臂合拢时间问题等，为施工方提供合理化建议，加快施工进度，减小差异变形对超高层结构的影响[31]。

（8）对于新型或特殊的结构形式，当现行国家施工质量验收标准无法涵盖时，应制定专项施工验收标准。

（9）对于钢结构制作工艺与安装方式，结构工程师应重点关注，因为不同的制作工艺与安装方式可能引起钢结构计算假定产生变化。

2. 设计更改

设计更改主要产生于工程施工建造阶段，是指设计部门对原设计文件中所表达的设计标准、状态的改变和修改。设计更改按变更原因一般分为两种类型：一是设计变更，主要由外界因素引起，可能是建设单位、施工单位或监理单位中的任何一方提出的，变更产生的原因可以是：修改结构施工技术；增减工程内容；改变建筑使用功能；施工中产生错误；使用材料品种的改变；工程地质勘察资料不准确而引起的修改；城市规划的改变等政策性条件等；二是设计修改，主要由内部原因造成，一般指设计师在设计中产生疏忽、遗漏或错误而产生修改。

对于结构工程师来说，设计更改包括出具修改图和修改通知单两种方式，对一般的局部修改采用修改通知单的形式进行，当设计变动较大时，采用修改图纸的形式；所有修改图、修改通知单均要注明修改原因和相关原图编号及内容；修改图和修改通知单应按照有关规定进行校审和签署，并应在原来的设计目录中登录和及时更新；结构工程师应及时通知有关人员将涉及更改的文件及时正确地传递到有关各部门，并撤换相关文件，以防止误用和非预期使用。任何变更的信息应及时地在原图电子版本中更新或归并存放，做好版本控制，以保证电子版图纸在后续修改中发生的非预期使用。设计变更的一般流程如图 4.4-2 所示。

针对不同类型的设计更改，结构工程师都应该耐心应对，总结经验。首先要强化自身素质，提高设计质量，避免因自身结构设计错误或遗漏而产生设计修改，影响施工进度；其次要加强主动沟通，加强与业主、施工方以及其他设计专业的交流，拓展项目管理、施工技术等相关知识，提前预知可能产生的变更，进而避免设计更改。

3. 施工现场配合及指导

为了完善工程项目的结构施工配合工作，提高结构设计服务质量，满足顾客要求，结构工程师应做到以下几点：

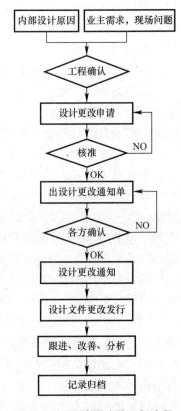

图 4.4-2　设计更改的一般流程

（1）施工图技术交底与会审。施工图技术交底与会审可以一次进行，也可以根据工程施工进度的要求分期进行；结构工程师应遵照业主、施工方以及设计负责人的要求及时参加施工交底与图纸会审；施工图技术交底前，结构工程师应编写结构专业的《施工图技术交底提纲》，根据相关各方提出的问题，确定处理方案；施工图技术交底后，应对形成的施工图技术交底会议纪要进行审核并签署；施工图技术交底中发现的引起结构设计更改的问题，应及时按规定执行设计变更。

混凝土结构施工图技术交底一般内容为：

① 建筑物的定位轴线、±0.000 的绝对高程，结构标高与建筑标高的相互关系；

② 基础形式、地下室基坑土方开挖的支护结构型式及挡水（降水）措施，地下室的施工顺序，桩基的质量控制（沉渣、虚土、贯入度、桩长、水下灌混凝土等的要求）；

③ 高层或超高层建筑，需强调垂直度的控制，混凝土强度的掌握，节点区混凝土的浇灌方法等；

④ 柱、墙竖向主筋的连接要求，梁面贯通筋及其他连接筋的接长方法及位置；

⑤ 柱插筋、主次梁或井字梁钢筋的相互放置位置，悬臂梁梁端钢筋的构造要求；

⑥ 各类构件主筋保护层厚度的准确性尤其是板的面筋；

⑦ 大跨度梁、板的起拱；

⑧ 结构分缝处的施工要求，主要构件（柱、墙、梁板）施工缝位置的设置原则，止水带的放置；

⑨ 对大体积砼降低水化热应采取有效措施；

⑩ 特殊结构（型钢结构、钢管混凝土结构、钢管芯柱）的节点要求，与钢筋混凝土构件的连接要求；

⑪ 特殊楼面结构（压型钢板、预应力梁板、空心楼板等）的施工要求；

⑫ 地下室四周回填土要求；

⑬ 沉降观测要求。

钢结构施工图技术交底的一般内容为：

① 业主、设计、监理应充分沟通，确定钢结构各节点、构件分节细节及工厂制作图，分节加工的构件满足运输和吊装要求。

② 所有深化图纸和施工方案需经由设计院确认签字。

③ 建筑用钢的质量标准应符合国家规范要求。

④ 钢结构应符合设计要求和《钢结构工程施工质量验收规范》的规定。运输、堆放和吊装等造成的钢构件变形及涂层脱落，应进行矫正和修补。

⑤ 钢结构吊装方案、测量监控方案、焊接方案和吊装机具应合理选择。

⑥ 钢结构与混凝土连接位置的预埋件和抗剪键等应提前进行模拟放样，避免与混凝土结构中的钢筋相碰。

⑦ 钢结构预埋件的标高应与混凝土图纸中的标高进行核对，确认无误方可施工。

⑧ 柱、梁、支撑等构件的长度尺寸应包括焊接收缩余量等变形值。

⑨ 对施工完毕应经检验合格的高强度螺栓和焊缝连接点，应立即清理焊渣、飞溅及构件表面污物，并按要求进行油漆封闭。

⑩ 对于预应力钢结构，必须对结构的张拉顺序进行计算机模拟计算分析，确定各个张拉阶段的主要控制点和理论数值，并形成完整的张拉和监控方案；对张拉过程中可能出现的差异情况，编制合理的预控方案和处理方法，且该方案必须征得设计单位的同意和批准。

⑪ 索体和其他部件应符合设计要求，同时应满足相应的国家产品标准和验收标准。出厂时应提供相应的质量合格证明文件。

⑫ 在预应力张拉完成后，对主要承重拉索进行索力量测，偏差值应控制在±10%以内，当超过标准难以调整时，必须与设计单位协商处理。

施工会审的一般原则为：

① 施工会审所要解答的是设计图纸中错、碰、漏之类的问题，至于施工操作中的常规做法应以施工规范为准则，设计一方一般不作另外解释；

② 为了施工方便，施工单位如要求对某些构件的截面尺寸或配筋规格进行修改，在能够保证结构安全并满足使用要求的前提下，设计方一般应予配合；

③ 抗震设防结构有其特殊要求，设计规范规定的一定要严格执行，不能因"操作困难"而迁就施工单位；

④ 管控过程中，对于设计图纸内容的正确性、完善性和一致性应在设计阶段给予足够保证，不能存在通过施工会审来补救这几方面工作的错误想法。

（2）项目工地例会。结构工程师应按照合同及相关规定参加工地例会，填写《现场服务记录表》；对于会议中提出的结构专业问题，结构工程师应及时处理并解答，涉及更改的问题，应及时按规定执行设计变更。

结构工程师可能参加的工地例会主要有：①设计交底例会。设计交底例会面向对象为建设施工单位和质监单位，采取的形式为结构设计负责人与相关结构设计人员主动介绍结构设计概况及有关要求，让上述单位了解项目结构工程概况，以便进行材料采购、制订施工方案、安排施工进度等。②图纸会审例会。图纸会审例会面向对象为施工单位，进行的形式是结构设计方解答或解释施工单位就设计图纸及施工操作方面所提出的问题。项目操作中常见流程是将图纸会审例会与设计交底例会一并进行，尤其是规模不太大的工程项目。③第一次工地例会。结构工程师应按照建设方要求参加第一次工地例会，明确工程质量、安全、投资、进度等控制目标，明确自身在结构施工过程中应尽的责任以及今后需要参加的工地例会。④其他工地例会。结构工程师虽然不需要参加每期的工地例会，但也应按照要求参加其他相关工地例会，对施工中遇到的设计问题与工程质量问题进行协调与答疑，同时应做好设计技术交底的记录工作和签署工作，保障结构施工的顺利完成。

（3）现场技术核定。结构工程师应按规定参加现场技术核定，及时处理施工配合中提出的涉及结构专业的问题，做好桩位、测量复核、技术核定单签署、记录等工作；根据结构设计文件及图纸内容，答复有关设计的问题及解释设计意图；对属于结构设计方面的问题，尽可能予以解决，当无法解决时应及时向设计总负责人请示处理意见，以确保问题得到及时妥善的解决。

（4）参加各阶段验收。结构工程师应按规定参加施工时的各阶段验收，做好相关记录，并处理验收中发现的结构方面的问题，最后将结构方面的技术交底记录与其他服务及会议记录按规定进行归档。

对于以上内容，结构工程师都要以结构施工的安全性、可靠性与经济性为原则，负责任地完成结构施工的配合工作，保障结构的顺利施工。结构工程师在工程建设阶段需要签字的文件如下表所示：

工程建设阶段结构工程师需签字文件列表　　　　表 4.4-2

项目阶段	施工图出图阶段	设计变更与修改	设计交底与竣工验收
文件分类	结构设计说明	设计更改文件	设计交底文件
	结构设计文件目录	设计更改图纸	设计交底和图纸会审纪要
	基础平面图及详图、结构布置图、结构详图	设计更改评审纪要	结构工程师参与的验槽、主体结构验收相关文件

4. 临时性结构的设计和管理

施工临时结构是工程施工过程中的重要辅助设施，施工临时结构的设计，也是相关机构结构工程师需要掌握的一项技能，且受建设项目工期、成本和设计时间等因素的制约，施工临时结构大多由施工单位的结构工程师承担设计。施工临时结构大多由施工企业自行设计。但临时结构的使用功能和使用特点的特殊性，又对其设计者提出了较高的要求，因此，施工临时结构的设计问题需要施工单位聘用专业性强的结构工程师进行设计、分析与验算。近年来，因施工临时结构或设施的倾覆、倒塌而导致的安全事故时有发生，且已造成了较大的人员伤亡和经济财产损失。

在设计合同明确要求结构工程师需要进行临时性结构设计的前提下，结构工程师应充分考虑工程施工的安全生产，结合结构设计、施工经验，依托工程实践，对施工临时结构的设计与应用情况进行深入地设计与分析。施工临时结构包含很多部分，诸如：扣件式钢管外脚手架、碗扣式钢管外脚手架、悬挑式外脚手架、外挂脚手架、附着式升降脚手架、模板支撑架与承重支撑架、卸料平台、吊篮、室内装修脚手架、钢平台、运输栈桥、提升门架等等[32]。近年来，大跨度钢结构以及超高层结构的应用越来越多，对其临时支撑结构的计算以及卸载后主体结构的分析都对结构的顺利施工起到重要作用，结构工程师在设计与施工监管时必须重视这些问题。

同时，结构工程师应详细地了解临时结构的施工流程、施工注意事项、安全防范措施和临时结构设计、施工中最容易忽视的质量控制和风险较高的关键部位等问题，以减少甚至杜绝施工过程中由于临时结构导致的安全事故，降低施工成本和施工风险，保障施工的顺利进行和人员生命、财产的安全，保证安全、经济、高效、快捷地施工。

5. 施工质量控制及验收

施工阶段质量控制是工程项目全过程质量控制的关键环节，工程质量很大程度取决于施工质量。工程施工质量是国家现行的有关法律、法规、技术标准和设计文件及工程合同中对工程施工的安全、使用、经济等特性的综合要求。决定施工质量的关键，一是该企业的资质、生产设备、检测设备、工人素质、施工工艺和施工技术。二是该项目经理是否具有一定的施工组织能力和协调能力。三是质量监理工程师和质量检验人员是否能按照施工验收规范做好检查验收工作。

作为结构工程师，应根据自己的专业知识与经验总结与判断结构施工在哪些方面可能会产生质量问题，并在施工质量控制以及验收阶段应对施工质量控制检验人员提出自己的建议与意见，保证结构质量控制与验收的顺利完成。

4.4.2.3　服务流程

结构工程师在施工阶段的服务内容见表 4.4-3。

结构工程师施工阶段服务内容　　　　　　　　　表 4.4-3

工作阶段	相关责任方			注意事项
	业主	结构工程师	承包商	
1. 施工合同相关事宜	合同甲方	合同乙方		结构工程师需明确业主与自己服务的设计单位签订的设计合同，在设计合同中是否包含现场配合与监理等相关内容，明确自己的义务与职责，为施工阶段的协调与配合做好准备

续表

工作阶段	相关责任方			注意事项
	业主	结构工程师	承包商	
2. 施工准备	主体	协助	接受方	明确施工现场的各种规章制度，尤其是合同管理、质量保证的制度 及时将结构设计文件提供给设计负责人与施工承包方，传达并解释设计意图和施工要点，回答承包商的质疑 对结构材料、设备的采购与供应提供顾问意见，对其质量、价格及供货期进行监督与检验
3. 施工阶段	参加/批准	协助/审核	主体	审查施工承包商的结构施工技术方案、结构施工计划、质量保证措施等 为业主审核承包商选择的分包商和供应商提供咨询与建议 根据需要要求承包商编制结构二次设计、深化图、加工图，提出修改要求和确认 向施工承包方解释说明结构设计意图，检查施工与设计图纸文件，检查设计变更文件 对现场施工人员提出的问题进行答疑
4. 竣工阶段	批准	协助	主体	协助业主督促、核查承包商绘制、保存的竣工图纸及维护使用手册等 协助业主及建筑师完成竣工检查与竣工交付工作

4.4.2.4　案例

某酒店项目施工配合

该酒店工程项目属于中外合作项目，建设地点在国外，为了更好地完成本工程的设计与施工的配合与协调工作，建设单位与设计咨询单位签订的设计合同中要求将结构设计人员派驻现场进行现场指导。通过设计人员的现场协调与指导监管，增进了结构设计与施工的相互交流，加强了结构设计的执行力，有效保障了结构施工的质量与进度计划。驻场结构工程师的主要职责包含：

1. 设计交底。就结构施工图设计文件向施工单位和监理单位做出详细的说明。其目的是对施工单位和监理单位正确贯彻设计意图，使其加深对设计文件特点、难点、疑点的理解，掌握关键工程部位的质量要求，确保工程质量。

2. 设计文件管理。作为设计方与业主进行交流的中间人，需要对设计图纸进行保存归档，保证设计图纸与其他文件的准确性，并按顺序交由施工承包方进行施工。

3. 施工问题管理与协调。即帮助现场施工人员进行设计问题的咨询答疑，监督管理结构施工的质量与进程，在保证施工质量的前提下按计划时间完成施工任务。

4. 同设计单位沟通协调。分为定期汇报与紧急情况汇报。定期汇报指通过周报形式汇报施工现场的情况，做到定期交流与沟通，报告结构设计相关咨询内容以及可能产生的设计变更问题。紧急情况汇报是指在结构施工时发现结构设计的问题以及现场施工问题，需要进行设计变更等相关修改，现场设计人员应及时向设计单位汇报，通知设计单位根据现场情况做出应变。

5. 安排定期的工地巡检，重点检查以下项目，并编制工地巡检报告，协助建设单位的工程部管理与提高现场设计还原质量：

(1) 工程材料：

1) 钢筋/钢材规格、性能等指标是否满足设计要求；

2) 混凝土原材料，配合比，坍落度，强度等符合设计要求；

3) 砌块品种，规格、强度符合设计及规范要求；

4) 桩类型与规格、连接件种类与规格设计要求。

(2) 地基基础：

1) 桩基定位、施工工艺（如压桩速率、接桩工艺、钻孔工艺、成孔检测、清孔时间、初灌量）、桩头钢筋处理等是否与设计要求及施工技术方案一致；

2) 施工缝、后浇带、穿墙管、地下室外墙对拉钢筋等位置防水构造是否符合设计要求；

(3) 上部结构：

1) 墙、柱梁等关键结构构件尺寸、标高等与图纸相符；

2) 钢筋布置、绑扎、搭接、锚固等应符合设计及规范要求；

3) 型钢尺寸、布置、钢筋与型钢节点构造和连接方式等符合设计及规范要求；

4) 墙、板预留洞口钢筋补强应与图纸一致；

5) 结构、幕墙关键预埋件的规格、数量、位置与图纸一致；

6) 混凝土构件拆模时间及养护措施恰当；

7) 砌体结构定位、构造柱构造、拉结筋预留、灰缝质量、与梁板交界处的处理等是否达到相关规范要求。

附件：结构设计现场代表所做的该酒店项目现场工作周报

工作周报　主题：

XXX酒店项目现场周报（七）

(2012/11/04—2012/11/10)

汇报人：XXX　　　　日期Date：2012年11月10日

主要内容：

1. 施工进度

本周现场主要施工情况：

(1) XXXXXXXXXX

(2) XXXXXXXXXX

2. 现场问题

(1) XXXXXXXXXX

(2) XXXXXXXXXX

3. 设计图纸

(1) XXXXXXXXXX

(2) XXXXXXXXXX

4. 现场图片

图 4.3-3　地下室开挖承台砖模施工情况

4.5　工程项目运营

4.5.1　概述

从严格意义上说,结构工程师的服务应贯穿于工程结构的整个生命周期阶段,包括结构的检测、维护、加固改造以及拆除。按照我国规范规定,结构工程师的设计产品应在结构设计使用年限内保证结构的可靠性、适用性与耐久性。

结构竣工交付是工程结构建设和投入使用的分界点。因此,竣工交付伴随着的验收工作是检验结构成品和设计意图是否相符和工程质量是否达到使用要求的重要阶段。设计回访等后期服务既有利于保证工程结构生命周期的性能,拓展结构改造、加固、维修、拆除等业务内容,也有利于客户关系的维护和客户忠诚度的培养,在适当的时机可以将后期服务转化为下一个项目的前期服务,实现结构工程师业务和社会资产的良性循环和可持续发展。

结构工程师作为工程结构的设计者、结构建设过程的业主代理和专业顾问,对业主意图、结构相关法规,结构设计要求、建造过程具有全面的了解,因此对于结构后期的维护、检测、改造加固与拆除都有较高的发言权和明确的意见,拥有向业主提出工程结构交付后的维护、检测与修复等相关要点的义务,以促使工程结构发挥最大潜能,最大程度的降低工程结构的后期维护费用。

4.5.2　服务内容

结构工程师在结构建造完成直至结构服役终止拆除的全寿命阶段,即工程结构的后期运营阶段,主要的工作范围与服务内容包括:

1. 协助业主完成工程结构的项目交付。结构工程师在项目交付阶段应配合业主与建筑师完成项目交付中的相关工作,如结构设计资料总结与归档,客户意见整理,设计费用的结算与支付等。

2. 组织回访、总结。结构工程师应协助技术质量部门做好结构工程的回访、总结,调查客户对于结构设计的满意度,妥善处理客户关于结构工程的投诉,善于分析与研究总结结构的后期性能，为今后的结构设计提供借鉴。同时管理维护与客户间的关系，提出结构定期维护与检修的建议，提高自身在设计工作上的信誉度。

3. 结构性态监测。结构性态监测是指对工程结构实施长期损伤检测和识别。工程结构的损伤包括材料特性改变，结构体系的几何特性改变，以及边界条件和体系的连续性改变。结构性态监测涉及通过分析定期采集的结构布置的传感器阵列的静力和动力响应数据来观察体系随时间推移产生的变化，进行损伤敏感特征值的提取并通过数据分析来确定结构的性能状态。对于长期结构性态监测，通过数据定期更新来估计结构老化和恶劣服役环境对工程结构是否有能力继续实现设计功能。

结构性态监测是近些年新兴的一种结构运营阶段的监测项目，结构的类型与重要性不同，性态监测系统的内容与复杂程度也不同，目前的结构性态监测主要应用于超高层结构与大跨度结构当中，结构工程师应知晓结构性态监测的主要内容，并根据监测数据评估结构的真实性能。

4. 结构的检测、加固与改造。工程结构在使用过程中可能受腐蚀介质的侵蚀、遭受冻融循环乃至火灾及地震等而受到损坏；建筑功能的改变，使得工程结构上的荷载作用显著增加等等原因造成结构的损坏与适用性不满足，都必须对结构进行加固处理。要对工程结构进行经济、合理、有效的加固改造，必须对结构当初的设计施工情况以及结构的破损机理有深入的了解，必须对工程结构进行全面的质量检测与鉴定。这种工程结构检测工作不同于施工质量检测工作，因为它是在已有结构上进行的直接"取样"或直接检测。这就要求尽量不损伤已有建筑结构且达到规定的检测精度，并给出建筑物可靠性鉴定等级，为确定加固方案提供技术依据。

建筑结构加固与改造的工作程序如下[33]：

图 4.5-1 建筑结构加固与改造程序

（1）建筑结构检测。对已有建筑结构进行检测是加固改造工作的第一步，其检测的内容包括：架构形式，截面尺寸，受力状况，计算简图，材料强度，外观情况，裂缝位置和宽度，挠度大小，纵筋、箍筋的位置和构造以及钢筋锈蚀，混凝土碳化，地基沉降和墙面开裂等情况。建筑结构的检测是结构可靠性鉴定的基础，其内容很丰富，从事建筑结构的检测需要专门的资质和技术要求，结构工程师可参考相关的规范以及书籍进行学习与了解，此处不一一详述。

（2）建筑结构的可靠性鉴定。在完成了对建筑结构的检测以后，根据检测的一系列数据，并以我国已颁布的几个房屋可靠性鉴定标准为依据，就可以对已有建筑结构的可靠性进行鉴定。当前我国已颁布的有关房屋鉴定的标准有：《工业厂房可靠性鉴定标准》GB 50144—2008、《危险房屋鉴定标准》JGJ 125—99（2004 年版）、《民用建筑可靠性鉴定标准》GB 50292—1999、《建筑抗震鉴定标准》GB 50023—2009 等。

（3）加固（改造）方案选择。建筑结构的加固方案的选择十分重要。加固方案的优劣，不仅影响资金的投入，更重要的是影响加固的效果和质量。譬如，对于裂缝过大而承载力已够的构件，若用增加纵筋的加固方法是不可取的。因为增加纵筋，对于减少已有裂缝效果甚微。有效的方法是采用外加预应力筋法，或外加预应力支撑，或改变受力体系。又如，当结构构件的承载力足够，但刚度不足时，宜优先选用增设支点或增大梁板结构构件截面尺寸，以提高其刚度。再如，对于承载力不足而实际配筋已达超筋的结构构件，继续在受拉区增配钢筋是起不到加固作用的。合理的加固方案应该达到下列要求：加固效果好，对使用功能影响小，技术可靠，施工简单，经济合理，不影响外观。

（4）加固（改造）设计。建筑结构加固（改造）设计，包括被加固构件的承载能力计算、正常使用状态验算、构造处理和绘制施工图三大部分。在上述三部分工作中，需强调的是，在承载力计算中，应特别注意新加部分与原结构构件的协同工作。一般来说，新加部分的应力滞后于原结构，加固（改造）结构的构造处理不仅应满足新加构件自身的构造要求，还应考虑其与原结构构件的连接。

（5）施工组织设计。由于大多数加固工程的施工是在全负载或部分负载的情况下进行，因此进行施工时的安全非常重要。在施工前，应尽可能卸除一部分外载，并施加预应力顶撑，以减小原构件中的应力。

（6）施工及验收。施工前期，在拆除原有废旧构件或清理原有构件时，应特别注意观察是否有与原检测情况不相符的地方。现场设置专人观察有无意外情况出现的预兆。如有意外情况出现，应立即停止施工，并采取妥善的处理措施。在补加加固件时，应注意新旧构件结合部位的粘结或连接质量。建筑物的加固施工应充分做好各项准备工作，做到速战速决，以减少因施工给用户带来的不便和避免发生伤亡事故。加固工程竣工后，应由使用单位或其主管部门组织专业技术人员进行验收。

结构工程师面临的结构加固改造任务有可能是自己的设计作品，也可能是其他结构工程师的设计作品，无论结构的设计师是谁，结构工程师都应以负责任的态度完成对结构的加固改造任务，满足业主对加固改造后建筑结构的相关要求。

5. 建筑结构的拆除。建筑结构的拆除是建筑结构生命周期的重要组成部分。在城市改扩建和工业技术改造中，人们对拆除技术的需求越来越迫切，结构的拆除技术在这个历史时期也必将获得迅速的发展。所谓建筑结构的拆除是指结构设计师协同其他拆除专业的工程师通过一定的手段，凭借一定的方法对建筑物（含构筑物）实行破坏，并清运残渣，由此可见，拆除包括破坏和清渣两个阶段。结构工程师主要在结构的破坏阶段对拆除工程师提供结构方面的咨询与意见。

建筑拆除工程一般可分为人工拆除、机械拆除、爆破拆除三大类。可根据被拆建筑物的高度、面积、结构形式采取不同的拆除方法。对于小型结构的人工或机械拆除，一般由施工单位直接完成；对于大型高层建筑结构，其拆除工作主要由专业的拆除爆破工程师负责组织设计，拆除爆破工程师需了解结构体系方面的知识，对于大型结构的爆破部位选择以及爆破后的倒塌控制还需要咨询结构工程师的意见。拆除工程的建设单位或业主也越来越倾向于邀请结构工程师参与到结构的拆除工程当中来，进行相关的咨询顾问工作，结构工程师应对结构拆除工程的相关内容有所了解，并根据需要进行结构拆除的计算与分析。

结构工程师在项目后期运营及终止阶段的服务内容总结如下表所示：

结构工程师项目运营及终止阶段服务内容结构工程师项目运营阶段服务内容 表 4.5-1

工作阶段	相关责任方			注意事项
	业主	结构工程师	承包商	
1. 维护阶段	批准	咨询	主体	核查结构工程的竣工文件和图纸、操作与维护手册是否完备 制定结构维护、检修计划，提醒业主及时聘用维护人员 在规定的工程质量保修期限内，负责检查工程质量状况，组织鉴定质量问题责任，督促责任单位维修
2. 长期评估	交流对象	咨询	交流对象	进行定期的回访、总结，并依此初步改善结构设计质量，建立客户关系管理维护制度 通过项目的总结和学习，不断检视和改善结构设计的质量保证计划、手册、操作程序 若存在结构性态监测项目，结构工程师应按照要求及时跟进，协助数据处理与分析工作 配合建筑师及项目负责人进行业主/用户对建筑结构的性能和服务满意程度评价的定性或定量的研究，为后续的设计服务提供参考，提高建筑结构质量和投资效益，提高业主/用户的满意度 此部分为结构工程师的附加增值服务，需要较大的投入和业主的配合
3. 加固改造	批准	协助/审核	主体	明确加固改造结构的建筑功能与荷载要求，搜集结构加固前的相关资料 在加固设计时需关注加固前结构与加固部分的协同工作，明确加固构件的构造与连接处理，对加固后的构件与整体结构进行分析与验算
4. 拆除工程	批准	咨询	主体	明确拆除的相关合同条款与内容，做好准备工作，分析拆除建筑的结构体系与构件 依据合同条款为拆除工程师提供结构相关咨询工作，协助施工单位完成拆除施工组织设计，对拆除爆破的位置提供意见与建议

4.5.3 案例

某剧场结构加固改造工程设计[34]：

1. 工程概况：该剧场结构由于该建筑年代较长，鉴于当时的设计、施工水平，建造时并没有采取抗震设防措施，施工质量一般。加之由于种种历史因素，多年来又处于无人维护管理状态，现存在砖墙返潮酥碱，混凝土柱钢筋锈胀、保护层剥离，混凝土梁板开裂、钢筋锈蚀，木屋架渗漏、木构件腐朽等现象。整体抗震性能和构造措施不能满足现行抗震设防要求。

该剧场结构整体上未出现严重的损坏迹象。本次加固主要解决结构抗震体系、构件抗震性能和耐久性方面存在的缺陷，但该建筑的一些独特之处，对加固设计中各种加固方法的应用提出了更高要求。首先由于建造时代久远，且从其现状来看，历史上有过数次改建，主体结构较为复杂，结构体系混乱，传力路径不甚清晰；又因其地处公园湖畔，地基情况也较为复杂，本次改造后作为文艺演出的公共场所，对加固后结构的防火性能要求较高；建筑风格具有典型的闽南地区文化色彩，为历史风貌保护性建筑，要求结构的加固不能破坏其建筑外观。

针对上述问题，本次加固设计本着因地制宜、灵活机动的原则，对不同受力构件，有针对性地采用不同而有效的加固方法，同时满足安全、防火、保护等多方面要求。

2. 检测鉴定：该建筑无设计图纸。为保证加固设计的准确性，之前对该建筑的结构尺寸、砖及砂浆强度、混凝土强度、基础形式等进行了现场勘察和检测。经现场检测，梁柱混凝土强度为 C20 左右，一层、二层墙体砂浆强度分别为 M111、M017，基本满足现行有关规范关于材料强度的要求。由于使用功能的改变，拆除了部分屋架斜梁，并新增了部分看台楼板，在现有使用荷载及混凝土强度、砂浆强度的基础上，经计算分析，部分梁、楼板、柱、砖墙的承载力不能满足安全要求，均需采取加固措施。

3. 加固设计：

（1）砌体砖墙加固。根据实际计算的承载力要求，对承重砖墙采用"夹板墙"加固方法。为保持外立面效果，所有外墙均在内侧单面加固，而对于个别走道和楼梯间部分原本空间比较狭小位置的墙体，则采用一侧钢筋网厚层砂浆加固，另一侧铅丝网薄层砂浆加固的方式。

（2）屋架改造。根据原有木屋架的实际情况并应业主的要求，本次改造中将原有木屋架进行更换，重新设计为钢结构屋架。新设屋架分为大厅和排练厅两部分，其与主体结构相连标高处的柱顶和墙顶增设了钢筋混凝土圈梁，不但方便了屋架的安装固定，又增强了结构的整体性。

（3）混凝土梁板以及外廊部分梁、柱加固。原混凝土梁板和外廊部分梁、柱由于混凝土强度过低，钢筋锈蚀，保护层剥落等原因，存在承载力安全隐患和抗震构造不足等问题，又由于室内结构防火等级要求较高，而外廊梁、柱加固时不能改变截面影响外立面效果等条件限制，传统的加大截面、粘钢和粘贴碳纤维等加固方法不适用于此。本次加固采用了高强钢绞线网-聚合物砂浆复合面层这一新型加固技术，在有效提高构件承载力、改善其抗震性能的同时，满足了结构的防火要求，而外廊部分的梁板加固后截面尺寸基本没有改变，较完整地保存了建筑物的原有风貌。

（4）其他抗震构造措施。改造中需要恢复的填充墙尽量采用容重较低的材料砌筑，并在各构件加固前剔除其全部抹灰层和松散部分，这样加固后的结构重量较之先前基本持平，从而减少了地基基础的加固工程量，有利于结构抗震。在构件加固的同时，从结构布局出发采取的增设圈梁，加强局部薄弱部位，加强纵横向抗侧力体系联系，增加防潮防水层等构造措施，有效改善了结构的抗震性能和耐久性。

第 5 章 工 程 机 构

5.1 工程机构类型

在我国现已实施的工程建设职业资格有注册建筑师、勘察设计注册工程师、注册城市规划师、注册建造师、注册物业管理师、注册监理工程师、注册房地产估价师和注册造价工程师。

根据中华人民共和国建设部中华人民共和国人事部 1997 年 9 月 1 日印发的《注册结构工程师执业资格制度暂行规定》(建设〔1997〕222 号),注册结构工程师是指"取得中华人民共和国注册结构工程师执业资格证书和注册证书,从事房屋结构、桥梁结构及塔架结构等工程设计及相关业务的专业技术人员"。"取得注册结构工程师执业资格证书者,要从事结构工程设计业务的,须申请注册"。"注册结构工程师执行业务,应当加入一个勘察设计单位"。

以上规定中界定注册结构工程师的执业范围是:"结构工程设计、结构工程设计技术咨询、建筑物、构筑物、工程设施等调查和鉴定、对本人主持设计的项目进行施工指导和监督、建设部和国务院有关部门规定的其他业务"。

以下将从注册结构工程师执业相关范围逐项展开,介绍范围内的相关从业机构及其资格认定条件。

5.1.1 建设工程咨询

如 2.1.4 节所述,建设工程咨询是以技术为基础,建设工程咨询的服务范围包括建设工程勘察、建设工程设计、施工图设计审查、工程检测、建设工程监理、工程招标代理、工程造价咨询以及工程项目管理等。相应的,不同领域在存在着不同的工程机构,其资格划分标准,业务范围,主要技术力量要求等都在国家相关法律法规上有着具体的规定。这里将主要对工程勘察等前五个机构进行介绍。

5.1.1.1 建设工程勘察机构

"建设工程勘察"在中华人民共和国国务院令第 293 号《建设工程勘察设计管理条例》中明确定义为"是指根据建设工程的要求,查明、分析、评价建设场地的地质地理环境特征和岩土工程条件,编制建设工程勘察文件的活动"。

工程勘察机构的资质包括工程勘察综合资质,工程勘察专业资质和工程勘察劳务资质。其中,工程勘察综合资质是指包括全部工程勘察专业资质的工程勘察资质。而工程勘察专业资质则包括:岩土工程专业资质、水文地质勘察专业资质和工程测量专业资质;其中,岩土工程专业资质包括:岩土工程勘察、岩土工程设计、岩土工程物探测试检测监测等岩土工程(分项)专业资质。工程勘察劳务资质则包括:工程钻探和凿井。

工程勘察综合资质只设甲级。岩土工程、岩土工程设计、岩土工程物探测试检测监测专业资质设甲、乙两个级别；岩土工程勘察、水文地质勘察、工程测量专业资质设甲、乙、丙三个级别。工程勘察劳务资质不分等级。

1. 工程勘察机构服务范围及资格

不同资质的工程勘察单位服务范围与资格有所不同，并在国家相关法律法规中有着具体规定，如下所示：

（1）综合资质

承担各类建设工程项目的岩土工程、水文地质勘察、工程测量业务（海洋工程勘察除外），其规模不受限制（岩土工程勘察丙级项目除外）。

（2）专业资质

1）专业甲级资质

承担本专业资质范围内各类建设工程项目的工程勘察业务，其规模不受限制。

2）专业乙级资质

承担本专业资质范围内各类建设工程项目乙级及以下规模的工程勘察业务。

3）专业丙级资质

承担本专业资质范围内各类建设工程项目丙级规模的工程勘察业务。

（3）工程勘察劳务资质

承担相应的工程钻探、凿井等工程勘察劳务业务。

2. 工程勘察机构技术力量

另外，工程勘察机构获取相应资质应满足一定的技术力量要求，如表 5.1-1 所示。

工程勘察机构的技术力量要求　　　　　　　　　　　表 5.1-1

资　质	级　别	技术力量要求
工程勘察综合资质	甲级	专业配备齐全、合理。主要专业技术人员数量不少于"工程勘察行业主要专业技术人员配备表"规定的人数。有完善的技术装备，满足"工程勘察主要技术装备配备表"规定的要求。有满足工作需要的固定工作场所及室内试验场所，主要固定场所建筑面积不少于 3000m²。有完善的技术、经营、设备物资、人事、财务和档案管理制度，通过 ISO9001 质量管理体系认证
工程勘察专业资质	甲级	专业配备齐全、合理。主要专业技术人员数量不少于"工程勘察行业主要专业技术人员配备表"规定的人数。有完善的技术装备，满足"工程勘察主要技术装备配备表"规定的要求。有满足工作需要的固定工作场所及室内试验场所。完善的质量、安全管理体系和技术、经营、设备物资、人事、财务、档案等管理制度
	乙级	专业配备齐全、合理。主要专业技术人员数量不少于"工程勘察行业主要专业技术人员配备表"规定的人数。有与工程勘察项目相应的能满足要求的技术装备，满足"工程勘察主要技术装备配备表"规定的要求。有满足工作需要的固定工作场所。有较完善的质量、安全管理体系和技术、经营、设备物资、人事、财务、档案等管理制度
	丙级	专业配备齐全、合理。主要专业技术人员数量不少于"工程勘察行业主要专业技术人员配备表"规定的人数。有与工程勘察项目相应的能满足要求的技术装备，满足"工程勘察主要技术装备配备表"规定的要求。有满足工作需要的固定工作场所。有较完善的质量、安全管理体系和技术、经营、设备物资、人事、财务、档案等管理制度
工程勘察劳务资质	不设级	工程钻探：具有经考核或培训合格的钻工、描述员、测量员、安全员等技术工人，工种齐全且不少于 12 人。有必要的技术装备，满足"工程勘察主要技术装备配备表"规定的要求。有满足工作需要的固定工作场所。质量、安全管理体系和技术、经营、设备物资、人事、财务、档案等管理制度健全。 凿井：有经考核或培训合格的钻工、电焊工、电工、安全员等技术工人，工种齐全且不少于 13 人。有必要的技术装备，满足"工程勘察主要技术装备配备表"规定的要求。有满足工作需要的固定工作场所。质量、安全管理体系和技术、经营、设备物资、人事、财务、档案等管理制度健全

注：本表中"工程勘察行业主要专业技术人员配备表"等详见《工程勘察资质标准》（建市 [2013] 9 号）附件 1 及附件 2；各级企业技术负责人或总工程的从业要求在第 2.1.4.1 节已有论述，此处从略。

5.1.1.2 工程设计机构

"建设工程设计"在中华人民共和国国务院令第293号《建设工程勘察设计管理条例》中明确定义为"是指根据建设工程的要求,对建设工程所需的技术、经济、资源、环境等条件进行综合分析、论证,编制建设工程设计文件的活动"。

对于工程设计活动实施监督管理的部门,在中华人民共和国建设部令第160号《建设工程勘察设计资质管理规定》中有明确规定,"国务院建设行政主管部门对全国的建设工程勘察、设计活动实施统一监督管理。国务院铁路、交通、水利等有关部门按照国务院规定的职责分工,负责对全国的有关专业建设工程勘察、设计活动的监督管理。县级以上地方人民政府建设行政主管部门对本行政区域内的建设工程勘察、设计活动实施监督管理。县级以上地方人民政府交通、水利等有关部门在各自的职责范围内,负责对本行政区域内的有关专业建设工程勘察、设计活动的监督管理"。

根据《工程设计资质标准》建市〔2007〕86号附件5《建筑工程设计事务所资质标准》,明确定义"建筑工程设计事务所"是指由具备注册执业资格的专业设计人员按照《中华人民共和国合伙企业法》合伙设立的普通合伙企业或依照《中华人民共和国公司法》成立的有限责任公司(股份有限公司),从事建筑工程某一专业设计业务。设计事务所分为建筑设计事务所、结构设计事务所、机电设计事务所,均只设甲级。

1. 工程设计行业划分

由中华人民共和国建设部制定、印发的《工程设计资质标准》(建市〔2007〕86号),此标准中涵盖了21个行业的相应工程设计类型、主要专业技术人员配备及规模划分等内容,以下是工程设计的行业划分表。

工程设计的行业划分表   表 5.1-2

序 号	行 业	备 注
1	煤炭	
2	化工石化医药	含石化、化工、医药
3	石油天然气	
4	电力	含火电、水电、核电、新能源
5	冶金	含冶金、有色、黄金
6	军工	含航天、航空、兵器、船舶
7	机械	
8	商物粮	含商业、物资、粮食
9	核工业	
10	电子通信广电	含电子、通信、广播电影电视
11	轻纺	含轻工、纺织
12	建材	
13	铁道	
14	公路	
15	水运	
16	民航	
17	市政	
18	海洋	
19	水利	
20	农林	含农业、林业
21	建筑	含建筑、人防

2. 工程设计资质及承担业务范围

根据《工程设计资质标准》建市〔2007〕86 号，将工程设计资质分为工程设计综合资质、工程设计行业资质、工程设计专业资质和工程设计专项资质。并明确各工程设计资质的标准要求，对工程设计资质的分级情况及业务范围如下：

工程设计资质分级及业务范围   表 5.1-3

资 质	级 别	承担业务范围
工程设计综合资质	甲级	承担各行业建设工程项目的设计业务，其规模不受限制；但在承接工程项目设计时，须满足本标准中与该工程项目对应的设计类型对专业及人员配置的要求
		承担其取得的施工总承包（施工专业承包）一级资质证书许可范围内的工程施工总承包（施工专业承包）业务
工程设计行业资质	甲级	承担本行业建设工程项目主体工程及其配套工程的设计业务，其规模不受限制
	乙级	承担本行业中、小型建设工程项目的主体工程及其配套工程的设计业务
	丙级	承担本行业小型建设项目的工程设计业务
工程设计专业资质	甲级	承担本专业建设工程项目主体工程及其配套工程的设计业务，其规模不受限制
	乙级	承担本专业中、小型建设工程项目的主体工程及其配套工程的设计业务
	丙级	承担本专业小型建设项目的设计业务
	丁级（限建筑工程设计）	一般公共建筑工程：单体建筑面积 2000m² 及以下；建筑高度 12m 及以下
		一般住宅工程：单体建筑面积 2000m² 及以下；建筑层数 4 层及以下的砖混结构
		厂房和仓库：跨度不超过 12m，单梁式吊车吨位不超过 5t 的单层厂房和仓库；跨度不超过 7.5m，楼盖无动荷载的二层厂房和仓库
		构筑物：套用标准通用图高度不超过 20m 的烟囱；容量小于 50m³ 的水塔；容量小于 300m³ 的水池；直径小于 6m 的料仓
工程设计专项资质	不设级	承担规定的专项工程的设计业务，具体规定见有关专项资质标准
结构设计事务所	甲级	结构设计事务所可以承接所有等级的建筑工程项目方案设计、初步设计及施工图设计中的结构专业（包括轻钢结构）设计与技术服务

3. 工程设计机构技术力量

具备不同工程设计资质的企业，对技术条件各有要求。其中具备工程设计综合资质的企业，技术条件应具备："初级以上专业技术职称且从事工程勘察设计的人员不少于 500 人，其中具备注册执业资格或高级专业技术职称的不少于 200 人，且注册专业不少于 5 个，5 个专业的注册人员总数不低于 40 人。从事工程项目管理且具备建造师或监理工程师注册执业资格的人员不少于 4 人"。除以上要求外，具备工程设计综合资质的企业还对专利、专有技术、获奖及参编标准、规范等技术条件也有明确的要求。

具备丁级（限建筑工程设计）工程设计资质的企业，技术条件应具备："企业专业技术人员总数不少于 5 人。其中，二级以上注册建筑师或注册结构工程师不少于 1 人；具有建筑工程类专业学历、2 年以上设计经历的专业技术人员不少于 2 人；具有 3 年以上设计经历，参与过至少 2 项工程设计的专业技术人员不少于 2 人"。

具备其他工程设计资质的企业，其技术条件要求是"专业配备齐全、合理，主要专业技术人员数量不少于所申请专业资质标准中主要专业技术人员配备表规定的人数"，主要专业技术人员配备表涉及 5.1.1.1 节中的 21 个行业，具体可查阅由中华人民共和国建设部制定、印发的《工程设计资质标准》建市〔2007〕86 号文件附件 2《各行业工程设计主要专业技术人员配备表》。

依照《合伙企业法》设立的普通合伙企业形式的结构设计事务所，其技术条件应具备至少有三名具有良好的职业道德和业绩的一级注册结构工程师，合伙人之一必须从事工程设计工作十年以上，且在中国境内主持完成过两项大型建筑工程项目设计；依照《公司法》成立的有限责任公司（股份有限公司）形式的结构设计事务所，其技术条件应具备至少有三名具有良好的职业道德和业绩的一级注册结构工程师，至少有一人必须从事工程设计工作十年以上，且在中国境内主持完成过两项大型建筑工程项目设计。

5.1.1.3 施工图审查机构

我国 20 世纪 90 年代末，建设主管部门及各级政府通过完善法律法规，设立施工图审查制度来加强勘察设计质量监管。2000 年 1 月 30 日和 9 月 25 日，国务院分别发布了《建设工程质量管理条例》和《建设工程勘察设计管理条例》，通过行政立法手段，设立了施工图审查制度，将施工图审查列入基本建设程序之中，强制实施。2000 年 2 月 27 日，建设部颁发了《建筑工程施工图设计文件审查暂行办法》，开始对房屋建筑工程施工图实施由政府主管部门委托的施工图审查机构进行审查。2004 年 5 月 19 日，国务院颁发了《关于第三批取消和调整行政审批项目的决定》（国发〔2004〕16 号），同年 8 月 23 日建设部颁发了《房屋建筑和市政基础设施工程施工图设计文件审查管理办法》（建设部令第134 号），继房屋建筑工程推行施工图审查后，进而推进到对市政基础设施工程的施工图审查[13]。

"施工图审查"在中华人民共和国建设部令第 134 号《房屋建筑和市政基础设施工程施工图设计文件审查管理办法》中明确指出是："建设主管部门认定的施工图审查机构（以下简称审查机构）按照有关法律、法规，对施工图涉及公共利益、公众安全和工程建设强制性标准的内容进行的审查。国务院建设主管部门负责规定审查机构的条件、施工图审查工作的管理办法，并对全国的施工图审查工作实施指导、监督"。

审查机构按承接业务范围分两类，一类机构承接房屋建筑、市政基础设施工程施工图审查业务范围不受限制；二类机构可以承接二级及以下房屋建筑、市政基础设施工程的施工图审查。由于各地方对施工图审查机构资格分级标准在此基础上有更明确的定义，各地不完全一致，实际中以各地相关标准为准。

1. 施工图审查内容

（1）是否符合工程建设强制性标准；

（2）地基基础和主体结构的安全性；

（3）勘察设计企业和注册执业人员以及相关人员是否按规定在施工图上加盖相应的图章和签字；

（4）其他法律、法规、规章规定必须审查的内容。

2. 审查机构技术力量

施工图审查机构技术力量要求 表 5.1-4

类 别	技术力量要求
一类	从事房屋建筑工程施工图审查的，结构专业审查人员不少于 6 人，建筑、电气、暖通、给排水、勘察等专业审查人员各不少于 2 人；从事市政基础设施工程施工图审查的，所需专业的审查人员不少于 6 人，其他必须配套的专业审查人员各不少于 2 人；专门从事勘察文件审查的，勘察专业审查人员不少于 6 人；承担超限高层建筑工程施工图审查的，除具备上述条件外，还应当具有主持过超限高层建筑工程或者 100m 以上建筑工程结构专业设计的审查人员不少于 3 人
二类	从事房屋建筑工程施工图审查的，各专业审查人员不少于 2 人；从事市政基础设施工程施工图审查的，所需专业的审查人员不少于 4 人，其他必须配套的专业审查人员各不少于 2 人；专门从事勘察文件审查的，勘察专业审查人员不少于 4 人

5.1.1.4　工程监理机构

对于负责工程监理机构监督管理工作的主管部门，中华人民共和国建设部令第 158 号《工程监理企业资质管理规定》中明确指出："国务院建设主管部门负责全国工程监理企业资质的统一监督管理工作。国务院铁路、交通、水利、信息产业、民航等有关部门配合国务院建设主管部门实施相关资质类别工程监理企业资质的监督管理工作。省、自治区、直辖市人民政府建设主管部门负责本行政区域内工程监理企业资质的统一监督管理工作。省、自治区、直辖市人民政府交通、水利、信息产业等有关部门配合同级建设主管部门实施相关资质类别工程监理企业资质的监督管理工作"。

工程监理企业资质分为综合资质、专业资质和事务所资质。其中，专业资质按照工程性质和技术特点划分为房屋建筑工程、冶炼工程等若干工程类别，不同工程类别及等级划分在以上管理规定中有详细的要求描述。综合资质、事务所资质不分级别。专业资质分为甲级、乙级；其中，房屋建筑、水利水电、公路和市政公用专业资质可设立丙级，具体资质等级标准详见《工程监理企业资质管理规定》。

1. 工程监理企业资质相应许可业务范围

（1）综合资质

可以承担所有专业工程类别建设工程项目的工程监理业务。

（2）专业资质

1）专业甲级资质

可承担相应专业工程类别建设工程项目的工程监理业务。

2）专业乙级资质：

可承担相应专业工程类别二级以下（含二级）建设工程项目的工程监理业务。

3）专业丙级资质：

可承担相应专业工程类别三级建设工程项目的工程监理业务。

（3）事务所资质

可承担三级建设工程项目的工程监理业务，但是，国家规定必须实行强制监理的工程除外。工程监理企业可以开展相应类别建设工程的项目管理、技术咨询等业务。

2. 工程监理企业技术力量

工程监理企业的技术力量要求　　　　　　　　　　表 5.1-5

资　　质	分　级	技术力量要求
综合资质	不分级	注册监理工程师不少于 60 人，注册造价工程师不少于 5 人，一级注册建造师、一级注册建筑师、一级注册结构工程师或者其他勘察设计注册工程师合计不少于 15 人次
专业资质	甲级	注册监理工程师、注册造价工程师、一级注册建造师、一级注册建筑师、一级注册结构工程师或者其他勘察设计注册工程师合计不少于 25 人次；其中，相应专业注册监理工程师不少于《专业资质注册监理工程师人数配备表》中要求配备的人数，注册造价工程师不少于 2 人
	乙级	注册监理工程师、注册造价工程师、一级注册建造师、一级注册建筑师、一级注册结构工程师或者其他勘察设计注册工程师合计不少于 15 人次。其中，相应专业注册监理工程师不少于《专业资质注册监理工程师人数配备表》中要求配备的人数，注册造价工程师不少于 1 人
	丙级	相应专业的注册监理工程师不少于《专业资质注册监理工程师人数配备表》中要求配备的人数
事务所资质	不分级	合伙人中有 3 名以上注册监理工程师，合伙人均有 5 年以上从事建设工程监理的工作经历

注：《专业资质注册监理工程师人数配备表》可详见中华人民共和国建设部令第 158 号《工程监理企业资质管理规定》

5.1.1.5 工程检测机构

"建设工程质量检测"（以下简称"质量检测"）在中华人民共和国建设部令第 141 号《建设工程质量检测管理办法》（以下简称"质检管理办法"）中明确定义为：是指工程质量检测机构（以下简称检测机构）接受委托，依据国家有关法律、法规和工程建设强制性标准，对涉及结构安全项目的抽样检测和对进入施工现场的建筑材料、构配件的见证取样检测。由国务院建设主管部门负责对全国质量检测活动实施监督管理，并负责制定检测机构资质标准。

检测机构是具有独立法人资格的中介机构。检测机构从事质检管理办法中规定的质量检测业务，应当依据质检管理办法取得相应的资质证书。检测机构未取得相应的资质证书，不得承担质检管理办法中规定的质量检测业务。

检测机构资质按照其承担的检测业务内容分为专项检测机构资质和见证取样检测机构资质。检测机构资质标准由中华人民共和国建设部令第 141 号《建设工程质量检测管理办法》规定。质量检测的业务内容通常包括专项检测和见证取样检测等，其具体内容可参考建设部相关法令的规定

质量检测机构的技术力量要求如表 5.1-6 所示。

质量检测机构的技术力量要求　　　　　表 5.1-6

机构类别	专项类别	技术力量要求
专项检测机构和见证取样检测机构（基本条件）		有质量检测、施工、监理或设计经历，并接受了相关检测技术培训的专业技术人员不少于 10 人；边远的县（区）的专业技术人员可不少于 6 人
专项检测机构	地基基础工程检测类	专业技术人员中从事工程桩检测工作 3 年以上并具有高级或者中级职称的不得少于 4 名，其中 1 人应当具备注册岩土工程师资格
	主体结构工程检测类	专业技术人员中从事结构工程检测工作 3 年以上并具有高级或者中级职称的不得少于 4 名，其中 1 人应当具备二级注册结构工程师资格
	建筑幕墙工程检测类	专业技术人员中从事建筑幕墙检测工作 3 年以上并具有高级或者中级职称的不得少于 4 名
	钢结构工程检测类	专业技术人员中从事钢结构机械连接检测、钢结构变形检测工作 3 年以上并具有高级或者中级职称的不得少于 4 名，其中 1 人应当具备二级注册结构工程师资格
见证取样检测机构		除应满足基本条件外，专业技术人员中从事检测工作 3 年以上并具有高级或者中级职称的不得少于 3 名；边远的县（区）可不少于 2 人

5.1.2 建设工程施工

建设工程施工相关企业通常包括从事土木工程、建筑工程、线路管道设备安装工程、装修工程的新建、扩建、改建等活动的企业。全国建筑业企业资质的统一监督管理工作由国务院建设主管部门负责。建设工程施工相关企业资质分为施工总承包、专业承包和劳务分包三个序列，各类别的资质划分如表 5.1-7 所示。

建设工程施工相关企业资质类别划分　　　　表 5.1-7

施工总承包企业资质类别划分	
1. 房屋建筑工程施工总承包企业资质	7. 矿山工程施工总承包企业资质
2. 公路工程施工总承包企业资质	8. 冶炼工程施工总承包企业资质
3. 铁路工程施工总承包企业资质	9. 化工石油工程施工总承包企业资质
4. 港口与航道工程施工总承包企业资质	10. 市政公用工程施工总承包企业资质
5. 水利水电工程施工总承包企业资质	11. 通信工程施工总承包企业资质
6. 电力工程施工总承包企业资质	12. 机电安装工程施工总承包企业资质

专业承包企业资质类别划分	
1. 地基与基础工程专业承包企业资质	31. 铁路电气化工程专业承包企业资质
2. 土石方工程专业承包企业资质	32. 机场场道工程专业承包企业资质
3. 建筑装修装饰工程专业承包企业资质	33. 机场空管工程及航站楼弱电系统工程专业承包企业资质
4. 建筑幕墙工程专业承包企业资质	34. 机场目视助航工程专业承包企业资质
5. 预拌商品混凝土专业企业资质	35. 港口与海岸工程专业承包企业资质
6. 混凝土预制构件专业企业资质	36. 港口装卸设备安装工程专业承包企业资质
7. 园林古建筑工程专业承包企业资质	37. 航道工程专业承包企业资质
8. 钢结构工程专业承包企业资质	38. 通航建筑工程专业承包企业资质
9. 高耸构筑物工程专业承包企业资质	39. 通航设备安装工程专业承包企业资质
10. 电梯安装工程专业承包企业资质	40. 水上交通管制工程专业承包企业资质
11. 消防设施工程专业承包企业资质	41. 水工建筑物基础处理工程专业承包企业资质
12. 建筑防水工程专业承包企业资质	42. 水工金属结构制作与安装工程专业承包企业资质
13. 防腐保温工程专业承包企业资质	43. 水利水电机电设备安装工程专业承包企业资质
14. 附着升降脚手架专业承包企业资质	44. 河湖整治工程专业承包企业资质
15. 金属门窗工程专业承包企业资质	45. 堤防工程专业承包企业资质
16. 预应力工程专业承包企业资质	46. 水工大坝工程专业承包企业资质
17. 起重设备安装工程专业承包企业资质	47. 水工隧洞工程专业承包企业资质
18. 机电设备安装工程专业承包企业资质	48. 火电设备安装工程专业承包企业资质
19. 爆破与拆除工程专业承包企业资质	49. 送变电工程专业承包企业资质
20. 建筑智能化工程专业承包企业资质	50. 核工程专业承包企业资质
21. 环保工程专业承包企业资质	51. 炉窑工程专业承包企业资质
22. 电信工程专业承包企业资质	52. 冶炼机电设备安装工程专业承包企业资质
23. 电子工程专业承包企业资质	53. 化工石油设备管道安装工程专业承包企业资质
24. 桥梁工程专业承包企业资质	54. 管道工程专业承包企业资质
25. 隧道工程专业承包企业资质	55. 无损检测工程专业承包企业资质
26. 公路路面工程专业承包企业资质	56. 海洋石油工程专业承包企业资质
27. 公路路基工程专业承包企业资质	57. 城市轨道交通工程专业承包企业资质
28. 公路交通工程专业承包企业资质	58. 城市及道路照明工程专业承包企业资质
29. 铁路电务工程专业承包企业资质	59. 体育场地设施工程专业承包企业资质
30. 铁路铺轨架梁工程专业承包企业资质	60. 特种专业工程专业承包企业资质
劳务分包企业资质类别划分	
1. 木工作业分包企业资质	8. 脚手架作业分包企业资质
2. 砌筑作业分包企业资质	9. 模板作业分包企业资质
3. 抹灰作业分包企业资质	10. 焊接作业分包企业资质
4. 石制作分包企业资质	11. 水暖电安装作业分包企业资质
5. 油漆作业分包企业资质	12. 钣金作业分包企业资质
6. 钢筋作业分包企业资质	13. 架线作业分包企业资质
7. 混凝土作业分包企业资质	

取得施工总承包资质的企业（以下简称施工总承包企业），可以承接施工总承包工程。施工总承包企业可以对所承接的施工总承包工程内各专业工程全部自行施工，也可以将专业工程或劳务作业依法分包给具有相应资质的专业承包企业或劳务分包企业。

取得专业承包资质的企业（以下简称专业承包企业），可以承接施工总承包企业分包的专业工程和建设单位依法发包的专业工程。专业承包企业可以对所承接的专业工程全部自行施工，也可以将劳务作业依法分包给具有相应资质的劳务分包企业。

取得劳务分包资质的企业（以下简称劳务分包企业），可以承接施工总承包企业或专业承包企业分包的劳务作业。

建筑业企业资质等级标准和各类别等级资质企业承担工程的具体范围，由国务院建设主管部门会同国务院有关部门制定。具体等级标准、不同等级技术力量要求及从业条件等可查《关于印发〈施工总承包企业特级资质标准〉的通知》（建市［2007］72号）修订。

5.2 技术研发

5.2.1 研发目的与内容

工程机构可通过技术研发来提高自身的竞争力。有科研能力的结构工程师应根据企业发展需要积极参与技术研发工作。

以下几个方面的研究内容对于提高企业竞争力具有非常重要的作用：

1）结合重大设计项目关键技术的研发

2）设计产品技术标准研究

3）新的结构体系、构件及节点的研究

4）设计方法及分析算法的研究

5）专业知识的标准化研究，例如标准、规范的编制等

6）设计管理的相关研究

5.2.2 研发资金

专业研发资金的获取方式：

（1）国家级和省市级科研基金

该类基金属于国家拨款的科研投资，由专门的基金委员会进行管理，国家和地方每年都会根据发展规划对外公开发布相关的课题，例如2013年度国家社会科学基金项目课题中就有"我国城市空间结构优化研究"等课题需求，国家自然科学基金中的工程与材料科学部也有很多结构工程设计相关课题公布。

国家、地方的科研基金申请办法和程序根据主管部门略有不同，具体申请程序可通过网站查阅，国家社会科学基金详见网站 http://www.npopss-cn.gov.cn，国家自然科学基金网站的网址为 http://www.nsfc.gov.cn。其他各地方科学基金网站则不一一列举。

（2）企业自筹资金

当企业为提高专业核心能力或战略需要时，会筹措资金用于专项研发，目前我国高新科技企业的研发投入可达到年产值的3%～6%。这笔资金的使用和管理办法因企业而异，但对研发成果的管理方法没有原则性的不同，一般都会用于企业的生产和运作。

（3）投资方专项资金

随着近几年金融领域的融资和投资方式的多元化，开始有投资资金悄然流入知识型企业，有的通过对企业的股权收购，有的则直接买断预见的研发成果。其管理方式更多地关注投入和产出。这种资金的获取和研发成果的使用和权益多数以合同等书面的方式被定义。

以下主要列举了国家级重要科研基金项目，供读者参考：

国家级重要科研基金项目列表 表 5.2-1

科技申报名称	主管部门	申报范围/技术领域	支持方式	链 接
863 计划	中华人民共和国科学技术部	1. 前沿技术研究类。 2. 应用开发及集成示范类	以实际领域申报指南为准	http://program. most. gov. cn/htmledit/A29E2470-D034-CC30-303C-0C70345373CB. html
国家科技支撑计划	中华人民共和国科学技术部	1. 前沿技术研究类。 2. 应用开发及集成示范类	以实际领域申报指南为准	http://program. most. gov. cn/htmledit/A29E2470-D034-CC30-303C-0C70345373CB. html
国家重点基础研究发展计划（973计划）	中华人民共和国科学技术部	农业科学领域、能源科学领域、信息科学领域、资源环境科学领域、健康科学领域、材料科学领域、制造与工程科学领域、综合交叉科学领域、重大科学前沿领域	申报项目应根据实际需要做出经费概算，分为三类：A类为5000万元以上，B类为3500万元左右，C类为1500万元左右	http://program. most. gov. cn/htmledit/121ECDEC-D5C2-726E-8305-3095051A64F8. html
重大科学研究计划	中华人民共和国科学技术部	纳米研究、量子调控研究、蛋白质研究、发育与生殖研究、干细胞研究、全球变化研究	申报项目应根据实际需要做出经费概算，分为三类：A类为5000万元以上，B类为3500万元左右，C类为1500万元左右	http://program. most. gov. cn/htmledit/121ECDEC-D5C2-726E-8305-3095051A64F8. html
国家火炬计划	中华人民共和国科学技术部	面上项目分为产业化环境建设、产业化示范两个方向；重大项目分为创新型产业集群和科技服务体系两个方向	重大项目中创新型产业集群项目。国拨经费原则上不超过1000万元，子项目的国拨经费原则上不超过300万元；科技服务体系项目。国拨经费原则上不超过1000万元，子项目的国拨经费原则上不超过200万元。 面上项目中产业化环境建设项目。择优给予国拨经费支持，省级科技部门和承担单位主管部门给予经费匹配。产业化示范项目。以示范、引导为重点，科技部将与地方科技行政管理部门合作，提供市场推广、培训、国际化、信息化、宣传等服务	http://program. most. gov. cn/htmledit/8E193BBD-3781-0FA9-F273-AA29C583BD44. html
国家重点新产品计划	中华人民共和国科学技术部	战略性创新产品、重点新产品		http://program. most. gov. cn/htmledit/8E193BBD-3781-0FA9-F273-AA29C583BD44. html
国家软科学研究计划	中华人民共和国科学技术部	重大项目、面上项目、出版项目		http://program. most. gov. cn/htmledit/8E193BBD-3781-0FA9-F273-AA29C583BD44. html
科技惠民计划	中华人民共和国科学技术部	人口健康领域、生态环境领域、公共安全领域		http://program. most. gov. cn/htmledit/8E193BBD-3781-0FA9-F273-AA29C583BD44. html
国际科技合作专项	中华人民共和国科学技术部	参照具体专项合作通知	参照具体专项合作通知	http://program. most. gov. cn/

续表

科技申报名称	主管部门	申报范围/技术领域	支持方式	链　接
农业科技成果转化资金	中华人民共和国科学技术部	项目分为一般项目、重点项目和重大项目	一般项目、重点项目的支持额度分别为 60 万元、100 万元；重大项目的支持额度一般为 300 万元，对于从重大项目中优选出的 1~2 个特别重大项目予以特别支持	http://program. most. gov. cn/htmledit/5D9FA7DD-9489-5DB7-EB52-C9DA65B42F2F. html
科技基础性工作专项	中华人民共和国科学技术部	申报方向：科学考察与调查、科技资料整编与科学典籍志书图集编研、标准物质与科学规范研制		http://program. most. gov. cn/htmledit/9AAD263D-9083-702E-8103-4A7359F4E064. html
2012 年中欧中小企业节能减排科研合作资金	中华人民共和国科学技术部	支持类型：研发项目和交流项目两类	中欧节能资金采取无偿资助方式。研发项目按不超过项目投资额 40%的比例给予资助，每个项目课题最高资助额不超过 300 万元。交流项目按照不超过实际发生的国际差旅费（仅包括国际交通费、会议费）50%的比例给予资助，每个中小企业最高资助额不超过 30 万元	http://program. most. gov. cn/htmledit/CF7299B4-E143-58F7-4C0F-08AF095A5243. html
科学技术计划	中华人民共和国住房和城乡建设部	科技项目包括软科学研究、科研开发、科技示范工程和国际科技合作等	科技项目所需的研究和示范经费以自筹为主	http://www. gov. cn/gzdt/2010-01/27/content_1521005. htm
国家自然科学基金	国务院自然科学基金管理机构	自然科学基金按照资助类别可分为面上项目、重点项目、重大项目、重大研究计划、国家杰出青年科学基金、海外、港澳青年学者合作研究基金、创新研究群体科学基金、国家基础科学人才培养基金、专项项目、联合资助基金项目以及国际（地区）合作与交流项目等		http://www. nsfc. gov. cn/Portal0/default152. htm

5.2.3　研发流程

科研课题研发流程可分为以下几个阶段：

1. 立项分析：包括科研项目需求分析、人力、财力的投入评估和预算，以及科研成果的价值分析都需要在立项申请前完成，要遵循科学的决策和判断，重视投入产出的合理性和效率。

2. 立项申请：可按照资金来源也就是投资主体的规则进行申请，各公司的研发申请流程会有所不同，此处不一一详述；向国家或地方科研基金项目提出的申请可根据表 5.2-1 的链接点击查询具体的申请方式和办法。立项申请时需制定科研计划、研究成果及评价方法。

3. 科研项目实施：包括落实科研进度、人员、资金使用计划，完成阶段性科研成果，具体工作包括调研、试验、计算和分析、校核等。运用项目管理知识对科研项目的实施进行控制是现代科技研发成功的基本保障。

4. 科研成果评价：科研成果的评价是项目组审视科研价值的一个重要阶段，市级以上的科研项目一般需要经过组织相应级别的专家评审组进行评议后方可提交科研成果。对科研成果的评价是科研成果转化和下阶段成果应用的重要依据。

5. 科研成果利用：科研成果的利用是所有科研课题项目的归属，对于成果利用有多种方式，可以是企业内部按立项需求进行投产使用，提高或改善工作方法或效率；也可以通过商业行为转让给市场，获取商业价值。

第6章 法规体系

6.1 建设工程法规简述

社会作为自然人的集合，必然需要在独立的个体之间设定一定的社会关系和行为规则，在共同遵守的前提下获得群体利益和个体利益的均衡化及最大化。个体之间的社会关系和行为规则可以简单地分为两种：

(1) 所有个体在特定行为中必须遵循的规则、规范，从古代的禁忌、习惯、风俗、道德、宗教到现代的法律等。其中，法律是由立法机关制定、国家政权保证强制执行的行为规则，是刑罚的基础和近代刑法的基石。一般分为宪法、法律、行政法规等层次，由不同的立法机关制定并在不同范围内执行。与法则相对的规范、规则，则是在一定时期、一定领域的标准化的思考和行为模式，可以是明文规定的或约定俗成的标准，如职业规范、行业惯例、技术标准等。工程设计服务中的规范、标准、技术措施等都是为了保障建筑物的安全防灾、生活健康、社会和谐、节约资源等公共目的而约定的，可以由执行机关、行业协会、企业等强制或自愿（根据约定）执行。

(2) 双方或多方个体之间自愿、自由选择并约定的行为规则，双方或多方为各自的权利和义务而订立并各自遵守，在双方或多方合意、约定后具有一定的强制性，如游戏规则、运动竞技规则、合同等。根据我国合同法的规定，合同是平等主体的自然人、法人、其他组织之间设立、变更、终止民事权利义务关系的协议。合同的执行必须符合上述强制性规则的约定，但同时也体现了现代契约社会的平等、自由的原则，是近代民法的基础。工程设计服务中的合同及其约定的条文，技术标准等，均是在法律法规及各规范的基础上双方或多方自愿选择、合意的结果。建设工程的合同中约定的工作关系分为雇佣、委托、承包三种，一般工程设计、咨询服务为委托合同，施工、安装服务为承包合同。

古代社会的大规模建设一般由国家或贵族阶层来实施，建筑物也多为神灵、国家、族群、贵族的纪念物和活动空间，业主与建筑师之间的建造是在国家强制力或地缘、族群的熟人社会的保障中进行的。近代西欧市民社会的兴起，使得古代的身份等级制度、熟识的社会结构让位于平等、自由、匿名的契约社会结构，市民之间的行为规则是在平等、自由、匿名下的合同关系。合同签署的自由、合同对象的选择自由、合同方式的自由、合同内容的自由所代表的"合同自由原则"成为近代社会的基础。

从"身份"到"契约"的转换中解放了平民的身份和属地、族群束缚；但同时，在规则统一下的瞬间、匿名信任关系也带来了贸易通商中非特定人群之间交往的临时性和功利性以及社会诚信的丧失。由于信息的不对称和利润的追逐，导致的结果就是经济学上的"劣币逐良币现象"。特别在建设工程行业，以英国为代表的西欧诸国，17世纪开始迅猛的产业化和城市化导致了城市人口的急速膨胀，建筑产业的重心从豪华的宫殿、教堂、府邸和别墅转向了高密度、大规模的城市住宅。如何最高密度地搭建安身的工人住宅，出租房屋成为有利可图的投资，也使得建筑的经济性成为建筑学的一个要素。这直接导致了大城市无规则的建设、恶劣的居住环境和悲惨的生活状况，也造就了城市瘟疫和火灾的温床。

从19世纪开始，英、美等国的工业城市在大规模的传染病和火灾的侵袭下，不得不动用国家强制力保护公共利益和平衡建筑生产中的各方利益：1832年，英国通过了霍乱法，防止城市传染病的传播；1843年，英国通过了工厂法案，规定10年内将工人的工作时间限制在每日10时以内；1848年，英国通过了公共卫生法，以对抗城市瘟疫（同年，马克思发表了《共产主义宣言》）；1859年，英国伦敦开始了下水道建设，1875年建成了133公里的排污下水道，成为其他工业城市仿效的榜样；1851年，英国制定了一般租住宅法，对于住宅的最低品质进行了强制限定；1848年，以法国为代表的欧洲大革命爆发，法国于1850年通过健康法，随后豪斯曼开展了巴黎城市规划和改造运动，并成为后来全世界城市的一个范例。由此，形成了"自由资本主义（liberale）"向"后资本主义（past-liberale）"的过渡，通过国家管理机构对各个阶层（主要是强势阶层）的绝对自由加以部分限制，以法律和规范等国家强制性干预因素限制合同的自由，以牺牲部分人自由换取社会和谐、各阶层共同生存发展和更加公平的自由。

建筑物作为城市的细胞，其巨大的规模和投资、建造的隐蔽性和不可逆性、一次性定制生产的风险、建造各方的目的不同于道德信任关系、规模与组织的庞杂性与协作性等，都须要通过国家、行业的强制力保证和约束，通过一系列的法令、规范、技术标准等来保证城市和建筑物的安全、健康、适用、经济。这种限制与自由的平衡构筑了近代乃至今天城市组织和建筑生产的基本准则：

（1）国家和私人管理的土地统一，行政管理机构仅支配很少的土地提供最基本的公共服务设施，如道路、市政设施等，其他土地均由占有者自由支配，公共建筑和私人建筑一样都需要通过市场购得土地占用权或使用权。

（2）公共区域与私人领域的边界就是街道，街道形成了城市的基本结构，同时也是交通、阳光、空气的通道。行政管理机构通过城市规划来构筑基本的城市网格结构并提供相应的公共设施。

（3）行政管理机构通过城市和建筑的相关法规来对土地使用、邻里关系、建筑规模等产生有限的、间接的影响，每块土地的使用方式最终由其占有者自由决定。

（4）近代的职业结构工程师同职业建筑师一样，也作为执行政府强制性要求的执行人和监督人、保证业主权益的设计和全程监控的代理人、平衡业主与建造施工方利益的中间人和技术专家，登上了历史的舞台。直到今天，建设工程行业的建筑物产品作为人类活动的空间环境，同样需要在国家强制性的法规和行政许可的程序下进行，以确保社会资产的低风险和高品质。法律、规范与规程也是建筑师和设计事务所界定设计"常识"和"经验"、"惯例"的有力工具，也是规避设计风险的重要手段。

6.2 我国相关建设工程法规

"法规"通常指宪法、法律、法令和国家机关制定的一切规范性文件的总称。因此，除最高院司法解释外，"宪法、法律、行政法规、地方性法规、行政规章"可以统称为法规。

从法律效力的高低出发，法规可以分为：

（1）宪法——规定了国家的根本制度和根本任务，是国家的根本法，具有最高的法律效力。

（2）法律——全国人大及其常委会制定的规范性文件。法律分为基本法律和一般法律。由全国人民代表大会制定和修改的、规定和调整某一方面基本性和全面性的社会关系的法律是基本法，如《民法通则》、《合同法》、《刑法》、《民事诉讼法》；由全国人民代表大会常务委员会制定或修改的、规定和调整其他社会生活某一方面的法律是一般法律，如《建筑法》、《招标投标法》、《仲裁法》。

（3）行政法规——国家最高行政机关即国务院所制定的规范性文件，其法律地位和效力仅次于宪法和法律。如《建设工程勘察设计管理条例》、《建设工程质量管理条例》。[35]

（4）地方性法规——省、自治区、直辖市以及省级人民政府所在地的市和经国务院批准的较大的市的人民代表大会及其常委会，根据本行政区域的具体情况和实际需要，依法制定的规范性文件；经济特区所在地的省、市人民代表大会及其常务委员会根据全国人民代表大会的授权决定，制定的规范性文件。地方性法规的效力高于本级地方政府规章。如北京市人民代表大会常务委员会制定、发布的《北京市招标投标条例》，深圳市人民代表大会常务委员会制定、发布的《深圳经济特区建筑节能条例》。

（5）行政规章——国务院各部委、省、自治区、直辖市和省自治区的人民政府所在地的市和经国务院批准的较大的市的人民政府根据法律和国务院的行政法规制定、发布的规章。行政规章包括两大类，即部门规章和地方政府规章。如住房和城乡建设部制定、发布的《建筑业企业资质管理规定》，上海市人民政府制定、发布的《上海市建设工程监理管理办法》。

此外，最高人民法院、最高人民检察院根据法律赋予的职权，在实施法律过程中，对如何具体应用法律问题所作出的具有普遍司法效力的解释，称为司法解释。

我国建设行业各领域主要的工程法规见表6.2-1。

我国建设工程法规
表6.2-1

类　别	法　规
一般规定	1. 中华人民共和国合同法 2. 中华人民共和国建筑法 3. 建设工程质量管理条例 4. 最高人民法院关于审理建设工程施工合同纠纷案件适用法律问题的解释 5. 最高人民法院关于建设工程价款优先受偿权问题的批复
建设许可	一、建设工程施工许可 1. 建设工程施工许可管理办法 二、从业资格 1. 建筑业企业资质管理规定 2. 建设工程勘察设计资质管理规定 3. 工程监理企业资质管理规定 4. 外商投资建筑业企业管理规定 5.《外商投资建筑业企业管理规定》的补充规定

类　　别	法　　规
建设许可	6. 外商投资建设工程设计企业管理规定 7.《外商投资建设工程设计企业管理规定》的补充规定 8. 防雷工程专业资质管理办法 9. 公路水运工程监理企业资质管理规定 10. 工程咨询单位资格认定办法 11. 对外承包工程资格管理办法 三、执业资格 1. 中华人民共和国注册建筑师条例 2. 中华人民共和国注册建筑师条例实施细则 3. 注册建造师管理规定 4. 注册监理工程师管理规定 5. 注册造价工程师管理办法 6. 造价工程师执业资格制度暂行规定 7. 注册结构工程师执业资格制度暂行规定 8. 勘察设计注册工程师管理规定
建设工程发包与 承包	一、招标与投标 1. 中华人民共和国招标投标法 2. 工程建设项目招标范围和规模标准规定 3. 对外承包工程管理条例 4. 招标公告发布暂行办法 5. 工程建设项目自行招标试行办法 6. 工程建设项目招标代理机构资格认定办法 7. 工程建设项目施工招标投标办法 8. 工程建设项目勘察设计招标投标办法 9. 建筑工程设计招标投标管理办法 10. 建筑工程方案设计招标投标管理办法 11. 房屋建筑和市政基础设施工程施工招标投标管理办法 12. 公路工程施工招标投标管理办法 13. 公路工程勘察设计招标投标管理办法 14. 公路工程施工监理招标投标管理办法 15. 水利工程建设项目招标投标管理规定 16. 国家重大建设项目招标投标监督暂行办法 17. 工程建设项目货物招标投标办法 18. 经营性公路建设项目投资人招标投标管理规定 19. 对外承包工程项目投标（议标）管理办法 20. 工程建设项目招标投标活动投诉处理办法 二、发包、承包、分包 1. 建设工程施工发包与承包价格管理暂行规定 2. 建筑工程施工发包与承包计价管理办法 3. 建设工程价款结算暂行办法 4. 房屋建筑和市政基础设施工程施工分包管理办法 5. 工程造价咨询企业管理办法
监理	1. 工程建设监理规定 2. 建设工程监理范围和规模标准规定
建设安全生产 管理	一、施工安全生产管理 1. 中华人民共和国安全生产法 2. 安全生产许可证条例 3. 建设工程安全生产管理条例 4. 建筑业企业职工安全培训教育暂行规定 5. 建筑施工企业安全生产许可证管理规定 6. 安全生产行业标准管理规定 7. 建筑施工企业安全生产管理机构设置及专职安全生产管理人员配备办法 8. 建筑施工企业安全生产许可证动态监管暂行办法

续表

类 别	法 规
建设安全生产管理	9. 危险性较大的分部分项工程安全管理办法 10. 建设项目安全设施"三同时"监督管理暂行办法 11. 建筑施工企业负责人及项目负责人施工现场带班暂行办法 12. 施工现场安全防护用具及机械设备使用监督管理规定 13. 建筑施工特种作业人员管理规定 二、环境保护和抗灾设防 1. 中华人民共和国环境保护法 2. 中华人民共和国环境影响评价法 3. 中华人民共和国防震减灾法（节录） 4. 建设项目环境保护管理条例 5. 民用建筑节能条例 6. 城市建筑垃圾管理规定 7. 建设项目环境影响评价资质管理办法 8. 房屋建筑工程抗震设防管理规定 9. 市政公用设施抗灾设防管理规定
建设工程质量管理	一、建设工程标准化管理 1. 中华人民共和国标准化法 2. 中华人民共和国标准化法实施条例 3. 工程建设国家标准管理办法 4. 工程建设标准设计管理规定 5. 实施工程建设强制性标准监督规定 6. 工程建设工法管理办法 7. 建设领域推广应用新技术管理规定 8. 城市地下管线工程档案管理办法 9. 工程建设标准复审管理办法 二、建设工程质量管理 1. 建设工程勘察设计管理条例 2. 工程勘察设计单位登记管理暂行办法 3. 私营设计事务所试点办法 4. 工程勘察设计单位年检管理办法 5. 工程勘察设计收费管理规定 6. 房屋建筑和市政基础设施工程施工图设计文件审查管理办法 7. 铁路建设工程勘察设计管理办法 8. 建设工程勘察质量管理办法 9. 建筑工程施工图设计文件审查暂行办法 10. 超限高层建筑工程抗震设防管理规定 11. 建设工程质量保证金管理暂行办法 12. 建设工程质量检测管理办法 13. 建设部关于提高住宅工程质量的规定 14. 房屋建筑和市政基础设施工程质量监督管理规定 三、工程验收、保修 1. 城市住宅小区竣工综合验收管理办法 2. 水电工程验收管理暂行规定 3. 水利工程建设项目验收管理规定 4. 航道工程竣工验收管理办法 5. 房屋建筑和市政基础设施工程竣工验收备案管理办法 6. 房屋建筑工程和市政基础设施工程竣工验收暂行规定 7. 建设项目竣工环境保护验收管理办法 8. 物业承接查验办法 9. 防雷装置设计审核和竣工验收规定 10. 关于对外承包工程质量安全问题处理的有关规定 11. 房屋建筑工程质量保修办法 12. 建设工程质量投诉处理暂行规定

类　别	法　规
法律责任	1. 建设行政处罚程序暂行规定 2. 国家重大建设项目稽查办法 3. 建设领域违法违规行为举报管理办法 4. 违反规定插手干预工程建设领域行为处分规定 5. 房屋市政工程生产安全和质量事故查处督办暂行办法 6. 建筑市场诚信行为信息管理办法

注：类别中的法规按法律效力高低排序。

6.3 标准与技术法规

6.3.1 概述

标准是对重复性事物和概念所做的统一规定。它以科学、技术和实践经验的综合成果为基础，经有关方面协商一致，由主管机构批准，以特定形式发布，作为共同遵守的准则和依据。技术标准是指重复性的技术事项在一定范围内的统一规定，是标准中与技术相关的部分。但一般的专业技术中的标准往往不仅限于技术方面。

标准的定义包含以下几个方面：

（1）标准的本质属性是一种统一规定，是有关各方共同遵守的准则和依据。根据《中华人民共和国标准化法》现定，我国标准分为强制性标准和推荐性标准两类。强制性标准必须严格执行，做到全国统一。推荐性标准国家鼓励企业自愿采用，但推荐性标准如经协商，并计入经济合同或企业向用户作出明示担保，有关各方则必须遵守，做到统一。

（2）标准制定的对象是重复性事物和概念。重复性是指同一事物或概念反复多次出现的性质。例如批量生产的产品在生产过程中的重复投入，重复加工，重复检验等；同一类技术管理活动中出现同一概念的术语、符号、代号等被反复利用等。只有当事物或概念具有重复出现的特性并处于相对稳定时才有制定标准的必要，使标准作为今后实践的依据，以最大限度地减少不必要的重复劳动，又能扩大标准的重复利用范围。

（3）标准产生的基础是科学、技术和实践经验的综合成果。标准既是科学技术成果，又是实践经验的总结，并且这些成果和经验都是在经过分析、比较、综合和验证的基础上加以规范化，只有这样制定出来的标准才能具有科学性。

（4）制定标准过程要经有关方面协商一致，一般按照"三稿定标"的方式进行，即征求意见稿——送审稿——报批稿，以保证制定出来的标准具有权威性、科学性和适用性。

（5）标准必须由主管机构批准，以特定形式发布。标准文件有其自己的一套特定格式和制定颁布的程序，同时标准的编写、印刷、幅面格式和编号、发布也要求统一，这样既可保证标准的质量，又便于资料管理，体现了标准文件的严肃性。

标准的制定和类型按使用范围划分有国家标准（由国务院标准化行政主管部门制定）、行业标准（由国务院有关行政主管部门制定）、地方标准、企业标准；按内容划分有基础标准（包括名词术语、符号、代号等）、产品标准、原材料标准、方法标准（包括工艺要求、过程、工艺说明等）；按成熟程度划分有法定标准、推荐标准、试行标准、标准草案等，按照功能分类有通则、防灾、节能等标准；按照建筑类型及建筑产品划分有规划、住宅、办公、商业、教育、医疗、设备站房等标准。

按照国际贸易组织（WTO）的《贸易技术壁垒协议》，为了防止以不符合本国的技术要求为理由阻止外国产品或服务进入本国市场，特别规定了"技术法规——标准——合格评定程序"的制度：

"技术法规"是强制执行的规定产品特性或相应加工和生产方法的，包括可适用的行政（管理）规定在内的文件。它也可以包括或专门给出适用产品、加工或生产方法的术语、符号、包装、标志或标签要求方面的内容。

"标准"则是被公认机构批准的，非强制性的，为了通用或反复使用的目的，为产品或其加工和生产方法提供规则、导则或特性的文件。标准可以包括专门给出适用于产品、加工或生产方法的术语符号、包装、标志、标签要求方面的内容。

由此可见，技术法规是强制性执行的，标准则是自愿采用的。

为此，还必须有"合格评定程序"——指直接或间接用来确定是否满足技术法规或标准相应规定的程序，包括：①抽样、测试和检验，是对具体产品的检验过程；②评估、验证和合格保证，是对具体的措施乃至整个质量保证体系进行评价，包括目前广泛推行的ISO9000 体系认证等；③注册、认可和批准以及它们的综合，包括企业和专业人员的注册、质量体系和实验室的认证、质量认可和市场准入的批准等。

协议还要求每一个成员应确保设立一个咨询点，提供有关技术规章、标准和合格评定程序的资料，回答其他成员的一切合理询问。多个成员间还可通过成立工作小组和咨询小组等机构促进技术标准的制定和实施工作，并给予技术援助。

我国于 2001 年 12 月 11 日加入 WTO 之后，技术法规逐步实现了与 WTO 的《贸易技术壁垒协议》（WTO/TBT Agreement on Technical Barriers to Trade）技术法规体系的接轨，逐步完善了建筑法规制度，规范了政府行为。我国建筑领域的建筑法规、标准繁多，政府部分解释随意，与国际通行的行政许可制度不符。2000 年建设部发布的《工程建设标准强制性条文》，主要目的是保障使用的人身和财产安全、健康、环境保护等公共利益，从性质和作用上讲，它相当于 WTO 要求的"技术法规"，并通过施工图审查和竣工验收等环节确保其贯彻执行。

我国制定的建筑行业的强制性标准的主要目的是：

（1）保障公共利益，平衡各方权益，维系建筑物的最低性能品质。

（2）保障使用的人身和财产安全、健康、环境保护。

（3）树立可以依据的评判标准和技术语言，理清相关各方的技术责任。

6.3.2 标准的分级与编号

1. 按照标准的属性，我国的技术标准分为强制性标准和非强制性标准两类。

（1）强制性标准——凡保障人体健康、人身、财产安全、环保和公共利益内容的标准和法律、行政法规规定强制执行的标准，均属于强制性标准，发布后必须强制执行。

（2）非强制性标准——强制标准以外的标准，均属于非强制性标准（也称推荐性标准）。自发布后自愿采用。

在标准的实施上，我国目前实行的是强制性标准和推荐性标准相结合的标准体系，其中强制性标准具有法律属性，在规定的范围内必须执行；推荐性标准具有技术权威性，经合同或行政性文件确认采用后，在确认的范围内也具有法律属性。

2. 标准的用词程度必须便于在执行时区别对待，对要求的严格程度有着不同的用词：

（1）表示很严格，非这样做不可的用词：正面词采用"必须"，反面词"严禁"；

（2）表示严格，在正常情况下均应这样做的用词：正面词采用"应"，反面词采用"不应"或"不得"；

（3）表示允许稍有选择，在条件许可时首先应这样做的用词：正面词采用"宜"，反面词采用"不宜"

（4）表示有选择，在一定条件下可以这样做的，采用"可"。

我国标准的编号由标准代号、标准发布顺序和标准发布年号三部分构成（当标准只做局部修改时，在标准编号后加 xxxx 年版）。

3. 我国的技术标准一般分为四级：

国家标准——等级最高，执行范围最大，违法惩罚最严重，但对技术要求一般情况属最低限的。

行业标准——等级次于国家标准，执行范围是区域性的。其制定原则是必须符合国家标准，因此一般情况下会比国家标准更详细、要求更高。

地方标准——等级次于国家标准，执行范围是区域性的。其制定原则是必须符合国家标准，因此一般情况下会比国家标准更详细、要求更高。执行时通常情况是以地方标准为主，但同时还应符合国家标准。

企业标准——仅在在企业内部执行，其他企业可以借鉴。不一定要照章执行，其制定原则必须符合国家、地方、行业标准，较好的企业对自己的标准技术要求十分严格。

（1）国家标准

国家标准是由国家标准化和工程建设标准化主管部门联合发布，在全国范围内实施。目前强制性标准代号为 GB，推荐性标准代号为 GB/T，发布顺序号大于 5000 者为建设工程标准，小于 5000 者为工业产品等级标准。国家标准的其他编号还有：JJF 为国家计量技术规范，GHZB 为国家环境质量标准，GBJ 为工程建设国家标准，GJB 为国家军用标准，等等。

建筑结构设计中常用的国家标准有：《建筑结构可靠度设计统一标准》GB 50068—2001，《建筑结构荷载规范》GB 50009—2012，《混凝土结构设计规范》GB 50010—2010，等等。

（2）行业标准

行业标准是由国家行业标准化主管部门发布，在全国某一行业内实施。

行业标准的代号随行业的不同而不同。建筑行业的强制性标准采用 JG，推荐性标准采用 JG/T，建筑行业的工程建设标准是在行业代号后加字母 J，代号为 JGJ。城市建设行业工程建设标准代号为 CJJ。其他行业标准的标号有：CJ 城建行业标准，CECS 工程建设推荐性标准，CH 测绘行业标准，SB 商业行业标准，LB 旅游行业标准，JY 教育行业标准，JT 交通行业标准，等等。

建筑结构设计中常用的行业标准有：《高层建筑混凝土结构技术规程》JGJ 3—2010，《多孔砖砌体结构技术规范》JGJ 137—2001，《空间网格结构技术规程》JGJ 7—2010，等等。

（3）地方标准

地方标准是由省、自治区、直辖市等地方标准化主管部门发布、在某一地区内实施的标准。

地方标准的代号随发布标准的省、市、自治区的不同而不相同。强制性标准代号采用"DB＋地区行政区划代码的前两位"，推荐性标准代号在其后加斜线和字母 T。例如，国内地区行政区划代码（地方标准代码）为：北京市 110000，天津市 120000，河北省 130000，辽宁省 210000，上海市 310000，等等。

建筑结构设计中的地方标准有：《上海市基坑工程设计规程》DBJ 08—61—97，《四川省建筑抗震鉴定与加固技术规程》DB 51—2008，等等。

（4）协会标准

协会标准是由结构工程及其相关专业的协会所发布的标准，这些协会一般由企事业单位自愿组成，在会员单位和政府部门之间发挥桥梁纽带作用，由这些协会所发布的标准在我国结构设计中有着大量的应用。

我国结构工程的协会标准一般由中国工程建设协会发布，中国工程建设协会下设有建材、装饰装修、水景喷泉、管道、工程机械、风动工具等 16 个专业委员会，其发布的标准主要包括《混凝土结构耐久性设计与施工指南》CECS 01—2004，《矩形钢管混凝土结构技术规程》CECS 159：2004 等等。

（5）企业标准

企业标准是由企业自身的标准化主管部门发布，在某企业内部实施。

6.3.3 工程结构设计中的标准

建设工程行业中标准的表现形式主要有以下几种形式[36]：

（1）标准——基础性、方法性的技术要求；

（2）规范——通用性、综合性的技术要求；

（3）规程——专用性、操作性的技术要求；

（4）技术措施，标准设计图——内容为技术性的设计方法、指标、通用性的设计文件，其主要目的是使设计人员更好地执行标准、规范，保证建筑工程的设计质量，提高设计效率。

根据上述 WTO 的协议，强制性的技术标准相当于技术法规，而推荐性的标准则相当于自愿性的标准。

建筑设计服务中常用的标准按照其适用的范围可以大体分为基础标准、通用标准、产品（类型）标准、方法（工艺）标准。

6.3.4 设计标准图集及其引用

由于建筑物的地域性和多样性，即使同一功能类型、统一尺度规模、同一地域的建筑物也因业主需求、用地条件等无法完全相同，使得建筑生产和建筑设计服务无法实现大规模重复化生产（大工业生产），也无法通过标准化实现高效率和高品质。为此，许多国家和地区都曾设想通过建筑的工业化方式来提高建筑生产的效率，特别是在建设量巨大、重复率高、使用需求大的居住和社会服务建筑（如住宅、学校、商店等）的建设中。具体方法是通过采用几种普适的通用型设计图纸，实现建筑主体空间到构造细部设计的标准化（辅以根据用地确定不同的基础设计），然后通过标准件的大规模订货，实现建材和部品生产的工厂化，最后在施工现场大量减少人工湿作业，采用标准部件的机械化装配，实现施工的机械化和装配化，达到提高生产效率、提高速度和品质、节约材料和能源的目的。

因此，目前建筑标准设计主要不在于定制化、个性化的主体外形和功能空间，而是集中在通用的构造节点和标准部件的设计上，主要是提供专业的技术标准，以保证工程质量，提高设计速度，明确工程责任。其主要作用是：

（1）保证工程质量——标准设计图集是由技术水平较高的单位编制，并经有关专家审查，报请政府部门批准实施的，因而具有一定的权威性，从而保证了工程质量。

（2）提高设计速度——通过对于通用做法的引用，可以简化设计人员工作量。

（3）促进行业技术进步——对于不断发展的新技术和新产品，政府或标准设计机构会组织有关生产、科研、设计、施工等各方面，经过论证后编制出标准设计图集，对于新技术向生产转化起到积极的作用。

（4）处理合同纠纷的依据——标准设计作为当地、当时的行业认可的技术惯例和常识，代表了当时的技术、经济、认知水平，是建筑师和设计企业的基础技术平台、性能和品质保障的基本要求。

目前我国的工程设计服务中的标准设计图集是指国家和行业、地方、企业对于工程材料与制品、建筑物、工程设施和装置等编制的通用设计文件。标准设计图集的目的是保证设计品质的最低要求和建筑的基本适用性，并为合同纠纷等提供技术惯例的责任依据，是每个设计企业和设计师创新和个性化设计的基本平台。常用的标准设计图集分为国家标准设计图集、地区标准设计图集、地方标准设计图集、企业标准设计图集等，如表 6.3-1 所示。

标准设计图集的分类和使用范围　　　　　　　　表 6.3-1

分　类	主管部门	编制单位	使用范围	举　例
国家标准设计图集	住房和城乡建设部	中国建筑标准设计研究院	全国范围内使用	混凝土结构施工图平面整体表示方法制图规则和构造详图（现浇混凝土框架、剪力墙、框架-剪力墙、框支剪力墙结构）
地区标准设计图集	地区标准化办公室	地区建筑标准化办公室	在指定的地区内使用（根据气候条件和地域的划分）	中南地区建筑标准设计图集
地方标准设计图集	地方建筑主管部门	各省、市的建筑设计标准化办公室	在指定的地区内使用，其他地区参照使用	村镇住房构造图集（苏 CS04-2006）
设计咨询企业、设备厂商、地产开发商等企业标准设计图集	设计研发和技术部门	各设计企业的质量管理和研发部门	在本企业的设计咨询项目内使用，或依照合同约定的范围。应高于相应的地方和国家标准，显示企业的技术实力和经验积累，为业主提供优质的、定制化（分级的）的服务。	

6.4　我国结构设计标准规范体系

6.4.1　概述

6.4.1.1　国内外结构技术标准概况

工程结构技术标准的发展，主要取决于新型的材料、产品、结构形式、施工工艺以及使用观念的发展与变化。技术标准以约定的政策来推动新技术的应用，以保证建筑结构达到安全、经济、合理、先进的目的。

我国从 20 世纪 50 年代起开始大规模的经济建设，当时为满足工程建设需要，直接采用了前苏联标准。为反映国情，60 年代建筑工程部制订了《关于建筑结构问题的规定》等有关文件作为补充，并发布了我国第一本《钢筋混凝土结构设计规范》GBJ 21—66。20 世纪 60 年代中期，开始考虑制订我国自己的建筑结构标准。为此展开了关于建筑结构安全度问题的学术讨论，并着手组织编制各类结构设计规范和施工验收规范。后由于文化大革命而中断了标准的制定。

20 世纪 70 年代初，国家建委组织钢（含薄钢）结构、混凝土结构、砖石结构、木结构及荷载、抗震等有关设计规范的制订。这批标准于 20 世纪 70 年代中、后期相继颁布，初步反映了我国的建设经验，是我国首批较为配套的规范。由于受到前苏联规范的影响以及国内科学试验研究不够等原因，这批规范较多地带上了前苏联规范的烙印。当时标准管理部门已认识到：制订适用于我国的规范，必须全面总结我国工程实践的正、反面经验，开展标准需要的科学研究。为此，在 20 世纪 70 年代后期，围绕修订各类规范所需的课题项目，开展了必要的试验研究和工程调查；同时，开始学习、消化先进国家的标准规范。

基于 20 世纪 70 年代后期开展的结构可靠度的研究和学术讨论，在国内工程界逐步取得共识的基础上，制订了国家标准《建筑结构设计统一标准》GBJ 68—84。该标准提出了以概率理论为基础的结构极限状态设计原则，对结构上的作用（荷载）、材料性能和几何参数等代表值的确定、结构构件设计表达式以及材料、构件的质量控制等做出了规定。该标准的公布表明，我国规范从设计思想上已跻身于世界先进标准的行列。国家计委在批准该标准的通知中指出：该标准是制订或修订有关建筑结构标准、规范必须共同遵守的准则；其他工程结构标准、规范也应尽量符合该标准所规定的有关原则。此外，为与国际接轨，参考 ISO 标准，制订了国家标准《建筑结构设计通用符号、计量单位和基本术语》GBJ 83—85 和《建筑结构制图标准》GBJ 105—87 等。

在上述专业基础标准的基础上，相配套的各类结构设计的国家标准相继在 20 世纪 80 年代末和 20 世纪 90 年代初修订完成。这一代设计规范作为专业的通用标准，比 20 世纪 70 年代的规范有了较大的改进。标准的内容充分反映了新中国成立以来的科学研究成果和工程实践经验，同时也吸取了先进国家规范的合理规定，逐步开始了与国际接轨。

由于存在时间差或具体执行的需要，作为专业通用标准的国家标准不能及时反映或具体概括各类材料、工艺、结构形式等的发展或变化，因此具体制订下属的具有特色性或补充性内容的行业标准（专用标准或技术规程）就成为必然。这类专用标准相当多的是以材料特性、结构类型和结构构件设计方法为先导，同时包括了施工工艺和施工质量的要求。这类标准既继承了国家标准的规定；同时也根据自身特点作了更具体的规定，有些甚至调整或修改了国家通用标准的有关规定。这类专用标准或规程，有些确能起到补充国家通用标准的作用；有些则因沟通、协调不够而引起矛盾。凡是标准规定不协调，就会对设计、施工的执行引起误导。因此标准之间的协调和衔接就十分重要。当行业专用标准的内容被下一轮修订的国家通用标准吸纳的情况下，该行业专用标准就应相应地终止执行；行业专用标准对国家通用标准的规定作实质性修改，也必须得到国家通用标准的认可，并在相应的条文说明中做出交代。应建立健全的标准管理制度，真正实现将通用标准作为制订专用标准的依据；上层标准的内容作为下层标准内容的共性提升；上层标准应制约下层标准。

结构专业标准都是为了确保工程结构可靠性。根据国家标准《结构可靠性总原则》ISO2394：1998，结构的可靠性是一个总概念，包括各种作用的模型、设计规则、可靠性要素、结构反应和抗力、制造工艺、质量控制程序以及国家的各种要求，它们几乎概括了我国建筑结构专业通用标准和专用标准的全部内容。

在国际上，对一种或一种以上材料组成的结构（如钢筋混凝土结构），通常是通过一本标准予以概括。规范中所采用的材料，均是按本国的或国际认可的标准进行生产的，结构规范只指明该材料种类、规格和设计用的力学指标等。国外规范不反映作坊式生产的材料；即不为经再加工而变性的材料重新编制一本标准。如果它仅改变了材料性能，仍可采用该材料的结构规范，仅需指明其力学指标的改变及适用范围的限制等。国外建筑结构类规范的另一特点是，将设计与施工质量的要求合在一本标准中颁布。这里指的规范属于技术规范，通常由专业协会编制，具有与我国国家标准相近的内容和地位，但并无行政强制性质。这些规范的具体实施通常是通过指南、手册来实现的。

在美国，各个州可编制本州的强制性标准，但也常引用各专业协会编制的技术标准作为主要依据。美国各专业规范存在互相矛盾的地方，也正在协调并逐步取得统一。在欧洲，欧洲共同体委员会（CEC）于 1990 年经与相关成员国家商议后，规划 10 年编制《结构用欧洲规范》，包括各类结构（混凝土结构、钢结构等）的设计规范共 10 本。对于每一种规范（相当于我国通用标准），还包括若干分篇（相当于我国专用标准）。例如，欧洲规范 2 为混凝土结构设计，在其中列有若干分篇：预制混凝土结构、轻骨料混凝土的应用、混凝土基础和桩、大型土木工程结构、混凝土结构的防火等。此外，欧洲规范 2 的规定中还说明：对特种类型房屋建筑（如高层建筑）和特种土木工程使用的特殊方面（如高架桥、各种桥、坝、压力容器、海上平台和蓄水结构），特殊的设计施工方法以及重要的其他方法，将在未来分篇中补充或改写。欧洲规范 2 的各分篇均遵守《混凝土结构设计》第 1 篇"总原则和房屋建筑各项规定"有关条款的共性规定，且内容不得重复，不寻求自身的独立和完整，严格遵守上层标准的规定，受到上层标准的制约而做到承上启下，这是值得我们借鉴的。

6.4.1.2　工程技术标准体系

我国的工程结构设计标准从 20 世纪 60 年代开始，经过 40 多年的发展，至今已形成了理论基础统一、表达方式基本统一、技术水平比较高、基本满足工程需要、相互配套的、比较完整的技术标准体系。

当前的主要问题，一是在工程结构通用标准与专用标准之间以及专用标准之间存在部分内容重复的问题，需要通过修订尽量减少重复；二是专用标准中存在同一类标准化对象有几本标准的情况，应适当合并以减少标准总数量；三是正在编制的属于新技术的标准要在近年内尽快完成；四是对技术难度较大的标准要在近年内努力完成研究与编制工作。可以预计，再经 10 年努力，我国的建筑结构设计标准体系将可实现全面完整配套。

工程结构设计技术标准体系，在纵向分为基础标准、通用标准、专用标准 3 个层次；

在横向根据国际惯例对专门标准按结构材料分为混凝土结构、砌体结构、金属结构、木结构、组合结构、混合结构、特种结构 7 个门类，形成了较科学、较完整、可操作的标准体系，能够适应今后建筑结构工程设计发展的需要。

从现实情况考虑，本专业的通用标准中，仍以设计为主的内容进行编制，暂不列入施工质量要求。对"建筑地基基础"专业中的基础结构设计，暂不列入本专业的标准中，但采用相关材料的基础结构设计基本原则和材料设计取值及其构件设计、构造等，仍应与本专业标准相协调。另外，考虑到与"城镇与工程防灾"专业的分工，本专业的标准对抗震结构构件的设计和构造措施等做出规定。

该体系中含有技术标准 48 项，其中基础标准 5 项、通用标准 7 项、专用标准 36 项。其中，将现行标准经合并、修订成的标准 31 项，在编标准 7 项，待编标准 10 项[36]。

该体系是开放性的，技术标准名称、内容和数量均可根据需要而适时调整。

6.4.2 建筑结构专业标准体系

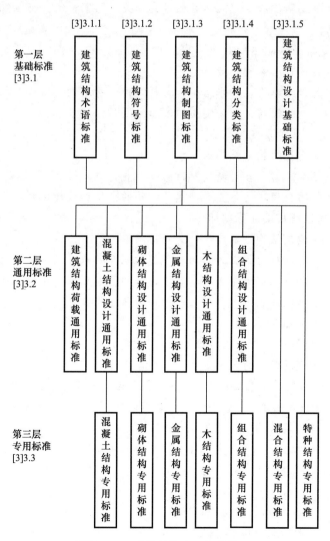

图 6.4-1 建筑结构专业标准体系

6.4.3　建筑结构标准项目说明

1. ［3］3.1　基础标准

［3］3.1.1　建筑结构术语标准

［3］3.1.1.1　《建筑结构设计术语标准》

本标准适用于结构荷载、混凝土结构、砌体结构、金属结构、木结构、组合结构、混合结构和特种结构等。本标准规定了建筑结构设计基本术语的名称、英文对照写法、术语的定义或解释。

［3］3.1.2　建筑结构符号标准

［3］3.1.2.1　《建筑结构符号标准》

本标准适用于结构荷载、混凝土结构、砌体结构、金属结构、木结构、组合结构、混合结构和特种结构等。本标准规定了建筑结构设计常用的各种量值符号及其概念和使用规则。

由于我国的计量改革已基本完成，且已另有相关的国家标准，标准修订后不再列入计量单位的有关内容。

［3］3.1.3　建筑结构制图标准

［3］3.1.3.1　《建筑结构制图标准》

本标准适用于混凝土结构、砌体结构、金属结构、木结构、组合结构、结构等。本标准规定了建筑结构的制图规则、有关制图的表示方法和标注方法。

［3］3.1.4　建筑结构分类标准

［3］3.1.4.1　《建筑结构分类标准》

本标准为待编标准。由于各种新建筑材料、结构形式的不断涌现以及互相交叉渗透，本标准着眼于新材料的应用，为各类新型建筑结构的分类和设计原则提供依据。

［3］3.1.5　建筑结构设计基础标准

［3］3.1.5.1　《建筑结构可靠度设计统一标准》

本标准适用于确定各种结构上的作用和各类结构及其基础的设计原则。本标准规定了基于可靠度的设计原则，包括概率极限状态设计法的基本原则、结构上的作用、材料性能和几何参数、分项系数设计表达式和材料、构件的质量控制。

2. ［3］3.2　通用标准

［3］3.2.1　建筑结构荷载通用标准

［3］3.2.1.1　《建筑结构荷载规范》

本标准适用于各种结构中采用的荷载取值，并作为确定各种效应组合的依据。本标准规定了荷载的分类、荷载效应组合、恒荷载、楼面活荷载、风雪荷载和吊车荷载的数值等。

［3］3.2.1.2　《建筑结构间接作用规范》

本标准作为荷载规范的补充，考虑各种间接作用（温度、收缩、徐变、强迫位移等）在各类结构中引起的效应。本标准对间接作用的分类、设计取值及其参与组合的原则等做出规定。

［3］3.2.2　混凝土结构设计通用标准

［3］3.2.2.1　《混凝土结构设计规范》

本标准适用于素混凝土结构、钢筋混凝土结构和预应力混凝土结构的设计。本标准规定了混凝土结构材料的设计指标，承载力、变形和裂缝的设计方法和构造要求，以及结构构件的抗震设计方法和构造要求。

[3] 3.2.3 砌体结构设计通用标准

[3] 3.2.3.1 《砌体结构设计规范》

本标准适用于砖砌体、多孔砖砌体、混凝土空心砌块砌体、石砌体结构的设计。本标准规定了砌体结构和配筋砌体结构相应的材料设计指标、基本设计原则、各类结构构件的静力和抗震设计方法及构造要求。

[3] 3.2.4 金属结构设计通用标准

[3] 3.2.4.1 《钢及薄壁型钢结构设计规范》

本标准规定了各种钢及薄壁型钢结构的材料设计指标、基本设计原则、各类结构构件的静力、疲劳和抗震设计方法、构造要求以及钢结构的连接技术。

[3] 3.2.5 木结构设计通用标准

[3] 3.2.5.1 《木结构设计规范》

本标准适用于各种木材制作的木结构的设计。本标准规定了各种木结构（包括木网架结构）的材料设计指标、基本设计原则、各类结构构件的静力、疲劳和抗震设计方法及构造要求。

[3] 3.2.6 组合结构设计通用标准

[3] 3.2.6.1 《组合结构设计规范》

本标准适用于型钢（内置和外包）-混凝土组合结构的构件设计。本标准规定了钢-混凝土组合结构的设计要求、构造措施、抗震设计方法以及施工质量要求。

3. [3] 3.3 专用标准

[3] 3.3.1 混凝土结构设计专用标准

[3] 3.3.1.1 《混凝土结构非弹性内力分析规程》

本标准适用于超静定混凝土结构的内力产生的重分布设计或结构内力的极限分析等做出原则性的规定。本标准对超静定混凝土结构构件因裂缝开展和塑性变形造成的结构内力非线性分析方法做出规定。

[3] 3.3.1.2 《混凝土结构抗热设计规程》

本标准适用于处于高温条件下的混凝土结构的设计。在混凝土结构设计规范的基础上，对处于高温环境下的混凝土结构的材料选择、承载力和使用状态设计及构造的特殊要求做出规定。

[3] 3.3.1.3 《混凝土楼盖结构抗微振设计规程》

本标准适用于有抗微振要求的混凝土结构。在混凝土结构设计规范的基础上，对有抗微振要求的混凝土楼盖结构的特殊设计要求做出规定。

[3] 3.3.1.4 《混凝土结构耐久性技术规程》

本标准适用于处于恶劣环境中混凝土结构的耐久性设计。本标准按不同的环境类别及设计使用年限，对各类混凝土结构材料的力学、化学性能提出要求，对附加构造或保护措施以及施工质量控制、使用维护等做出规定。

[3] 3.3.1.5 《轻骨料混凝土结构技术规程》

本标准适用于采用轻骨料（陶粒、煤研石、浮石等）配制的混凝土结构。在混凝土结构设计规范的基础上，本标准对采用各种轻骨料的混凝土结构特殊的原材料要求、设计和施工方法做出规定。

[3] 3.3.1.6 《纤维混凝土结构技术规程》

本标准适用于掺入各种纤维（钢纤维、碳纤维、聚丙烯纤维等）的混凝土结构。在混凝土结构设计规范的基础上，将原适用于钢纤维混凝土结构的原材料要求、设计和施工方法扩大到适用于各类纤维混凝土结构，反映其具有特色的设计及施工要求。

[3] 3.3.1.7 《冷加工钢筋混凝土结构技术规程》

本标准适用于各类冷加工钢筋（冷拔、冷轧、冷扭）的混凝土结构。本标准将国内几种冷加工钢筋分别制订的混凝土结构技术规程统筹组合成一本技术规程，在混凝土结构设计规范的基础上，反映其具有特殊性的对原材料的要求及设计、施工方法。

[3] 3.3.1.8 《钢筋焊接网混凝土结构技术规程》

本标准适用于钢筋焊接网在混凝土结构中的应用。标准对各类细直径钢筋焊接网片的材料性能及其在混凝土结构中的应用及具有特色的设计、施工方法及构造措施做出规定。

[3] 3.3.1.9《无粘结预应力混凝土结构技术规程》

本标准适用于采用无粘结预应力钢绞线的预应力混凝土结构。在混凝土结构设计规范的基础上，本标准对无粘结预应力混凝土结构的具有特殊性的原材料、设计方法及施工要求做出规定。

[3] 3.3.1.10 《高层建筑混凝土结构技术规程》

本标准适用于高层和超高层混凝土结构。在混凝土结构设计规范的基础上，本标准针对混凝土结构高层建筑的特点，从结构的整体考虑，提出相应的设计原则、设计方法、构造措施和施工要求。

[3] 3.3.1.11 《混凝土薄壳结构技术规程》

本标准适用于混凝土薄壳结构。在混凝土结构设计规范的基础上，本标准对混凝土薄壳结构特殊的设计计算、构造要求和施工方法做出规定。

[3] 3.3.1.12 《装配式混凝土结构技术规程》

本标准适用于工业与民用建筑装配式混凝土结构，包括混凝土升板结构及 V 形折板结构。在混凝土结构设计规范的基础上，本标准对装配式或装配整体式混凝土结构的设计方法、连接方式、细部构造以及施工质量等做出规定。

[3] 3.3.1.13 《混凝土异形柱结构技术规程》

本标准适用于混凝土异形柱结构。在混凝土结构设计规范的基础上，本标准对异形柱混凝土结构不同于一般结构的设计方法、构造措施及施工要求做出规定。

[3] 3.3.1.14 《混凝土复合墙体结构技术规程》

本标准适用于采用建筑模网作墙体模板的现浇混凝土复合墙体及由双向带孔板材在孔内浇筑混凝土而形成的复合墙体结构，它应具有承重和保温的双重作用。标准规定了建筑模网及带孔板材的原材料质量要求、墙体配筋和混凝土浇筑等设计方法和构造要求，并对施工质量控制做出规定。由 2 本在编规程合并而成。

[3] 3.3.1.15 《现浇混凝土空心楼盖技术规程》

本标准适用于多、高层建筑中的预应力或非预应力混凝土空心及复合楼盖结构。标准对采用各种成孔方式或与轻质材料复合形成的现浇混凝土楼板提出设计方法、构造措施、施工质量要求的规定。

[3] 3.3.2 砌体结构专用标准

[3] 3.3.2.1 《空心砌块砌体结构技术规程》

本标准适用于由各种空心砌块构成的砌体结构。在砌体结构设计规范的基础上，本标准对其与一般砌体不同的设计方法、构造措施及施工要求做出了规定。

[3] 3.3.2.2 《蒸压灰砂砖、粉煤灰砖砌体结构技术规程》

本标准适用于由蒸压灰砂砖、粉煤灰砖砌筑构成的砌体结构。在砌体结构设计规范的基础上，规程对其不同于一般砌体的设计方法、构造措施及施工要求做出了规定。

[3] 3.3.3 金属结构专用标准

[3] 3.3.3.1 《钢结构防腐蚀技术规程》

本标准适用于对钢结构进行防腐蚀的设计与施工。根据钢结构所处的环境等级，提出了对钢材性能、涂覆材料、施工方法、维护措施等的技术要求，以保证钢结构的耐久性。

[3] 3.3.3.2 《高层建筑钢结构技术规程》

本标准适用于高层民用建筑钢结构的设计与施工。在钢及薄壁型钢结构设计规范的基础上，本标准针对高层建筑的特点，从结构的整体考虑，提出了相应的设计原则、计算方法、构造措施及施工要求。由标准 JGJ99 修订而成。

[3] 3.3.3.3 《空间网格结构技术规程》

本标准适用于金属网架、网壳结构。在钢及薄壁型钢结构设计规范的基础上，标准对网架、网壳的原材料、设计方法、构件部件、节点连接构造及施工方法提供了技术依据。

[3] 3.3.3.4 《悬索结构技术规程》

本标准适用于悬索结构的设计与施工。本标准对其原材料、设计原则、计算方法、构造措施及施工质量的特殊要求提供了技术依据。

[3] 3.3.3.5 《索结构技术规程》

本规程适用于以索为主要受力构件的各类建筑索结构，包括悬索结构、斜拉结构、张弦结构及索穹顶等的设计、制作、安装及验收。

[3] 3.3.3.6 《预应力钢结构技术规程》

本规程的主要内容包括结构设计基本规定、材料和锚具、结构体系及其分析、节点和连接构造、施工及验收、防护和监测等方面。

[3] 3.3.3.7 《轻型房屋钢结构技术规程》

本标准适用于钢结构和钢龙骨结构的单层和多层轻型房屋。在钢及薄壁型钢结构设计规范的基础上，本标准提供了轻型房屋钢结构的设计原则、计算方法、构造措施、拼装连接、保温隔热、施工方法等的技术依据。

[3] 3.3.3.8 《门式刚架轻型房屋钢结构技术规程》

本标准适用于各种跨度的门式刚架轻型房屋钢结构。在钢及薄壁型钢结构设计规范的基础上，本标准对其具有特点的设计方法、拼装连接、构造措施、施工质量的要求提供了技术依据。

[3] 3.3.3.9 《拱形波纹钢屋盖结构技术规程》

本标准适用于拱形波纹钢屋盖结构。本标准为拱形波纹钢屋盖具有特色的材料性能、构件部件、安装连接的设计方法及施工质量要求提供技术依据。

[3] 3.3.3.10 《蒙皮结构技术规程》

本标准适用于以薄壁型钢等为受力骨架的蒙皮结构。本标准对钢结构骨架及蒙皮材料的性能、结构的设计计算及构造、施工质量要求提供技术依据。

[3] 3.3.3.11 《铝结构技术规程》

本标准适用于各种铝结构的设计与施工。本标准规定了铝结构的材料设计指标、基本设计原则、各类结构构件的静力和抗震设计方法、构造措施以及施工质量要求。

[3] 3.3.4 木结构专用标准

[3] 3.3.4.1 《胶合木结构技术规范》

本标准适用于以胶合材料为受力构件的木结构。本标准规定了胶合木构件的材料性能、基本设计原则、结构设计方法、连接与构造的措施以及施工质量的要求。

[3] 3.3.5 组合结构专用标准

[3] 3.3.6 混合结构专用标准

[3] 3.3.6.1 《砌体混凝土混合结构技术规程》

本标准适用于由砌体与混凝土组成的具有一定抗震性能的多层混合结构。本标准提供砌体—混凝土组合结构的计算原则、设计方法、连接构造、抗震设计以及施工的依据。

[3] 3.3.7 特种结构专用标准

[3] 3.3.7.1 《高耸结构技术规程》

本标准适用于高耸结构的设计、施工。本标准规定了高耸结构的内力分析、设计原则、设计方法、构造措施及施工要求。

[3] 3.3.7.2 《筒仓结构技术规程》

本标准适用于各种类型的筒仓结构。本标准为筒仓结构的设计原则、设计方法、构造措施和施工要求提供技术依据。

[3] 3.3.7.3 《烟囱技术规程》

本标准适用于各种类型的烟囱。本标准为烟囱的设计原则、设计方法、构造措施和施工要求提供技术依据。

[3] 3.3.7.4 《建筑幕墙工程技术规程》

本标准适用于各类材料的幕墙结构。本标准为幕墙的材料选择、材料性能、设计原则、设计方法、构造措施及施工质量、验收要求提供技术依据。

[3] 3.3.7.5 《膜结构技术规程》

本标准适用于各类膜结构。为膜结构的材料性能、设计原则、设计方法、构造措施及施工要求提供技术依据。

[3] 3.3.7.6 《玻璃结构技术规程》

本标准适用于玻璃结构。为玻璃结构的材料性能、设计原则、设计方法、构造措施及施工要求提供技术依据。

[3] 3.3.7.7 《地下防护工程技术规程》

本标准适用于地下防护工程。本为地下人防工程的荷载效应，设计原则、设计方法、构造措施以及施工要求提供技术依据。

[3] 3.3.7.8 《地下结构技术规程》

本标准适用于地下建筑工程的结构设计与施工。为地下建筑工程的荷载效应、设计原则、设计方法、构造措施以及施工质量要求提供技术依据。

6.5 国际结构设计规范体系

6.5.1 美国结构设计规范体系概述

随着中国工程产业走出国门，走向国际市场步伐的日益加大，国内设计单位承接国外项目的设计任务越来越多；在某些工程机构及单位中，甚至是以国外项目为主。目前，因为中国的相关规范在国际上的认可度还不够，绝大多数业主要求依据美国规范、欧洲规范等进行设计，其中90%以上的业主认可美国规范。所以，为了适应国际工程日益增多的形势，尽快掌握美国规范对于中国的结构工程师来说已经显得十分迫切。

美国结构设计规范体系的发展是在各专业学会技术支持下的地方性规范走向统一的全国性规范的历程。美国规范体系主要由以下三大部分文档构成：A）规范（Model Code）；B）标准（Consensus Standard）；C）源文档（Resource Document）。三部分内容形成一定的层次关系。其中规范的级别最高，认可度最高，内容也最少（可以说都是精华部分），我们平常所说的美国规范就是指这部分。但是仅在规范中对建筑结构设计、施工的各个方面内容作出详尽的规定显然是不现实的，因此各个规范中均采用或是引用了一定的标准；标准也是得到广泛认可的、暂时没有上升到规范的内容或者是规范内容的具体说明，用于指导具体的工程设计工作。源文档记录的是更深层次的内容，讲解规范和标准规定内容的原理、背景等，也包括各规范标准的最新研究成果；源文档也经常被规范所引用。美国规范体系中这三大部分内容同时发展更新，它们之间不是严格的递进关系，包含着相互的穿插渗透。美国结构设计规范体系与示例如图6.5-1所示：

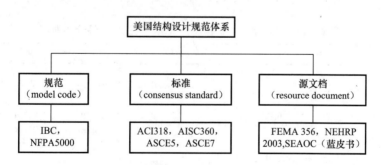

图6.5-1 美国结构设计规范体系与示例

在美国各领域，分布着众多的专业协会、学会等组织，有民间的和官方的，正是由于这些组织在各自领域的不断探索和总结，支撑起美国庞大的规范体系，使得当今美国在规范制订方面全球领先，并在很多领域形成了权威。在这些专业协会、学会中，FEMA、NHERP、SEAOC、ATC是源文档（Resource Document）的制订组织；ASCE、AISC、ASTM、AWS、ACI、NFPA是源文档（Resource Document）和标准（Consensus Standard）的制订组织；BOCA、SBCCI、ICBO、ICC以及NFPA是规范（Model Code）

的制订组织，ANSI 则是所有这些规范组织提交的规范性文件的审批组织。其大致关系见图 6.5-2 所示：

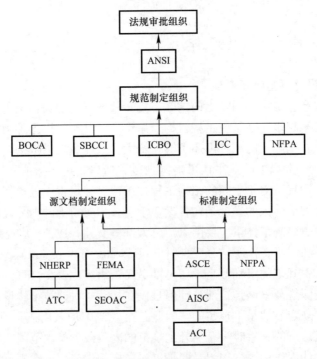

图 6.5-2　美国主要建筑协会关系

　　美国结构设计标准、规范制订的相关主要协会、学会和机构，以及各自编制的主要规范性文件如表 6.5-1 所示：

美国主要协会、学会、机构及各自编制的主要文件分类列表　　　　表 6.5-1

组织机构	英文名称	中文名称	编制文件	类别
FEMA	Federal Emergency Management Agency	联邦紧急救援署	FEMA 274，FEMA 355，FEMA 356	源文档
NEHRP	Earthquake Hazard Reduction Program	国家地震灾害减轻程序	NEHRP 1994，NEHRP 1997，NEHRP 2000，NEHRP 2003	源文档
SEAOC	Structural Engineers association of California	加州结构工程师协会	SEAOC（蓝皮书）	源文档
ASCE	American Society of Civil Engineers	美国土木工程师协会	ASCE 5，ASCE 7，ASCE 10	标准
ACI	American Concrete Institute	美国混凝土学会	ACI 315，ACI318	标准
AISC	American Institute of Steel Construction	美国钢结构工程师学会	AISC335，AISC341，AISC360	标准
NFPA	National Fire Protection Association	美国消防协会	NFPA5000	规范
ICC	International Code Council	国际规范协会	IBC	规范
ANSI	American National Standards Institute	美国国家标准学会	标准、规范的审批	

美国现行结构规范体系中最主要的结构规范及标准包含：《国际建筑规范 IBC》，《建筑物和其他结构最小设计荷载 ASCE 7》，《美国混凝土结构规范 ACI 318》，《钢结构建筑设计规范 AISC 360》等等；下面将就这几种结构规范作分别的介绍：

IBC 规范由国际规范协会 ICC（International Code Council）负责编写，是美国其他结构设计规范的纲领性文件，可以把 IBC 视为一个规范门户，IBC 当中的内容一般不再重复各专门规范的具体内容，由它通向各个专门规范。例如，在抗震设计方面，IBC 大多引用了 ASCE7 的内容，而对于混凝土结构或钢结构的设计内容，IBC 则援引到 ACI318 或 AISC360 等规范，通过阅读 IBC 规范，结构工程师可以了解到美国结构设计方法的总体情况，而对于具体的结构设计问题，结构工程师则还要继续参考其他专门的结构设计规范中的内容。

ASCE7 规范由美国土木工程师协会（American Society of Civil Engineers，ASCE）负责编写，它将结构荷载分为恒荷载，活荷载（指房屋建筑或其他结构由于使用或居住产生的荷载，不包括风、雪、雨、地震等自然荷载），土及静水压力，风荷载，雪荷载，雨荷载，地震荷载共七类，并对每一种类别分别进行说明。该规范中的荷载组合与中国规范提供的组合也不相同，具体情况可查阅该规范中的相关内容。

ASCE 中关于地震作用的规定与我国规范不尽相同。首先，ASCE 是根据由统计数据得出的地震作用下的地面有效加速度峰值，对整个美国进行地震危险性区域的划分，与我国按照烈度对抗震设防进行划分有所不同；另外，结构所受地震力的大小，除取决于地面加速度、场地条件、结构自振周期和重量外，还在很大程度上取决于结构的延性水平，而不同的结构体系其延性水平是不同的，因此与我国规范不同的是，ASCE 规定的地震力大小在很大程度上取决于结构体系的类型。

美国混凝土规范 ACI318 是由美国混凝土学会（American Concrete Institute）负责编写的，其中的混凝土强度是按照圆柱体试件确定的，而钢筋强度范围和钢筋规格范围都比我国规范宽。同时，ACI 规范对于荷载组合的要求和 IBC 并不完全相同，在使用时需要具体情况具体分析，一般做法是：荷载标定值（即标准值）按荷载规范取值，而荷载组合及荷载系数按 ACI 规范取值。在 ACI 规范中除了对不同混凝土构件的强度折减、最小配筋率以及抗震设防有详尽要求外，还包含了对预应力混凝土的设计规定与要求

美国钢结构规范 AISC360 由美国钢结构学会（American Institute of Steel Construction）编制。AISC 规范中对于荷载及组合系数的取值与 IBC 规范的要求完全相同，它包含的设计方法有承载力系数设计法、容许应力设计法和塑形设计法等多种方法，对于钢结构的稳定问题，它是通过用构件的极限承载力乘以折减系数的办法解决的。

目前，市场上还没有得到大家充分认可的美国结构设计规范的中文译本，而且，美国结构设计规范体系繁多，内容庞大，中国结构工程师需要认真地钻研与探索，在浩如烟海的美国规范英文资料与美国相关组织协会的官方网站中找到做境外工程结构设计所需的关键内容。

6.5.2 欧洲结构设计规范体系概述

随着国家外向型经济发展战略的贯彻实施，中国土建行业的对外工程承包、设计和劳务合作越来越频繁，因此，了解和掌握欧洲建筑结构规范体系是十分必要的。土建领域的

欧洲标准体系包括欧洲结构规范（Eurocodes）、材料与制品标准和施工与试验标准等。其涵盖了基本的设计规定、各类材料的力学特性的测定、结构及特殊工程的施工以及建设工程行业产品质量控制的技术规格和要求。其中欧洲建筑结构规范 Eurocodes 是结构设计的重要文件，是工程建设领域中极具影响力和权威性的区域性国际标准，自 2010 年 4 月 1 日起作为欧盟成员国及其殖民地区的法定标准广泛应用于建筑和土木工程的设计，并将逐步取代各国原有相关技术标准。

6.5.2.1　欧洲规范的背景及历史

1975 年，为协调欧洲各国技术条件并消除统一市场内部贸易技术壁垒，欧洲经济共同体委员会（EEC）决定在建筑、土木工程领域编制一套适用于欧洲的工程结构的设计规范，即欧洲规范（Eurocodes）。于是 1980 年开始在国际范围征询建筑法规的实施意见，1984 年颁布了第一份欧洲规范，1987 年欧共体（EEC）与欧洲自由贸易联盟（EFTA）共同发布《欧洲一体化法令》，从而加快了协调和统一欧洲技术法规的工作。1989 年欧共体（EEC）颁布了《关于统一成员国建设产品的法律、法规和管理条例的指令》（89/106/EEC），成为制定欧洲规范的法律依据，并确定由欧洲标准化委员会（CEN）下属的委员会 CEN/TC250 来制定及出版欧洲规范。1990 年编制欧洲试行规范（ENVs）开始，并自 1992 年起陆续出版 9 卷 57 分册的欧洲规范。1998 年，逐步将试行规范（ENVs）转化为欧洲规范（ENs，若为标准草案则编号 prEN）。2004 年颁布 5 公共工程合同、供应合同及公共服务合同指令（2004/18/EC），确定产品在成功获得批准可使用"CE"标识，才允许在欧盟范围自由流通。2006 欧洲规范最终形成 10 卷 58 分册，并定于 2010 年替代所有成员国的国家标准。

6.5.2.2　欧洲规范的组成内容及相互关系

欧洲规范共 10 卷 58 分册，体系完整（如图 6.5-3 所示），覆盖面广。其内容涵盖了欧洲标准中所有主要的建筑材料（水泥、钢材、木材、石料和铝），所有结构工程的主要领域（基于结构设计、装载、防火、岩土技术、地震等），以及广泛的各种结构和产品类型（建筑物、桥梁、塔、旗杆、地窖等）。规范各分册的名称与内容如表 6.5-2 所示。

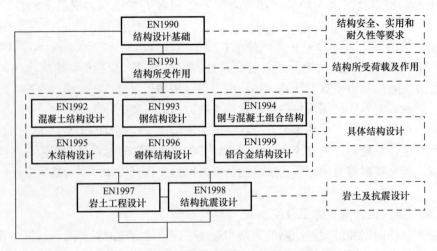

图 6.5-3　欧洲规范（Eurocodes）组成体系

欧洲规范（Eurocodes）的组成及出版时间　　　　　　表 6.5-2

序号	卷编号	卷名称	分册编号	分册名称	出版时间
1	Eurocode 0	结构设计基础	EN 1990：2002	结构设计基础	2002 年 7 月 27 日
			EN 1990：2002/A1：2005	附录 A1：桥梁作用	2002 年 7 月 27 日
2	Eurocode 1	结构上的作用	EN1991-1-1：2002	一般作用、密度、自重	2002 年 7 月 29 日
			EN1991-1-2：2002	火对结构作用	2002 年 11 月 26 日
			EN1991-1-3：2003	雪荷载	2003 年 7 月 24 日
			EN1991-1-4：2005	风荷载	2005 年 4 月 25 日
			EN1991-1-5：2003	温度作用	2004 年 3 月 24 日
			EN1991-1-6：2005	施工作用	2005 年 12 月 15 日
			EN1991-1-7：2006	偶然作用	2006 年 9 月 29 日
			EN 1991-2：2003	桥面交通荷载	2003 年 10 月 31 日
			EN 1991-3：2006	起重机及机械作用	2006 年 9 月 29 日
			EN 1991-3：2006	筒仓及储池	2006 年 6 月 30 日
3	Eurocode 2	混凝土结构设计	EN1992-1-1：2004	一般规定及建筑用准则	2004 年 12 月 23 日
			EN1992-1-2：2004	一般规定-结构消防设计	2005 年 2 月 9 日
			EN1992-2：2005	混凝土桥梁-设计及细部规定	2005 年 2 月 12 日
			EN1992-3：2006	挡液及储液结构	2005 年 7 月 31 日
4	Eurocode 3	钢结构设计	EN1993-1-1：2005	一般规定及建筑用准则	2005 年 5 月 18 日
			EN1993-1-2：2005	一般规定-结构消防设计	2005 年 4 月 29 日
			EN1993-1-3：2006	一般规定-冷弯构件及墙板补充准则	2006 年 11 月 30 日
			EN1993-1-4：2006	一般规定-不锈钢补充准则	2006 年 11 月 30 日
			EN1993-1-5：2006	叠板结构构件	2006 年 11 月 30 日
			EN1993-1-6：2007	壳结构强度及稳定性	2007 年 5 月 31 日
			EN1993-1-7：2007	受平面外荷载的叠板结构	2007 年 7 月 31 日
			EN1993-1-8：2005	节点设计	2005 年 5 月 17 日
			EN1993-1-9：2005	疲劳强度	2005 年 5 月 18 日
			EN1993-1-10：2005	材料韧性及全厚度特性	2005 年 5 月 18 日
			EN1993-1-11：2006	受拉构件结构设计	2006 年 11 月 30 日
			EN1993-1-12：2007	EN1993 中 S700 级钢材的延性补充准则	2007 年 5 月 31 日
			EN1993-2：2006	钢桥	2006 年 11 月 30 日
			EN1993-3-1：2006	塔、桅杆及烟囱-塔、桅杆	2008 年 5 月 31 日
			EN1993-3-2：2006	塔、桅杆及烟囱-烟囱	2008 年 5 月 31 日
			EN1993-4-1：2007	筒仓、储池及管道-筒仓	2007 年 5 月 31 日
			EN1993-4-2：2007	筒仓、储池及管道-储池	2007 年 5 月 31 日
			EN1993-4-3：2007	筒仓、储池及管道-管道	2007 年 5 月 31 日
			EN1993-5：2007	桩	2007 年 4 月 30 日
			EN1993-6：2007	起重机支承结构	2007 年 7 月 31 日
5	Eurocode 4	钢及混凝土组合结构设计	EN1994-1-1：2005	一般规定及建筑用准则	2005 年 2 月 18 日
			EN1994-1-2：2005	一般规定-结构消防设计	2005 年 12 月 5 日
			EN1994-2：2005	一般规定及桥梁用准则	2005 年 12 月 2 日
6	Eurocode 5	木结构设计	EN1995-1-1：2004	一般规定及建筑用准则	2004 年 12 月 15 日
			EN1995-1-2：2004	一般规定-结构消防设计	2004 年 12 月 15 日
			EN1995-2：2004	桥梁	2004 年 12 月 15 日

续表

序号	卷编号	卷名称	分册编号	分册名称	出版时间
7	Eurocode 6	砌体结构设计	EN1996-1-1：2005	配筋及无筋砌体结构一般规定	2005 年 12 月 30 日
			EN1996-1-2：2005	一般规定-结构消防设计	2005 年 6 月 30 日
			EN1996-2：2006	砌体结构设计考虑、选材及施工	2006 年 2 月 15 日
			EN1996-3：2006	无筋砌体结构的简化计算方法	2006 年 2 月 15 日
8	Eurocode 7	岩土结构设计	EN1997-1：2004	一般规定	2004 年 12 月 22 日
			EN1997-2：2007	地基勘察及试验	2007 年 4 月 30 日
9	Eurocode 8	结构抗震设计	EN1998-1：2004	一般规定-建筑的地震作用	2005 年 4 月 8 日
			EN1998-2：2005	桥梁	2005 年 12 月 20 日
			EN1998-3：2005	建筑的鉴定及修复	2006 年 1 月 11 日
			EN1998-4：2006	筒仓、储池及管道	2006 年 9 月 29 日
			EN1998-5：2004	基础、挡土结构及其土工问题	2005 年 4 月 8 日
			EN1998-6：2005	塔、桅杆及烟囱	2006 年 1 月 12 日
10	Eurocode 9	铝结构设计	EN1999-1-1：2007	一般规定	2007 年 8 月 31 日
			EN1999-1-2：2007	结构消防设计	2007 年 4 月 30 日
			EN1999-1-3：2007	易疲劳破坏结构的补充规定	2007 年 8 月 31 日
			EN1999-1-4：2007	梯形墙板的补充规定	2007 年 4 月 30 日
			EN1999-1-5：2007	壳体结构的补充规定	2007 年 4 月 30 日

6.5.2.3 欧洲规范的应用范围及实施程序

欧洲规范制定后在其成员国内实施，各成员国将欧洲规范转化为本国标准必须接受全文（含附录）。考虑到国别间结构安全度的差异，与结构安全相关的参数并"承认每个会员国管理机构的责任，并保证其有权确定本国与安全事项有关的数值，这些数值在各国均不同"。各国家可根据欧洲规范提供的各组推荐数值进行选择，并用国家确定参数代替。各国家确定参数考虑到不同的地理、气候状况（如风、雪）或生活方式，以及在各国、各地方或当地保护程度的不同。因此各国家版的欧洲规范可在前面增加本国标准扉页，在后面增加本国国家附录，其内容为本国数据参数（NDPs）。结构安全仍为各成员国的责任。

欧洲规范在各成员国欧盟成员国按转化为本国标准及添加国家附录的实施主要包括三个阶段，包括翻译期、国家校正期以及共存期（如图 6.5-4）。其中翻译期是指各成员国需要在 1 年内完成欧洲规范翻译成本国语言的工作；国家校正期是指成员国在 2 年内确定国家决定参数，并在到期前以本国国家标准主体出版欧洲规范（含国家附录）的相应部分的本国版本标准；共存期是指最长在 3 年内各成员国可以并行使用欧洲规范及本国国家标准。

目前，市场上还没有得到大家充分认可的欧洲建筑结构规范的中文译本，而鉴于土建行业逐渐国际化。从学习、借鉴、交流与参与国际合作和竞争的角度讲，中国结构工程师需要不断地钻研与探索，在众多欧洲规范资料中找到相关境外工程结构设计所需的关键内容。

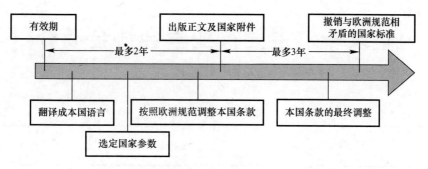

图 6.5-4　欧洲规范在欧盟成员国的实施程序图

附录一 主要行业学会协会简介

国内主要行业学会 表 F1-1

名称及成立时间	主要任务	主要学术研究范围	学术刊物
中国土木工程学会 1912	开展国内外学术交流，编辑出版科技书刊；开展民间国际科技合作与交流；对国家科技政策和经济建设中的重大问题发挥咨询作用，接受委托开展技术服务；开展继续教育和技术培训工作，普及科学知识，推广先进技术；举荐与表彰奖励优秀科技成果与人才；反映会员的意见和要求；举办为会员服务的事业和活动	桥梁、结构工程、隧道及地下工程、土力学及基础工程、混凝土及预应力混凝土、计算机应用、防护工程、港口工程、市政工程、城市公共交通、建筑市场及招标投标	主办《土木工程学报》；联合主办：《现代隧道技术》、《城市道路与防洪》、《防护工程》、《特种结构》、《岩土工程学报》、《建筑结构》、《建筑科学与工程学报》等
中国力学学会 1957	团结和组织全国力学合计工作者开展国际、国内学术交流，促进民间国际科技合作；创办力学刊物，促进力学学科的发展和繁荣；开展力学科普与教育，促进力学科技知识的普及和推广，促进力学科技人才的成长和提高；组织力学科技工作者参与国家经济建设中的重大决策项目，提出科学论证及政策建议，促进力学与经济的结合，推动力学为国家经济建设服务	力学、工程力学	主办：《力学学报》、《固体力学学报》、《力学与实践》、《爆炸与冲击》、《实验力学》、《工程力学》、《计算力学学报》、《力学进展》《力学快报》；联合主办：《岩土工程学报》、《地震工程与工程振动》、《世界地震工程》、《动力学与控制学报》
中国建筑学会建筑结构分会 1978	开展学术交流和科学考察，编辑出版学术书刊和科普书刊，对国家城乡建设的科学技术问题发挥咨询作用，发动会员提出合理化建议，维护会员权益和反映会员意见、呼声，开展国际学术交流和组织，同国外的科学技术团体和科学技术工作者的友好往来，举办或协助举办各种培训班、进修班以提高会员学术水平，普及建筑科学技术知识，传播先进经验，以及开展其他各种活动	高层建筑结构，包括建筑结构体系，转换层设计和加强层研究，超高层建筑的抗风设计，抗震减震隔震研究，钢管混凝土和劲性混凝土的应用，施工新工艺、新技术等；计算机软件开发及 CAD 技术应用；砌体砌块的工程应用；混凝土的基本理论、计算理论、工程应用等	主办：《建筑结构学报》、《工程抗震与加固改造》
中国振动工程学会	在推动科技领域内积极开展国内外学术交流，促进民间国际科技合作，编辑、出版科技书刊和音像制品；对国家有关振动科技领域的科技发展战略、政策和经济建设中的重大决策进行科技咨询，接受委托进行科技项目论证、科技成果鉴定、技术职务资格评定、科技文献和标准的编审；提供振动科技领域内的科技咨询和技术服务；发现并推荐振动科技领域内的人才，表彰、奖励在振动科技活动中取得优秀成绩的会员和科技工作者；举办为会员服务的有关事业和活动	模态分析与试验专业、非线性振动、随机振动、故障诊断专业委员会、振动与噪声控制、结构动力学、土动力学、结构抗震控制、振动利用工程	《振动工程学报》、《振动与冲击》、《非线性力学学报》、《岩土工程学报》

国内主要行业协会 表 F1-2

名称及成立时间	主要任务	主要活动
中国勘察设计行业协会	中国勘察设计行业协会是工程勘察设计、造价咨询行业的全国性社会团体，由各工程勘察设计、造价咨询单位以及相关专业人士自愿组成的非营利性社会组织，并具有社会团体法人资格，接受住建部政策研究中心的业务指导和监督管理。宗旨：围绕提高工程投资效益，促进技术进步，加强本行业的自我管理开展各项活动，在政府主管部门和会员单位之间发挥桥梁纽带作用，努力为会员单位服务，维护会员单位的合法权益，推动勘察设计、工程造价咨询事业的发展	一、对工程勘察设计、造价咨询体制改革、促进技术进步和科学管理、提高投资效益等方面问题，开展调查研究，为政府主管部门提供建设性意见；二、开展行业基本情况的调查，收集研究国内外同行业基础资料，为制定行业发展规划和技术经济政策提供依据；三、开展专业技术人员的培训活动，举办各种技术业务培训和研讨班，开展咨询服务，协助会员单位进行人才开发；四、编辑出版发行本协会有关刊物和资料（含电子出版物），组织信息交流，宣传党和国家有关工程建设的方针、政策；五、交流和推广先进经验，组织技术开发和业务建设，协助会员单位拓宽业务领域和开展多种形式的协作；六、积极发展同国内同行业组织的联系，开展国际经济技术和管理等方面的合作与交流活动；七、分析研究会员单位的技术装备状况，协助会员单位改善和提高技术装备水平；八、协调会员单位之间相互关系，宣传职业道德，严肃行规行约，协助政府主管部门监督会员单位执行有关法律法规，维护会员单位的合法权益；九、向政府主管部门反映会员单位的建议和意见
中国国际工程咨询协会 1993	中国国际工程咨询协会是中国从事国际工程咨询业务的企业和咨询工程师的全国性行业组织，具有独立的法人地位，接受中华人民共和国商务部的领导和管理。宗旨：帮助会员在国际上开展工程咨询服务，提供国际工程咨询信息和商业机会及人才培训服；维护会员的合法权益和国家利益；与国际上同行业组织建立友好联系，促进我国国际经济技术合作事业的发展	一、向会员提供和传播有关国际工程咨询和工程建设的信息和经验及国际市场动态；二、举办与业务有关的培训班、讲习班、研讨会等，帮助会员单位培训业务人员；三、根据外经贸部对有关国际经济合作业务协调管理的规定和授权，对会员进行协调管理和指导，组织会员在国外参加和开展业务有关的活动；四、调查研究会员开展业务情况和问题，总结交流经验，向政府有关部门反映会员的意见和要求，积极协助解决有关问题；五、与国际咨询工程师联合会（FIDIC）、外国同行业组织和世界银行、亚洲开发银行、非洲开发银行等国际金融机构以及联合国有关机构等国际组织建立联系和交往，促进我国与国际的合作和交流，为会员提供咨询和服务；六、与我国驻外使领馆经商参处和外国驻华使领馆经商参处建立联系和交往，互相交流有关工程咨询业的情况、信息和资料，推动我国对外工程咨询业务的发展；七、向外经贸部推荐本会会员扩大对外经营权和预备会员申请对外经营权；八、制定行业公约
中国钢结构协会房屋建筑钢结构分会 1986	中国钢结构协会房屋建筑钢结构分会是由有关房屋建筑钢结构行业的企、事业单位和科学家、工程技术专家、企业家自愿组成、依法登记的、中国钢结构协会的二级协会，是开展房屋建筑钢结构专业活动的全国性经济技术团体。宗旨在于加强钢材生产、加工制作、设计施工、科研教学几个方面的横向协作，沟通生产部门和使用部门之间的联系和组织协作，以促进我国房屋钢结构的发展和高效结构钢材的应用	业务范围着重于工业厂房、轻钢建筑、高层建筑和老厂改造、旧城市的改造，主要开展房屋建筑钢结构专业范围内调研、咨询、交流、技术服务、组织协作、联合攻关等工作。房屋建筑钢结构分会及时出版《房屋钢协简讯》，发布协会动态、转摘工程招投标信息、专业展会信息、钢结构行业相关法规、规范、标准等的编制、颁布动态等

续表

名称及成立时间	主要任务	主要活动
中国钢结构协会空间结构分会 1993	中国钢结构协会空间结构分会是空间结构行业的全国性专业协会,会员单位包括国内从事网格结构、索结构、张弦结构、膜结构及幕墙结构制作与安装的企业、与空间结构配套的板材、索具、节点及支座等相关生产企业以及从事空间结构的设计、科研单位和高等院校等	一、积极开展行业技术交流活动。每两年举办一次的技术交流大会和隔年举办的网格结构、膜结构、索结构专业技术研讨会都紧密结合行业发展的需要,交流空间结构在科研、设计与生产中的科技成果与先进经验;积极开展国际交流活动,邀请国际知名人士访问讲学、组织会员单位参加国际会议并进行技术考察。二、进行行业管理工作、推动技术进步。组织如《网架结构质量检验实施指南》、《膜结构技术规程》等相关行业标准的编制工作;开展空间结构新产品、新技术的开发、研究、推广及技术培训工作;开展膜结构等级会员评定,加强行业自律。三、开展"空间结构奖"评选活动,编印《大跨空间结构优秀工程汇编》,树立优秀工程样板,提高空间结构的设计与施工水平。四、加强与政府相关部门的沟通与协调,积极开展技术咨询,帮助会员单位解决实际问题,为会员单位提供服务。五、宣传并推广空间结构的应用,建设"中国空间结构"网站,并与中国土木工程学会桥梁及结构工程分会空间结构委员会共同出版《空间结构简讯》

国外主要行业学会 表 F1-3

名　称	主要任务	主要活动	主要出版物
美国土木工程师学会(ASCE) 1852	ASCE 以帮助会员及其事业经营者、合作伙伴与公众实现基本的价值目标为使命,并通过引导和推广先进技术、倡导终身学习和提升专业技能等具体措施来实现上述使命。会员可以从 ASCE 得到各种服务,包括参加学术会议、查阅论文等技术资料。ASCE 致力于通过教育来促进土木工程领域科技和工业的发展,通过美国物理联合会的 scitation 平台来提供 30 种科技期刊的浏览和全文检索服务,其高质量的出版物在世界各地都可以通过网络获得	出版:ASCE 是全球最大的土木工程出版机构,出版物包括 30 种专业技术期刊、图书、回忆录、委员会报告、实践手册、标准和专论等学术会议和教育:每年 ASCE 主办 10 多个学术会议,每年参加各种学术会议的人数超过 1 万人。另外,每年还有超过 200 种的各类学术活动、培训和远程教育活动。ASCE 也为政府机构及国会提供包括环境工程与水处理、危险废物处理、结构等土木工程方面的技术培训和指导,参与一些行业法规与技术标准的制定工作,如建筑结构、环境工程与水处理技术标准等	专著:《Civil Engineer's Handbook of Professional Practice》,《Seismic Rehabilitation of Existing Buildings》,《Minimum Design Loads for Buildings and Other Structures》等 期刊:《Journal of Materials in Civil Engineering》、《Journal of Computing in Civil Engineering》、《Journal of Bridge Engineering》、《Journal of Structural Engineering》、《Journal of Architectural Engineering》、《Journal of Construction Engineering and Management》、《Journal of Engineering Mechanics》等
英国结构工程师学会(ISTRUCTE) 1908	促进结构工程学科的发展,在学会的成员、分支机构以及社会之间推动有关结构工程学科的信息和观点的交流。促进和从事结构工程学科或者相关学科的教育、发明、研究活动。鼓励和吸引具有良好教育背景和能力的人从事结构工程相关行业,从而保持或进一步提高行业的专业水平	出版、出售、出借、赠送学会的报告以及与结构工程有关的论文、著作,出版物使用英语或根据实际情况使用其他语言。学术会议:讨论与结构工程相关的问题,促进学术交流。教育:成立了教育基金会,奖励杰出成员,设置奖学金,举办有奖竞争赛等。制定行业标准并监督成员遵守,倡导正直、公平为原则的行业道德风气	期刊:《The Structural Engineer》

续表

名　称	主要任务	主要活动	主要出版物
美国钢结构学会（AISC）1921	AISC 是一家非营利的技术学会和贸易协会，总部设在芝加哥。服务于美国钢结构设计团体和钢结构安装工业，包括钢结构设计、制造和安装服务。其使命是通过其在与钢结构有关的技术服务和市场开发活动中的领导地位，使钢结构成为人们首选的结构。长期以来，一直为钢结构产业服务并及时提供可靠的信息	学会活动包括：标准和规范的编制、研究、教育、技术援助、质量认证、标准化及市场开发等。该协会致力于研究、修订并协助实行质量认证程序，以确保通过认证的企业能够生产出符合相应钢结构认证资质等级的钢结构。AISC 认证是国际高端钢结构市场资格认可	期刊：《Modern Steel Construction》
国际桥梁及结构工程协会（IABSE）1929	IABSE 现有 4200 名会员，来自 100 多个国家和地区，是目前会员国最多的国际土木类协会，其永久会址设在瑞士苏黎世。协会的宗旨是促进国际学术交流、推动国际行业和社会范围内的结构工程技术的进步。协会的宗旨是：增进工程和研究人员之间特别是科技界、工业界和公共团体代表之间的国际合作；提高会员对社会需要的自觉性和责任感；促进学术交流；出版有关科研成果和经验的刊物	学术活动领域：一般问题；钢、其他金属和木结构；混凝土结构；施工管理；设计概念。工作任务：计算机在结构工程中的应用；结构和建筑工程的概率分析法；建筑物理；美学和结构理论。IABSE 的主要活动形式是组织代表大会、学术报告会和专题报告会，出版论文集、公报和代表大会论文汇编等。代表大会每 4 年举行 1 次，至今已召开过 11 次大会。国际桥协于 1975 年建立"国际结构工程奖"，凡在结构工程方面，特别是从社会实际意义考虑，具有杰出贡献者都可获奖，每年评奖一次	专著：《Structural Engineering Documents》系列 期刊：《Structural Engineering International》
国际薄壳及空间结构学会（IASS）1959	IASS 由已故著名薄壳专家托罗哈教授在西班牙马德里创立。在欧洲、美洲和亚洲的不同国家召开多次国际学术会议，对发展薄壳与空间结构的设计理论、施工技术和合理应用等方面具有一定的推动作用，是当前国际上结构工程方面有影响的学术组织	主要活动有：1. 资助多个工作组进行研究工作，出版最先进的有关设计和施工的研究报告和建议，每个工作组每年举办技术和信息交流会，出版学术期刊；2. 组织每年一次的国际研讨会，主题是结构工程师，建筑师和建造师感兴趣的问题。国际薄壳与空间结构学术会议是国际空间结构领域内的世界性盛会，代表了世界空间结构发展的最高水平。3. 向为薄壳结构领域做出突出贡献者授予荣誉和办法奖项	期刊：《The Journal of the IASS》
世界高层都市建筑学会（CTBUH）1969	CTBUH 的任务是宣传有关高层建筑及城市环境可持续的多学科信息，从而帮助从事打造建筑环境的专业人士实现最大化的国际交流，向职业人员提供便捷有用的最新专业信息。该协会是个国际非营利组织，是高层建筑领域的世界领先团体，拥有国际认可的资源信息。它是衡量高层建筑高度标准的仲裁者，从而给出"世界最高建筑"的"头衔"	CTBUH 下设许多工作组，主要研究领域为高层建筑的规划、设计、施工和管理，以及都市建筑的设计、技术和社会领域。首要目的是推出一个相关技术指南或者其他有形的成果。CTBUH 每年举办一次国际会议，每四到五年举办一次世界大会。主要讨论高层建筑相关问题	期刊：《CTBUH Journal》

注：表中参考文献有（1）作者未知，中国土木工程学会. 关于英国结构工程师学会的调研 [J]. 学会月刊，2003 年第 10 期；（2）作者未知，美国钢结构协会（AISC）[J]，钢结构，20 (77)：106-106，2005 年 01 期。

附录二　主要学术期刊列表

国内推荐期刊列表　　　　　　　　　　　　　　表 F2-1

序号	收录库	出版地	期刊名称		国际/国内刊号（ISSN/CN）	刊期	主办机构
			原名称	英文译称			
1	EI	北京	土木工程学报	China Civil Engineering Journal	ISSN 1000-131X CN 11-2120/TU	月刊	中国土木工程学会
2	EI	北京	工程力学	Engineering Mechanics	ISSN 1000-4750 CN 11-2595/O3	月刊	中国力学学会
3	CSCD	北京	力学与实践	Mechanics in Engineering	ISSN 1000-0879 CN 11-2064/O3	双月刊	中国力学学会，中科院力学所
4	EI	北京	力学学报	Chinese Journal of Theoretical and Applied Mechanics	ISSN 0459-1879 CN 11-2062	双月刊	中国力学学会，中科院力学所
5	EI	南京	岩土工程学报	Chinese Journal of Geotechnical Engineering	ISSN 1000-4548 CN 32-1124	月刊	中国水利学会，中国土木工程学会，中国力学学会
6	EI	武汉	岩土力学	Rock and Soil Mechanics	ISSN 1000-7598 CN 42-1199	月刊	中科院武汉岩土力学研究所
7	EI	大连	计算力学学报	Chinese Journal of Computational Mechanics	ISSN 1007-4708 CN 21-1373/O3	双月刊	中国力学学会，大连理工大学
8	EI	上海	力学季刊	Chinese Quarterly of Mechanics	ISSN 0254-0053 CN 31-1829	季刊	中国力学学会，同济大学等
9	EI	重庆	应用数学和力学	Applied Mathematics and Mechanics	ISSN 1000-0887 CN 50-1060/O3	月刊	中国力学学会
10	EI	哈尔滨	地震工程与工程振动	Journal of Earthquake Engineering and Engineering Vibration	ISSN 1000-1301 CN 23-1157/P	双月刊	中国力学学会，中国地震局工程力学研究所
11	CSCD	哈尔滨	世界地震工程	World Earthquake Engineering	ISSN 1007-6069 CN 23-1195/P	季刊	国家地震局工程力学研究所
12	CSCD	北京	地震学报	Acta Seismologica Sinica	ISSN 0253-3782 CN 11-2021/P	双月刊	中国地震学会
13	CSCD	北京	中国地震	Earthquake Research in China	ISSN 1001-4683 CN 11-2008/P	季刊	中国地震局
14	EI	上海	振动与冲击	Journal of Vibration and Shock	ISSN 1000-3835 CN 31-1316/TU	月刊	中国振动工程学会
15	EI	南京	振动工程学报	Journal of Vibration Engineering	ISSN 1004-4523 CN 32-1349/TB	双月刊	中国振动工程学会

续表

序号	收录库	出版地	期刊名称 原名称	期刊名称 英文译称	国际/国内刊号（ISSN/CN）	刊期	主办机构
16	CSCD	南京	防灾减灾工程学报	Journal of Disaster Prevention and Mitigation Engineering	ISSN 1672-2132 CN 32-1695/P	季刊	江苏省地震局，中国灾害防御协会
17	CSCD	哈尔滨	自然灾害学报	Journal of Natural Disasters	ISSN 1004-4574 CN 23-1324/X	双月刊	中国灾害防御协会，中国地震局工程力学研究所
18	EI	绵阳	爆炸与冲击	Explosion and Shock Waves	ISSN 1001-1455 CN 51-1148/03	双月刊	中国力学学会，四川省力学学会
19	EI	南京	振动·测试与诊断	Journal of VibrationMeasurement & Diagnosis	ISSN 1004-6801 CN 32-1361/V	季刊	全国高校机械工程测试技术研究会，南京航空航天大学
20	EI	重庆	土木建筑与环境工程	Journal of Chongqing Jianzhu University	ISSN 1006-7329 CN 50-1052/TU	双月刊	重庆大学
21	EI	北京	建筑结构学报	Journal of Building Structures	ISSN 1000-6869 CN 11-1931/TU	双月刊	中国建筑学会
22	CSCD	北京	建筑结构	Building Structure	ISSN 1002-848X CN11-2833/TU	半月刊	中国建筑设计研究院，中国土木工程学会
23	CSCD	上海	结构工程师	Structural Engineers	ISSN 1005-0159 CN31-1358/TU	双月刊	同济大学，华东建筑设计研究院
24	CSCD	重庆	地下空间与工程学报	Chinese Journal of Underground Space and Engineering	ISSN 1673-0836 CN 50-1169/TU	双月刊	重庆大学，中国岩石力学与工程学会
25	CSCD	杭州	空间结构	Spatial Structures	ISSN1006-6578 CN 33-1205/TU	季刊	浙江大学
26	CSCD	西安	建筑科学与工程学报	Journal of Architecture and Civil Engineering	ISSN1673-2049 CN 61-1442/TU	季刊	长安大学中国土木工程学会
27		北京	钢结构	Steel Construction	ISSN1007-9963 CN 11-3899/TF	月刊	中冶建筑研究总院有限公司
28	CSCD	上海	建筑钢结构进展	Process in Steel Building Structures	ISSN1671-9379 CN 31-1893/TU	双月刊	同济大学
29	CSCD	北京	工业建筑	Industrial Construction	ISSN 1000-8993 CN 11-2068/TU	月刊	中冶集团建筑研究总院
30	CSCD	北京	施工技术	Construction Technology	ISSN 1002-8498 CN 11-2831/TU	月刊	中国建筑技术研究院，中国建筑工程总公司
31	EI	西安	中国公路学报	China Journal of Highway and Transport	ISSN 1001-7372 CN 61-1313/U	双月刊	中国公路学会
32	EI	北京	清华大学学报（自然科学版）	Journal of Tsinghua University (Science and Technology)	ISSN 1000-0054 CN 11-2223/N	月刊	清华大学
33	EI	上海	同济大学学报（自然科学版）	Journal of Tongji University (Natural Science)	ISSN 0253-374X CN 31-1267/N	月刊	同济大学

续表

序号	收录库	出版地	期刊名称		国际/国内刊号 （ISSN/CN）	刊期	主办机构
			原名称	英文译称			
34	EI	长沙	湖南大学学报（自然科学版）	Journal of Hunan University（Natural Sciences）	ISSN 1000-2472 CN 43-1061/N	月刊	湖南大学
35	EI	南京	东南大学学报（自然科学版）	Journal of Southeast University（Natural Science Edition）	ISSN 1001-0505 CN 32-1178/N	双月刊	东南大学
36	SCI	长沙	中南大学学报（自然科学版）	Journal of Central South University（Science and Technology）	ISSN 1672-7207 CN 43-1426/N	双月刊	中南大学
37	EI	杭州	浙江大学学报（理学版）	Journal of Zhejiang University（Science Edition）	ISSN 1008-9497 CN 33-1246/N	双月刊	浙江大学
38	EI	杭州	浙江大学学报（工学版）	Journal of Zhejiang University（Engineering Science）	ISSN 1008-973X CN 33-1245/T	月刊	浙江大学
39	EI	哈尔滨	哈尔滨工业大学学报	Journal of Harbin Institute of Technology	ISSN 0367-6234 CN 23-1235/T	月刊	哈尔滨工业大学
40	EI	广州	华南理工大学学报（自然科学版）	Journal of South China University of Technology（Natural Science Edition）	ISSN 1000-565X CN 44-1251/T	月刊	华南理工大学
41	EI	大连	大连理工大学学报	Journal of Dalian University of Technology	ISSN 1000-8608 CN 21-1117/N	双月刊	大连理工大学
42	EI	重庆	重庆大学学报	Journal of Chongqing University	ISSN 1000-582X CN 50-1044/N	月刊	重庆大学
43	EI	上海	上海交通大学学报	Journal of Shanghai Jiaotong University	ISSN 1006-2467 CN 31-1466/U	月刊	上海交通大学

国外推荐期刊列表   表 F2-2

序号	收录库	出版地	期刊名称		国际刊号 （ISSN）	刊期	主办机构
			原名称	中文译称			
1	SCI	奥地利	Rock Mechanics and Rock Engineering	岩石力学与岩石工程	ISSN 0723-2632	季刊	Springer Wien，Sachsenplatz
2	EI	韩国	Wind and Structures-An International Journal	风和结构	ISSN 1226-6116	双月刊	Techno-Press
3	SCI	韩国	Journal of Steel & Composite Structures	钢与组合结构	ISSN 1229-9367	双月刊	Techno-Press
4	SCI	韩国	Structural Engineering and Mechanics	结构工程与力学	ISSN 1225-4568	全年 18 期	Techno-Press
5	SCI	韩国	Smart Structures and Systems	智能结构与系统	ISSN 1738-1584	月刊	JournalSeek
6		韩国	International Journal of Steel Structures	国际钢结构杂志	ISSN 1598-2351	全年 5 期	韩国钢建筑协会
7	SCI	荷兰	Finite Elements in Analysis and Design	分析与设计中的有限元	ISSN 0168-874X	月刊	Elsevier Science Bv

续表

序号	收录库	出版地	期刊名称		国际刊号（ISSN）	刊期	主办机构
			原名称	中文译称			
8	SCI	荷兰	Journal of Wind Engineering & Industrial Aerodynamics Wind and Structures	风工程和工业空气动力学学报	ISSN 0167-6105	月刊	Elsevier Science Bv
9	SCI	荷兰	Shock and Vibration	冲击和振动	ISSN 1070-9622	双月刊	IOS Press
10	SCI	荷兰	Structural Safety	结构安全性	ISSN 0167-4730	季刊	Elsevier Science
11	SCI	美国	Journal of Geotechnical and Geoenvironmental Engineering	岩土工程与环境岩土工程学报	ISSN 1090-0241	月刊	美国土木工程师学会
12	SCI	美国	ACI Materials Journal	美国混凝土学会材料学报	ISSN 0889-325X	双月刊	美国混凝土学会
13	SCI	美国	ACI Structural Journal	美国混凝土学会结构学报	ISSN 0889-3241	双月刊	美国混凝土学会
14	SCI	美国	Applied Mechanics Reviews	应用力学评论	ISSN 0003-6900	双月刊	美国机械工程师协会
15	SCI	美国	Earthquake Spectra	地震反应谱	ISSN 8755-2930	季刊	美国地震工程研究院
16	SCI	美国	Journal of Earthquake Engineering	地震工程学学报	ISSN 1363-2469	双月刊	Talor & Francis
17	SCI	美国	PCI Journal	预制/预应力混凝土学会学报	ISSN 0887-9672	双月刊	美国预制与预应力混凝土协会
18	SCI	美国	Computational Mechanics	计算力学	ISSN 0178-7675	月刊	Springer
19	SCI	美国	Journal of Composites for Construction	建筑中的复合材料学报	ISSN 1090-0268	季刊	美国土木工程协会
20	SCI	美国	Journal of Computing in Civil Engineering	土木工程中的计算学报	ISSN 0887-3801	季刊	美国土木工程协会
21	SCI	美国	Journal of Applied Mechanics	应用力学学报	ISSN 0021-8936	双月刊	美国机械工程师协会
22	SCI	美国	Journal of Bridge Engineering	桥梁工程学报	ISSN 1084-0702	双月刊	美国土木工程协会
23	SCI	美国	Journal of Engineering Mechanics	工程力学学报	ISSN 0733-9399	月刊	美国土木工程协会
24	SCI	美国	Journal of Structural Engineering	结构工程学报	ISSN 0733-9445	月刊	美国土木工程协会
25	SCI	新加坡	International Journal of Structural Stability and Dynamics	结构稳定和动力学报	ISSN 0219-4554	季刊	World Scientific
26	EI	英国	Automation in Construction	施工自动化	ISSN 0926-5805	双月刊	Elsevier Science Bv
27	EI	英国	The Structural Engineer	结构工程师	ISSN 1466-5123	半月刊	英国结构工程师学会
28	SCI	英国	Advances in Structural Engineering	结构工程进展	ISSN 1369-4332	双月刊	香港理工大学

续表

序号	收录库	出版地	期刊名称 原名称	中文译称	国际刊号（ISSN）	刊期	主办机构
29	SCI	英国	Cement and Concrete Research	水泥与混凝土研究	ISSN 0008-8846	月刊	Pergamon-Elsevier Science Ltd
30	SCI	英国	Earthquake Engineering and Structural Dynamics	地震工程与结构动力学	ISSN 0098-8847	月刊	John Wiley & Sons Ltd
31	SCI	英国	International Journal for Numerical and Analytical Methods in Geomechanics	国际岩土力学数值与解析方法学报	ISSN 0363-9061	全年15期	John Wiley & Sons Ltd
32	SCI	英国	Journal of Constructional Steel Research	建筑钢结构研究	ISSN 0143-974X	月刊	Elsevier Sci Ltd
33	SCI	英国	Journal of Earthquake Engineering	地震工程学报	ISSN 1363-2469	季刊	伦敦帝国理工学院
34	SCI	英国	Soil Dynamics and Earthquake Engineering	土动力学与地震工程	ISSN 0267-7261	双月刊	Elsevier Sci Ltd
35	SCI	英国	Structural Design of Tall and Special Buildings	高层与特殊建筑的结构设计	ISSN 1541-7794	双月刊	John Wiley & Sons Ltd
36	SCI	英国	The Magazine of Concrete Research	混凝土研究	ISSN 0024-9831	双月刊	Thomas Telford Publishing
37	SCI	英国	Thin-walled Structures	薄壁结构	ISSN 0263-8231	月刊	Elsevier Sci Ltd
38	SCI	英国	Computers and Structures	计算机与结构	ISSN 0045-7949	半月刊	Pergamon-Elsevier Science Ltd
39	SCI	英国	Engineering Structures	工程结构	ISSN 0141-0296	月刊	Elsevier Sci Ltd
40	SCI	英国	Journal of Sound and Vibration	声学和振动	ISSN 0022-460X	周刊	Elsevier Science Ltd
41		英国	Structural Control Health Monitoring	结构控制与健康监测	ISSN 1545-2255	双月刊	
42		英国	Structural Health Monitoring	结构健康监测	ISSN 1475-9217	季刊	Elsevier Science
43		英国	International Journal of Space Structures	空间结构国际期刊	ISSN 0266-3511	季刊	Multi-Science Co Ltd

附录三　奖项与荣誉

结构工程师在事业上的成就很大一部分来自于所做设计项目取得国家或地方权威机构颁发的奖项及授予的荣誉。

1. 获奖

主要的权威性奖项有以下几种：

（1）国家/地方建筑学会：中国建筑学会每两年评选一次建筑设计项目评奖，对设计项目全专业进行综合评价，也设结构专业的项目评价。

（2）国家/地方勘察协会：中国勘察设计协会每两年举办一次公共建筑的设计评选，一次住宅设计评选，两次评选活动轮流交替进行。

（3）部委奖项：如教育部、化工部、机械部（现已改由中国机械工业勘察设计协会组织评奖）等均有行业内的协会或其他行业权威机构组织评奖。

（4）综合奖项：例如詹天佑奖，该奖是集施工、监理、设计为共同参与评选的综合奖项。也是中国建设工程行业的最高荣誉。

国务院设立的国家科学技术奖有：国家最高科学技术奖、国家自然科学奖、国家技术发明奖、国家科学技术进步奖、中华人民共和国国际科学技术合作奖，每年评审一次。省、自治区、直辖市人民政府可以设立一项省级科学技术奖。具体办法由省、自治区、直辖市人民政府规定，报国务院科学技术行政部门备案。

中华人民共和国住房和城乡建设部设立奖项有：华夏建设科学技术奖、建筑工程类科技示范工程、市政公用类科技示范工程等。由住房和城乡建设部科技发展促进中心承办组织评选。华夏建设科学技术奖每年评审一次。另外教育部、化工部、机械部（现已改由中国机械工业勘察设计协会组织评奖）等均有行业内的协会或其他行业权威机构组织评奖，相关奖项及评奖可登录部委官方网站查询。

由中华人民共和国住房和城乡建设部部管的社团约有 40 个，例如：中国土木工程学会、中国建筑学会等，各社团又分设各地方社团，所涉及的奖项数量繁多。各级奖项由各主办方在评选年度发布评选公告，并公布奖项设置和评选办法，此书不一一详述。以下为与结构工程师相关的国家及省部级权威机构所设奖项及机构网址信息。

与结构工程师相关的国家及省部级权威机构所设奖项　　　　表 F3-1

奖项名称	评奖机构	机构网址
国家科学技术进步奖	国家科学技术奖励工作办公室	http://www.nosta.gov.cn/
华夏建设科学技术奖	住房和城乡建设部科技发展促进中心	http://www.cstcmoc.org.cn/
建筑工程类科技示范工程	住房和城乡建设部科技发展促进中心	http://www.cstcmoc.org.cn/
市政公用类科技示范工程	住房和城乡建设部科技发展促进中心	http://www.cstcmoc.org.cn/
建筑设计奖	中国建筑学会	http://www.chinaasc.org/

续表

奖项名称	评奖机构	机构网址
建筑创作奖	中国建筑学会	http：//www. chinaasc. org/
优秀建筑结构奖	中国建筑学会	http：//www. chinaasc. org/
中国土木工程詹天佑奖	中国土木工程学会	http：//www. cces. net. cn/guild/ sites/tmxh/default. asp
中国土木工程詹天佑奖优秀住宅小区金奖	中国土木工程学会	http：//www. cces. net. cn/guild/ sites/tmxh/default. asp
全国优秀工程勘察设计奖	中国勘察设计协会	http：//www. chinaeda. org/
全国工程勘察设计行业优秀工程勘察设计行业奖	中国勘察设计协会	http：//www. chinaeda. org/
中国建设工程鲁班奖（国家优质工程）	中国建筑业协会	http：//www. zgjzy. org
中国建筑钢结构金奖	中国建筑金属结构协会	http：//www. ccmsa. com. cn/
全国市政金杯示范工程	中国市政工程协会	http：//www. zgsz. org. cn/

在以上奖项中，结构工程师主要申报的奖项有中国土木工程詹天佑奖、全国优秀工程勘察设计行业奖及建筑结构专业奖、中国建筑学会优秀建筑结构设计奖及空间结构优秀工程奖。以下主要介绍这几个奖项的申报及评选相关事项。

① 中国土木工程詹天佑奖

中国土木工程詹天佑奖（简称詹天佑奖）是经科技部核准，建设部认定，在建设部、铁道部、交通部、水利部的共同支持与指导下，以弘扬科技创新精神，表彰奖励在科技创新与新技术应用中成绩显著的工程项目为宗旨的奖项。并得到社会各阶，尤其是工程界的广泛重视和好评，成为我国土木工程建设最高荣誉奖之一。

詹天佑奖由中国土木工程学会于 1999 年建国五十周年之际设立，原为每两年评选一届，自 2003 年改为每年评选一届，每届评选获奖工程 20 项左右。截止至 2012 年，已完成十届评选，先后有 200 余项包括建筑、铁道、交通、水利等土木工程领域具有较高科技含量和代表性的工程建设项目获此殊荣，香港和澳门地区先后有 6 项工程获奖。

詹天佑奖评选充分体现创新性、先进性与权威性。创新性：获奖工程在设计、施工、管理等技术方面应有显著的创造性和较高的科技含量。先进性：反映当今我国同类工程中的最高水平。权威性：学会与政府主管部门之间协同推荐与遴选。

奖项申报条件、流程和评选细则及获奖公示等详细信息可在中国土木工程学会网站上查询。

② 全国优秀工程勘察设计行业奖及建筑结构专业奖

全国优秀工程勘察设计奖是我国工程勘察设计行业的国家级最高奖项，2006 年建设部发布了《全国优秀工程勘察设计奖评选办法》建质［2006］302 号，2008 年中国勘察设计协会发布了《全国工程勘察设计行业优秀工程勘察设计行业奖评选办法》中设协字（2008）第 31 号，其中指出，"按照住房与城乡建设部指导意见，原建设部部级奖变更为全国优秀工程勘察设计行业奖，评优工作从 2008 年起由中国勘察设计协会负责组织实施"。每两年进行一次评选。评选范围包括工程勘察与岩土工程、建筑工程设计、市政公用工程设计、住宅与住宅小区设计、工程勘察设计计算机软件、建筑工程标准设计以及工程总承包与工程项目管理等转向工程项目。奖项分综合工程奖项和专项工程奖项。从2008 年起，评选出众多全国优秀工程勘察设计行业奖，其中评选出的优秀建筑结构专项奖就近百项。

奖项申报条件、流程和评选细则及获奖公示等详细信息可在中国勘察设计协会网站上查询。

③ 中国建筑学会优秀建筑结构设计奖

中国建筑学会建筑结构设计奖是我国建筑结构设计的最高荣誉奖。本奖评选始于1994 年，近年来，由于我国建筑工程设计事业的发展，优秀设计项目多，从 2003 年起本奖每两年评选一次。评选活动得到了许多设计单位和建筑结构人员的积极响应。在已举办的七届《优秀建筑结构设计》评选活动中，先后有四、五百个设计项目获不同等级的奖项，第六届及以前获奖的精选之作，已汇集成 10 册图集由中国建筑工业出版社在全国出版发行。以宣传和介绍这些获奖项目的设计成果，对促进我国建筑结构设计工作将起到积极的推动作用。

奖项申报条件、流程和评选细则及获奖公示等详细信息可上网查询中国建筑学会网站。

④ 空间结构优秀工程奖

空间结构优秀工程奖是空间结构专业的最高荣誉鼓励。根据中国钢结构协会空间结构分会颁布的"空间结构奖评审办法"，空间结构优质工程奖由中国钢协空间结构分会颁发，每二年评选一次。优秀工程的评选范围包括：网架、网壳、悬索、薄壳、折板、膜结构等。这些空间结构可构成建筑物的主要部分（如屋盖或墙体）也可自行形成整体结构。

评审奖项分为工程类（设计或施工）和技术类。其中工程类设有金奖和银奖，旨在奖励在设计或施工技术与质量方面达到国内先进水平的工程项目；技术类设有技术创新奖，旨在奖励在空间结构的材料、设计、加工或安装等方面具有很好创新性、对推动空间结构技术发展具有重要作用的专项技术成果。在申报的工程类项目中包含的相关技术原则上不再申报技术创新奖。

奖项申报条件、流程和评选细则及获奖公示等详细信息可在中国钢结构协会空间结构分会网站查询。

2. 荣誉称号

（1）中国工程院院士是国家设立的工程科学技术方面的最高学术称号，也是结构工程师所能取得的业内最高荣誉。该荣誉具有"终身荣誉"的特殊属性，在职业生涯中享有咨询、评议和促进结构工程相关学术交流、科学普及等权利和义务，并可以自由参加院士会议。

1993 年 10 月 19 日，国务院将原中国科学院学部委员改称中国科学院院士，同时宣布成立中国工程院。1994 年产生第一批 96 名院士，其中 66 人为工程院院士。截止到2011 年增选后，中国工程院土木、水利与建筑工程学部共有院士 100 名。其中土木及相关专业的院士有 24 名。

（2）全国工程勘察设计大师是勘察设计行业国家级荣誉称号。由建设部根据《全国工程勘察设计大师评选办法》的要求，每两年评选一次，在评选时间和名额上都有严格的要求。具体评选名额和申报名额分配由工程勘察设计大师评选领导小组根据各专业技术人员数量、完成的勘察设计产值和科技进步水平确定。

1990 年，建设部组织评选产生第一批全国工程勘察设计大师共有 120 人。其中建筑结构方面的专家有 20 名。截至 2011 年，共评选出 7 批全国工程勘察设计大师共 438 人。其中结构专业的约有 30 人。

当然，能够取得中国工程院院士或全国工程勘察设计大师的杰出人才数量极其有限，很多结构工程设计方面具有较高造诣的专家在国家或地方的专业委员会、协学会、专业杂志或者超限评审委员会中均承担着主任委员、委员、评委、主席等职务，同样为中国的建筑事业发展和建筑结构设计的行业进步起到了相当重要的作用。也是我们结构工程师的行业价值的认可表现之一。

（3）院士及大师评选的相关信息如下：

① 院士评选

院士一般每两年进行一次增选。每次的增选院士名额，由中国工程院主席团讨论决定。

中国工程院院士可直接提名候选人。每次增选，每位院士提名候选人数不超过两名；获得不少于三位院士提名的候选人为有效。另外，各有关工程科学技术研究、设计、建造、运行机构、学术团体、高等院校、企业等，可按规定程序并经过民主推荐和有关部门、省、直辖市、自治区遴选后，提名候选人。

院士候选人的评审和选举由各学部组织院士进行。选举时，实行差额、无记名投票。参加投票的院士人数达到或超过本学部应投票院士人数的三分之二，选举有效；获得赞同票超过投票院士人数二分之一的候选人，按本学部应选名额依次当选，满额为止。

选举结果经院主席团审议批准，书面向全体院士通报并正式公布。

② 大师评选

参加评选人员需符合工程勘察设计大师评选标准，由本人提出申请，填写申报表，同时经 2 位本专业工程勘察设计大师推荐（本专业没有勘察设计大师的，可由相近专业大师推荐），并由申请人所在单位负责审核申报材料的真实性，单位法定代表人签署意见，加盖单位公章。

申报材料包括：申报表、有代表性的工程技术成果、论文、著作（包括重大工程勘察设计方面的重要报告和总结），以及重要奖项获奖证书的复印件和大师的书面推荐意见。

勘察、设计大师申报材料由申请人所在单位报各省、自治区、直辖市的建设行政主管部门，各地区建设行政主管部门对申报材料进行复核，根据评选条件，择优排序后报建设部。其中属于国资委管理的勘察设计企业的勘察、设计大师申报材料由申请人所在单位直接报住建部。

附录四　勘察设计注册工程师管理规定

勘察设计注册工程师管理规定
中华人民共和国建设部令　第 137 号

《勘察设计注册工程师管理规定》已经 2004 年 8 月 24 日建设部第 44 次常务会议讨论通过，现予发布，自 2005 年 4 月 1 日起施行。

建设部部长汪光焘
二〇〇五年二月四日

第一章　总　　则

第一条　为了加强对建设工程勘察、设计注册工程师的管理，维护公共利益和建筑市场秩序，提高建设工程勘察、设计质量与水平，依据《中华人民共和国建筑法》、《建设工程勘察设计管理条例》等法律法规，制定本规定。

第二条　中华人民共和国境内建设工程勘察设计注册工程师（以下简称注册工程师）的注册、执业、继续教育和监督管理，适用本规定。

第三条　本规定所称注册工程师，是指经考试取得中华人民共和国注册工程师资格证书（以下简称资格证书），并按照本规定注册，取得中华人民共和国注册工程师注册执业证书（以下简称注册证书）和执业印章，从事建设工程勘察、设计及有关业务活动的专业技术人员。

未取得注册证书及执业印章的人员，不得以注册工程师的名义从事建设工程勘察、设计及有关业务活动。

第四条　注册工程师按专业类别设置，具体专业划分由国务院建设主管部门和人事主管部门商国务院有关部门制定。

除注册结构工程师分为一级和二级外，其他专业注册工程师不分级别。

第五条　国务院建设主管部门对全国的注册工程师的注册、执业活动实施统一监督管理；国务院铁路、交通、水利等有关部门按照国务院规定的职责分工，负责全国有关专业工程注册工程师执业活动的监督管理。

县级以上地方人民政府建设主管部门对本行政区域内的注册工程师的注册、执业活动实施监督管理；县级以上地方人民政府交通、水利等有关部门在各自的职责范围内，负责本行政区域内有关专业工程注册工程师执业活动的监督管理。

第二章　注　　册

第六条　注册工程师实行注册执业管理制度。取得资格证书的人员，必须经过注册方能以注册工程师的名义执业。

第七条　取得资格证书的人员申请注册，由省、自治区、直辖市人民政府建设主管部门初审，国务院建设主管部门审批；其中涉及有关部门的专业注册工程师的注册，由国务院建设主管部门和有关部门审批。

　　取得资格证书并受聘于一个建设工程勘察、设计、施工、监理、招标代理、造价咨询等单位的人员，应当通过聘用单位向单位工商注册所在地的省、自治区、直辖市人民政府建设主管部门提出注册申请；省、自治区、直辖市人民政府建设主管部门受理后提出初审意见，并将初审意见和全部申报材料报审批部门审批；符合条件的，由审批部门核发由国务院建设主管部门统一制作、国务院建设主管部门或者国务院建设主管部门和有关部门共同用印的注册证书，并核发执业印章。

　　第八条　省、自治区、直辖市人民政府建设主管部门在收到申请人的申请材料后，应当即时作出是否受理的决定，并向申请人出具书面凭证；申请材料不齐全或者不符合法定形式的，应当在 5 日内一次性告知申请人需要补正的全部内容。逾期不告知的，自收到申请材料之日起即为受理。

　　省、自治区、直辖市人民政府建设主管部门应当自受理申请之日起 20 日内审查完毕，并将申请材料和初审意见报审批部门。

　　国务院建设主管部门自收到省、自治区、直辖市人民政府建设主管部门上报材料之日起，应当在 20 日内审批完毕并作出书面决定，自作出决定之日起 10 日内，在公众媒体上公告审批结果。其中，由国务院建设主管部门和有关部门共同审批的，审批时间为 45 日；对不予批准的，应当说明理由，并告知申请人享有依法申请行政复议或者提起行政诉讼的权利。

　　第九条　二级注册结构工程师的注册受理和审批，由省、自治区、直辖市人民政府建设主管部门负责。

　　第十条　注册证书和执业印章是注册工程师的执业凭证，由注册工程师本人保管、使用。注册证书和执业印章的有效期为 3 年。

　　第十一条　初始注册者，可自资格证书签发之日起 3 年内提出申请。逾期未申请者，须符合本专业继续教育的要求后方可申请初始注册。

　　初始注册需要提交下列材料：

　　（一）申请人的注册申请表；

　　（二）申请人的资格证书复印件；

　　（三）申请人与聘用单位签订的聘用劳动合同复印件；

　　（四）逾期初始注册的，应提供达到继续教育要求的证明材料。

　　第十二条　注册工程师每一注册期为 3 年，注册期满需继续执业的，应在注册期满前30 日，按照本规定第七条规定的程序申请延续注册。

　　延续注册需要提交下列材料：

　　（一）申请人延续注册申请表；

　　（二）申请人与聘用单位签订的聘用劳动合同复印件；

　　（三）申请人注册期内达到继续教育要求的证明材料。

　　第十三条　在注册有效期内，注册工程师变更执业单位，应与原聘用单位解除劳动关系，并按本规定第七条规定的程序办理变更注册手续，变更注册后仍延续原注册有效期。

　　变更注册需要提交下列材料：

　　（一）申请人变更注册申请表；

　　（二）申请人与新聘用单位签订的聘用劳动合同复印件；

（三）申请人的工作调动证明（或者与原聘用单位解除聘用劳动合同的证明文件、退休人员的退休证明）。

第十四条　注册工程师有下列情形之一的，其注册证书和执业印章失效：

（一）聘用单位破产的；

（二）聘用单位被吊销营业执照的；

（三）聘用单位相应资质证书被吊销的；

（四）已与聘用单位解除聘用劳动关系的；

（五）注册有效期满且未延续注册的；

（六）死亡或者丧失行为能力的；

（七）注册失效的其他情形。

第十五条　注册工程师有下列情形之一的，负责审批的部门应当办理注销手续，收回注册证书和执业印章或者公告其注册证书和执业印章作废：

（一）不具有完全民事行为能力的；

（二）申请注销注册的；

（三）有本规定第十四条所列情形发生的；

（四）依法被撤销注册的；

（五）依法被吊销注册证书的；

（六）受到刑事处罚的；

（七）法律、法规规定应当注销注册的其他情形。

注册工程师有前款情形之一的，注册工程师本人和聘用单位应当及时向负责审批的部门提出注销注册的申请；有关单位和个人有权向负责审批的部门举报；建设主管部门和有关部门应当及时向负责审批的部门报告。

第十六条　有下列情形之一的，不予注册：

（一）不具有完全民事行为能力的；

（二）因从事勘察设计或者相关业务受到刑事处罚，自刑事处罚执行完毕之日起至申请注册之日止不满 2 年的；

（三）法律、法规规定不予注册的其他情形。

第十七条　被注销注册者或者不予注册者，在重新具备初始注册条件，并符合本专业继续教育要求后，可按照本规定第七条规定的程序重新申请注册。

第三章　执　　业

第十八条　取得资格证书的人员，应受聘于一个具有建设工程勘察、设计、施工、监理、招标代理、造价咨询等一项或多项资质的单位，经注册后方可从事相应的执业活动。但从事建设工程勘察、设计执业活动的，应受聘并注册于一个具有建设工程勘察、设计资质的单位。

第十九条　注册工程师的执业范围：

（一）工程勘察或者本专业工程设计；

（二）本专业工程技术咨询；

（三）本专业工程招标、采购咨询；

（四）本专业工程的项目管理；

（五）对工程勘察或者本专业工程设计项目的施工进行指导和监督；

（六）国务院有关部门规定的其他业务。

第二十条   建设工程勘察、设计活动中形成的勘察、设计文件由相应专业注册工程师按照规定签字盖章后方可生效。各专业注册工程师签字盖章的勘察、设计文件种类及办法由国务院建设主管部门会同有关部门规定。

第二十一条   修改经注册工程师签字盖章的勘察、设计文件，应当由该注册工程师进行；因特殊情况，该注册工程师不能进行修改的，应由同专业其他注册工程师修改，并签字、加盖执业印章，对修改部分承担责任。

第二十二条   注册工程师从事执业活动，由所在单位接受委托并统一收费。

第二十三条   因建设工程勘察、设计事故及相关业务造成的经济损失，聘用单位应承担赔偿责任；聘用单位承担赔偿责任后，可依法向负有过错的注册工程师追偿。

第四章   继续教育

第二十四条   注册工程师在每一注册期内应达到国务院建设主管部门规定的本专业继续教育要求。继续教育作为注册工程师逾期初始注册、延续注册和重新申请注册的条件。

第二十五条   继续教育按照注册工程师专业类别设置，分为必修课和选修课，每注册期各为60学时。

第五章   权利和义务

第二十六条   注册工程师享有下列权利：

（一）使用注册工程师称谓；

（二）在规定范围内从事执业活动；

（三）依据本人能力从事相应的执业活动；

（四）保管和使用本人的注册证书和执业印章；

（五）对本人执业活动进行解释和辩护；

（六）接受继续教育；

（七）获得相应的劳动报酬；

（八）对侵犯本人权利的行为进行申诉。

第二十七条   注册工程师应当履行下列义务：

（一）遵守法律、法规和有关管理规定；

（二）执行工程建设标准规范；

（三）保证执业活动成果的质量，并承担相应责任；

（四）接受继续教育，努力提高执业水准；

（五）在本人执业活动所形成的勘察、设计文件上签字、加盖执业印章；

（六）保守在执业中知悉的国家秘密和他人的商业、技术秘密；

（七）不得涂改、出租、出借或者以其他形式非法转让注册证书或者执业印章；

（八）不得同时在两个或两个以上单位受聘或者执业；

（九）在本专业规定的执业范围和聘用单位业务范围内从事执业活动；

（十）协助注册管理机构完成相关工作。

第六章   法律责任

第二十八条   隐瞒有关情况或者提供虚假材料申请注册的，审批部门不予受理，并给予警告，一年之内不得再次申请注册。

第二十九条 以欺骗、贿赂等不正当手段取得注册证书的，由负责审批的部门撤销其注册，3年内不得再次申请注册；并由县级以上人民政府建设主管部门或者有关部门处以罚款，其中没有违法所得的，处以1万元以下的罚款；有违法所得的，处以违法所得3倍以上但不超过3万元的罚款；构成犯罪的，依法追究刑事责任。

第三十条 注册工程师在执业活动中有下列行为之一的，由县级以上人民政府建设主管部门或者有关部门予以警告，责令其改正；没有违法所得的，处以1万元以下的罚款；有违法所得的，处以违法所得3倍以上但不超过3万元的罚款；造成损失的，应当承担赔偿责任；构成犯罪的，依法追究刑事责任：

（一）以个人名义承接业务的；

（二）涂改、出租、出借或者以形式非法转让注册证书或者执业印章的；

（三）泄露执业中应当保守的秘密并造成严重后果的；

（四）超出本专业规定范围或者聘用单位业务范围从事执业活动的；

（五）弄虚作假提供执业活动成果的；

（六）其他违反法律、法规、规章的行为。

第三十一条 有下列情形之一的，负责审批的部门或者其上级主管部门，可以撤销其注册：

（一）建设主管部门或者有关部门的工作人员滥用职权、玩忽职守颁发注册证书和执业印章的；

（二）超越法定职权颁发注册证书和执业印章的；

（三）违反法定程序颁发注册证书和执业印章的；

（四）对不符合法定条件的申请人颁发注册证书和执业印章的；

（五）依法可以撤销注册的其他情形。

第三十二条 县级以上人民政府建设主管部门及有关部门的工作人员，在注册工程师管理工作中，有下列情形之一的，依法给予行政处分；构成犯罪的，依法追究刑事责任：

（一）对不符合法定条件的申请人颁发注册证书和执业印章的；

（二）对符合法定条件的申请人不予颁发注册证书和执业印章的；

（三）对符合法定条件的申请人未在法定期限内颁发注册证书和执业印章的；

（四）利用职务上的便利，收受他人财物或者其他好处的；

（五）不依法履行监督管理职责，或者发现违法行为不予查处的。

第七章 附 则

第三十三条 注册工程师资格考试工作按照国务院建设主管部门、国务院人事主管部门的有关规定执行。

第三十四条 香港特别行政区、澳门特别行政区、台湾地区及外籍专业技术人员，注册工程师注册和执业的管理办法另行制定。

第三十五条 本规定自2005年4月1日起施行。

附录五 各国职业道德规定

F5.1 美国职业工程师协会（NSPE）的职业道德规定

美国职业工程师协会（NSPE）对结构工程师的职业道德的规定分四个部分，分别为序文、基本标准、实践准则和工作义务。

1.1 序文：

工程学是一门很重要也很有学问的专业。作为学习这门专业的一员，工程师就应该能够展现出最高水平的诚实与正直。工程学对我们的生活质量有着直接而重要的影响。因此，工程师的工作要求必须是诚实，公正的，而且致力于保护公众的健康，安全与福利。工程师需要在坚持道德伦理的职业行为的约束下工作。

1.2 基本标准

作为能够履行职业义务的工程师，应该：

1. 把公众的健康，安全和福利放在第一位

2. 在自己的能力范围内提供服务

3. 发表公开声明时一定要保持客观和真实

4. 对每个户主和客户，都是忠诚的代理或受托人

5. 避免欺骗性行为

6. 做到体面，负责，坚持道德，守法，以此来增加别人对自己的尊敬，自己的声誉以及对自己工作的认同感

1.3 实践准则

1. 把公众的健康，安全和福利放在第一位

A. 当工程师的判断被生命或财产的安全所左右时，应该及时通知客户，雇主或其他权威

B. 工程师只能批准那些真正符合标准的文件

C. 工程师不能在没有获得雇主的授权或事先同意的情况下泄露事实，数据或信息

D. 工程师不应该允许任何欺诈性的或不诚实的企业使用他们的名字或与其联营公司

E. 工程师不能协助或者教唆由个人或公司进行非法的工程实践

F. 工程师如果知道有任何人涉嫌违背了本守则就应该通知政府当局并提供适当的协助

2. 在自己的能力范围内提供服务

A. 工程师只有在具备相应的教育水平和具体技术领域的经验时才能够承担相应的任务

B. 工程师不能够在他们不熟悉的计划书或文件上签字，不在他们指导和准备之下的

任何计划书或文件上签字

C. 工程师可以接受任务，承担调整项目的责任，为整个项目的文件盖章并签名，但盖章只能够由准备该部分的合格的工程师来完成

3. 发表公开声明时一定要保持客观和真实

A. 工程师在专业报告，陈述或证词中应该保证客观和真实

B. 工程师可以公开表达以事实和自己的知识能力为基础的技术意见

C. 工程师不应该发表关于和利益相关群体有关的技术事项的陈述，批评或者争论。

4. 应当成为每个户主和客户的忠诚的代理或受托人。

A. 工程师应该披露那些可能会影响或者将要影响他们的判断或者服务质量的利益冲突。

B. 工程师不应接受同一个项目中不同当事方的赔偿或者财务，除非情况是完全公开的而且是所有的当事方都同意的。

C. 工程师不能够从外部代理直接或间接地接受任何财务或者其他有价值的物品

D. 公共服务工程师（如政府或准政府机构中的成员雇员或顾问）不应参与决策方面的服务

E. 如果某政府分支机构的主要官员是工程师的成员，工程师不能够索取或接受其合同

5. 避免欺骗性行为

A. 工程师不能伪造资格，不能允许其联营公司失实陈述，不得歪曲或者夸大自己的责任

B. 工程师不得提供，给予，征求或接收任何来自于公共权力的直接或间接的影响。他们不得提供任何礼品或其他有价值的物品来确保自己的工作。

1.4　工作义务

1. 工程师应该遵循最高标准的诚实和正直

A. 工程师应该承认自己的错误，不得歪曲或改变事实

B. 当工程师认为工程将不会成功时，他们应当通知客户或雇主

C. 工程师不能接受海外雇佣对正常工作产生的伤害。在接受海外工程就业机会时应通知自己的雇主

D. 工程师不得以虚假或误导性的借口从其他用人单位吸引另一个工程师

E. 工程师不能以职业的完整性和尊严为代价来追求自己的利益

2. 工程师在任何时候都应该努力为公众利益服务

A. 工程师应该积极参与公民事务，指导青少年的职业生涯，提升和改进安全性工作，以及提升和改进社区的健康和福祉

B. 工程师不能签署不符合工程技术规范的计划。如果客户或者雇主坚持这样的行为，他们应该通知当局，并退出进一步的服务项目

C. 工程师应该努力增加公共知识，对一个工程取得成功给予赞赏

D. 工程师们应该为了保护环境和坚持可持续发展

3. 工程师应该避免所有欺骗公众的行为

A. 工程师应该避免使用失实的或者忽略了重要事实的陈述

B. 与上述一致，工程师可以为招聘人员作介绍

C. 与上述一致，工程师可以准备非专业或者技术新闻，但这并不意味着信赖笔者进行其他的工作

4. 未经允许，工程师不得泄露与以前的客户或者公共机构有关的机密信息和有关的业务

A. 在没有经过各有关方同意的情况下，工程师不得安排新的工作或者是为了获得特定的锻炼而卷入到别的项目中去

B. 在没有经过有关各方同意的情况下，工程师不得代表对方的利益

5. 工程师不能因为利益冲突而影响自己的专业职责

6. 工程师不得为了获得就业或保证自己的工作而诽谤他人或者使用其他不正当手段

7. 工程师不得恶意或虚假的，直接或间接地企图伤害他人的专业声誉，前景和就业。如果工程师发现其他人有这些不道德的行为，应该向有关部门提供材料，采取行动。

8. 工程师应该为他们的职业行为承担个人责任。工程师可以要求赔偿损失服务所产生的他们的做法以外的疏忽。工程师的利益不能以其他方式保护。

9. 工程师应该信赖做工程工作的人，并承认他人的专有利益。

F5.2　美国土木工程师学会（ASCE）的职业道德规定

美国土木工程师学会（ASCE）对结构工程师的职业道德的规定分四个部分，分别为基本原则、基本标准、实践准则和在基本的伦理准则下指导实践，其中在基本的伦理准则下指导实践又分为 7 个准则。

基本标准

2.1　基本原则

工程师坚持和推进工程专业的诚信、荣誉和尊严，有以下几种方式：

1. 利用他们的知识与技能，提高人类福利与环境；

2. 做到诚实、公正，用忠诚服务公众、雇主和客户；

3. 努力增加工程职业的能力和威望；

4. 支持相应的技术协会

2.2　基本标准

1. 把公众的健康，安全和福利放在第一位

2. 在自己的能力范围内提供服务

3. 发表公开声明时一定要保持客观和真实

4. 把每个户主和客户当做忠诚的代理或受托人

5. 避免欺骗性行为

6. 做到体面，负责，坚持道德，守法，以此来增加别人对自己的尊敬、自己的声誉以及对自己工作的认同感

7. 坚持职业发展，并为自己下级的工程师提供机会

2.3　实践准则

1. 把公众的健康，安全和福利放在第一位

A. 当工程师的判断被生命或财产的安全所左右时，应该及时通知客户，雇主或其他权威

B. 工程师只能批准那些真正符合标准的文件

C. 工程师不能在没有获得雇主的授权或事先同意的情况下泄露事实，数据或信息

D. 工程师不应该允许任何欺诈性的或不诚实的企业使用他们的名字或与其联营公司

E. 工程师不能协助或者教唆由个人或公司进行非法的工程实践

F. 工程师如果知道有任何人涉嫌违背了本守则就应该通知政府当局并提供适当的协助

2. 在自己的能力范围内提供服务

A. 工程师只有在具备相应的教育水平和具体技术领域的经验时才能够承担相应的任务

B. 工程师不能够在他们不熟悉的计划书或文件上签字，不在他们指导和准备之下的任何计划书或文件上签字

C. 工程师可以接受任务，承担调整项目的责任，为整个项目的文件盖章并签名，但盖章只能够由准备该部分的合格的工程师来完成

3. 发表公开声明时一定要保持客观和真实

A. 工程师在专业报告，陈述或证词中应该保证客观和真实

B. 工程师可以公开表达以事实和自己的知识能力为基础的技术意见

C. 工程师不应该发表关于和利益相关群体有关的技术事项的陈述，批评或者争论。

4. 应当成为每个户主和客户的忠诚的代理或受托人。

A. 工程师应该披露那些可能会影响或者将要影响他们的判断或者服务质量的利益冲突。

B. 工程师不应接受同一个项目中不同当事方的赔偿或者财务，除非情况是完全公开的而且是所有的当事方都同意的。

C. 工程师不能够从外部代理直接或间接地接受任何财务或者其他有价值的物品

D. 公共服务工程师（如政府或准政府机构中的成员雇员或顾问）不应参与决策方面的服务

E. 如果某政府分支机构的主要官员是工程师的成员，工程师不能够索取或接受其合同

5. 避免欺骗性行为

A. 工程师不能伪造资格，不能允许其联营公司失实陈述，不得歪曲或者夸大自己的责任

B. 工程师不得提供，给予，征求或接收任何来自于公共权力的直接或间接的影响。他们不得提供任何礼品或其他有价值的物品来确保自己的工作。

2.4　在基本的伦理准则下指导实践

准则 1

工程师应该保留最重要的安全、健康和公众福利，在履行专业职责时应该努力遵循可持续发展原则。

a. 工程师应认识到生命，安全，健康和一般公众的福利和结构，机器，产品，过程

和设备相关。

b. 工程师应批准或密封审查或准备的设计文件，确定对公众的健康和福利在公认的符合工程标准的范围内是安全的。

c. 当工程师认为出现了安全、卫生和公共福利濒危的情况，或可持续发展原则被忽视被否决时，应告知其客户或雇主的可能后果。

d. 工程师们已经知道或有理由相信另一个人或公司可能违反任何准则 1 的规定时，应提供这些信息给有关权威，并且应配合适当的权威提供进一步的信息或援助的可能需要。

e. 工程师应该寻求机会去服务公民事务，提高安全，建设健康和幸福的社区，实践可持续发展的环境保护。

f. 工程师应致力于坚持可持续发展原则改善环境，以提高大众的生活质量。

准则 2

在他们的职责范围内工程师应履行职责。

a. 工程师只有当涉及的教育或经验的技术领域工程合格时才可以承担履行工程任务。

b. 工程师可以接受要求教育或经验在自己的领域的能力外的任务，提供了他们的服务只限于这些阶段的项目中。所有其他阶段的项目应当由高素质的员工，顾问，或雇员来完成。

c. 工程师在处理这些他们缺乏能力审查的脱离其监督控制的事时，不应该签字或者盖章任何工程计划或文件。

准则 3

工程师只能用一个客观和真实的方式公开声明。

a. 工程师应该努力扩大公共知识工程与可持续发展，不得参与传播不真实，不公平或夸张说明的有关工程。

b. 工程师在专业报告、报表或证词中应当讲究客观、真实。他们应包括所有相关和有关在这种信息报告，报表，或证词。

c. 工程师，在担任专家证人时，应当在诚实的信念上，具有相关技术能力时，表达一个工程的观点。

d. 工程师在工程问题上不应发表任何声明、批评或观点，除非他们能够代表这个声明。

e. 工程师应保持尊严和谦虚，阐述他们的工作和优势，并避免任何牺牲自己的利益的完整性，荣誉和尊严的职业行为。

准则 4

工程师应在专业事务上为每一雇主或客户做忠实的代理人或受托人，并应避免利益冲突。

a. 工程师应避免所有已知的或潜在的利益冲突，可能影响他们的判断或服务的质量时，雇主或者客户应当及时告知他们的雇主或客户的任何商业协会。

b. 工程师不应从受雇于不止一个雇主而服务于同一项目接受酬劳，除非在所有各方充分披露和同意的情况下。

c. 工程师和承包商、代理或其他负责处理与他们的客户或雇主联系在一起工作的组织工作时，不得索取或收受酬金。

d. 工程师在公共服务作为成员、顾问，或一个政府机构或部门的雇员时不得参与他们的组织在私人或公共工程的实践。

e. 当研究结果表明他们认为一个项目将不会成功时，工程师应通知他们的雇主或客户。

f. 工程师不得利用保密信息来赚取个人的利润，这种行动对他们的客户，雇主或公众是不利的。

g. 工程师在没有了解他们的雇主时，不应接受专业或兴趣以外的正规工作。

准则5

工程师应在功德服务上建立他们的专业声誉，不得与他人不公平竞争。

a. 工程师不得征求或接受任何直接或间接地政治献金、酬金

b. 工程师应为专业服务和公平合同谈判。

c. 在一基础专业判断不受偶然影响的情况下，工程师可以要求，提出或接受专业委员会的要求。

d. 工程师不得伪造许可证或学术、专业资格或经验。

e. 工程师应给予适当的信贷工程工作，并被承认其他的所有权利益。只要有可能，他们可以负责设计，发明，著作或其他成就。

f. 广告专业服务工程师不能以带有误导性的语言或是其他任何方式贬低职业尊严。规定如下：

1）在出版物上提供一致的内容。

2）说明书，如实描述经验，设施，人员的能力和提供服务，不得误导工程师提供他们参与的项目描述。

3）在公认的专业刊物上不应提供非真实的工程师参与项目的描述。

4）在声明式的服务发布项目中，工程师应提供的名称或公司名称。

5）参与或授权描述性的技术新闻文章。这样的文章不应含有任何超过直接参与的项目描述的内容。

6）许可的工程师使用自己的名字用于商业广告，如出版承包商，材料供应商等，应承认工程师参与项目的描述。这种不应包括专利产品。

g. 工程师不得直接或间接恶意或错误的＝伤害专业信誉和前景。在实习或就业中，不能不分青红皂白地批评别人的工作。

h. 工程师没有得到他们的同意不应使用雇主的设备，耗材，实验室或办公室设施进行私人以外执业。

准则6

工程师应维护和提高荣誉和尊严，工程专业应采取零容忍贿赂和腐败，欺诈。

a. 工程师不应该有意从事商业或专业欺诈。

b. 工程师应恪守诚实，通过开放的、诚实的和公正的服务与忠诚的市民、雇主、同事和客户合作，促进资源的有效利用。

c. 在所有他们从事工程建设活动中，工程师应采取的零容忍行贿，欺诈，和腐败。

d. 工程师在支付酬金或贿赂成制度化的地方应特别警惕，保持适当的伦理行为。

e. 工程师应争取透明度的采购项目。透明度包括披露姓名、地址、目的和佣金。

f. 工程师应鼓励使用零容忍贿赂和腐败、欺诈的合同。

准则 7

工程师应继续他们的专业发展的整个职业，并在这些工程师的监督下提供专业发展机会。

a. 工程师应积极在其专业领域从事专业实践，参加继续教育课程，阅读技术文献，并参加专业会议和研讨会。

b. 工程师应鼓励其雇员尽可能早地成为注册工程师。

c. 工程师应该鼓励员工在专业技术学会会议上发表论文。

d. 工程师对雇主与雇员之间工资范围与福利等就业条款上，应秉持满意的态度。

F5.3　英国关于结构工程师职业道德的规定

英国土木工程师学会（ICE）对工程师的社会责任和职业道德进行了相关规定，具体包括三部分：1 简介；2 职业道德准则；3 职业道德准则的解释及应用。

3.1　简介

（略）

3.2　ICE 成员的职业道德准则：

1) 所有成员应完整的履行其专业职责。

2) 所有成员应只去承担他们能胜任的工作。

3) 所有成员应该充分考虑公众利益，特别是有关健康和安全的问题以及后代的安宁。

4) 所有成员应该表现出考虑环境和自然资源可持续管理的责任感。

5) 所有成员应持续不断的提高自身的专业知识、技能和竞争力，并将给其他人在专业发展教育、培训方面给予合理的援助。

6) 若成员被判犯有刑事罪行，需要通知当局；当公司破产或是公司董事被取消资格时，需要通知当局；当另一成员有任何重大违反职业道德规则时，需要通知当局；

3.3　职业道德准则的解释和应用的指导说明：

所有成员应完整的履行其专业职责，成员违反该条规则包括以下行为：

1) 未能完整、客观和公正地完成其专业职责；

2) 没有申报利益冲突；

3) 未能有足够的信心把其他团体作为专业职责的一部分；

4) 未能充分履行好关心客户尤其是国内或者是小型工程服务中的客户的职责；

5) 合同条款无书面说明收取的费用；只要项目可行，这些条款都应该在项目开始前给客户；

6) 成员未携带相应的个人保险或者其雇主的保险，合同之前未告诉客户具体位置；成员们应该采取合理的步骤确保他们的潜在客户需要何种程度上合理的保险；

7) 与其他同事或者一起共事的人未表现出其专业职责，成员们应该没有偏见，并带着尊重去对待任何人；

8）成员不得直接或者间接去排挤另一个人，应该采取合理的步骤去建立任何与项目有关的合同；

9）在评论他人的工作时，成员们必须控制介入程度；除非是常规或者法定检查人，成员们的客户或者雇主需要保密；

10）当与其他人竞争时，采取的行动可能会对其他人在专业利益等方面产生不利的影响，这时候成员们不能恶意或者罔顾后果的采取行动。

11）对其他成员的工作有责任或者对其他人员有管理责任的成员在工作中未能承担责任，成员们应该保证有专业知识去有效地监督他们的工作。

F5.4 欧盟关于结构工程师职业道德的规定

在欧盟，有欧洲工程师协会（FEANI）的"FEANI Code of Conduct"对工程师的职业道德规定。FEANI 行为守则是对道德守则的补充，它并不能取代道德守则。而注册者在所在国应当服从道德守则。所有注册加入 FEANI 的成员都应该意识到人类科学和技术的重要性以及在从事其专业活动时自己的社会责任。他们按欧洲社会的良好行为的一般规则从事自己的专业，并且特别尊重职业权利以及与他们合作者的尊严。因此，他们承诺遵守和维护以下道德准则。

1. 个人伦理

1）工程师应使他的能力保持在最高水平，随时要求自己按照他所从事行业中的良好作风提供卓越的服务，并遵守所在国家相关领域的有关法律。

2）他的职业操守和学术诚实应该保证其在分析、判断和之后做出裁决时的公正。

3）他应考虑在自由介入任何商业保密协议之前，受到自己在良心的约束。

4）除了那些与他雇主有关的意见一致者，他不得接受任何钱财。

5）他应参加协会的活动以显示他对工程专业的承诺，特别是那些推动行业和促进对其成员的持续培训的活动。

6）他应只使用那些他所取得的头衔。

2. 职业道德

1）工程师只应接受在他从事领域内的任务。

2）超出此限制，他应寻求适当的专家的合作。

3）他应负责组织和执行他的任务。

4）他必须对他所提供的服务有一个明确的定义。为了执行他的任务，他将采取一切**必要措施**，以克服所遇到的困难，同时确保人员和财产的安全。

5）他应取得与他所提供的服务和承担的责任相称的酬金。

6）他会努力确保每个成员都根据其所提供的服务和承担责任得到相应的薪酬。

7）他争取一个高层次的技术成就，这也将有助于为他的同行构建和推广一个健康、合适的工程环境。

3. 社会责任

1）尊重他的上级，同事和下属的个人权利，在符合行业法律和道德的情况下，适当考虑他们的要求和愿望。

2）保持对自然、环境、安全和健康的意识，并为人类的便利和福利而工作。

3）在不超出其工作领域的范围内，为公众提供明确的信息，从而使公众能对涉及自身利益的技术问题有一个正确的认识。

4）对他从业国家的传统和文化价值显示最大的尊敬。

附录六　地震安全性评价管理条例

地震安全性评价管理条例
中华人民共和国国务院令
第 323 号

第一章　总　则

第一条　为了加强对地震安全性评价的管理，防御与减轻地震灾害，保护人民生命和财产安全，根据《中华人民共和国防震减灾法》的有关规定，制定本条例。

第二条　在中华人民共和国境内从事地震安全性评价活动，必须遵守本条例。

第三条　新建、扩建、改建建设工程，依照《中华人民共和国防震减灾法》和本条例的规定，需要进行地震安全性评价的，必须严格执行国家地震安全性评价的技术规范，确保地震安全性评价的质量。

第四条　国务院地震工作主管部门负责全国的地震安全性评价的监督管理工作。县级以上地方人民政府负责管理地震工作的部门或者机构负责本行政区域内的地震安全性评价的监督管理工作。

第五条　国家鼓励、扶持有关地震安全性评价的科技研究，推广应用先进的科技成果，提高地震安全性评价的科技水平。

第二章　地震安全性评价单位的资质

第六条　国家对从事地震安全性评价的单位实行资质管理制度。

从事地震安全性评价的单位必须取得地震安全性评价资质证书，方可进行地震安全性评价。

第七条　从事地震安全性评价的单位具备下列条件，方可向国务院地震工作主管部门或者省、自治区、直辖市人民政府负责管理地震工作的部门或者机构申请领取地震安全性评价资质证书：

（一）有与从事地震安全性评价相适应的地震学、地震地质学、工程地震学方面的专业技术人员；

（二）有从事地震安全性评价的技术条件。

第八条　国务院地震工作主管部门或者省、自治区、直辖市人民政府负责管理地震工作的部门或者机构，应当自收到地震安全性评价资质申请书之日起 30 日内作出审查决定。对符合条件的，颁发地震安全性评价资质证书；对不符合条件的，应当及时书面通知申请单位并说明理由。

第九条　地震安全性评价单位应当在其资质许可的范围内承揽地震安全性评价业务。禁止地震安全性评价单位超越其资质许可的范围或者以其他地震安全性评价单位的名义承揽地震安全性评价业务。禁止地震安全性评价单位允许其他单位以本单位的名义承揽地震安全性评价业务。

第十条　地震安全性评价资质证书的式样，由国务院地震工作主管部门统一规定。

第三章　地震安全性评价的范围和要求

第十一条　下列建设工程必须进行地震安全性评价：

（一）国家重大建设工程；

（二）受地震破坏后可能引发水灾、火灾、爆炸、剧毒或者强腐蚀性物质大量泄露或者其他严重次生灾害的建设工程，包括水库大坝、堤防和贮油、贮气、贮存易燃易爆、剧毒或者强腐蚀性物质的设施以及其他可能发生严重次生灾害的建设工程；

（三）受地震破坏后可能引发放射性污染的核电站和核设施建设工程；

（四）省、自治区、直辖市认为对本行政区域有重大价值或者有重大影响的其他建设工程。

第十二条　建设单位应当将建设工程的地震安全性评价业务委托给具有相应资质的地震安全性评价单位。

第十三条　建设单位应当与地震安全性评价单位订立书面合同，明确双方的权利和义务。

第十四条　地震安全性评价单位对建设工程进行地震安全性评价后，应当编制该建设工程的地震安全性评价报告。

地震安全性评价报告应当包括下列内容：

（一）工程概况和地震安全性评价的技术要求；

（二）地震活动环境评价；

（三）地震地质构造评价；

（四）设防烈度或者设计地震动参数；

（五）地震地质灾害评价；

（六）其他有关技术资料。

第十五条　建设单位应当将地震安全性评价报告报送国务院地震工作主管部门或者省、自治区、直辖市人民政府负责管理地震工作的部门或者机构审定。

第四章　地震安全性评价报告的审定

第十六条　国务院地震工作主管部门负责下列地震安全性评价报告的审定：

（一）国家重大建设工程；

（二）跨省、自治区、直辖市行政区域的建设工程；

（三）核电站和核设施建设工程。

省、自治区、直辖市人民政府负责管理地震工作的部门或者机构负责除前款规定以外的建设工程地震安全性评价报告的审定。

第十七条　国务院地震工作主管部门和省、自治区、直辖市人民政府负责管理地震工作的部门或者机构，应当自收到地震安全性评价报告之日起15日内进行审定，确定建设工程的抗震设防要求。

第十八条　国务院地震工作主管部门或者省、自治区、直辖市人民政府负责管理地震工作的部门或者机构，在确定建设工程抗震设防要求后，应当以书面形式通知建设单位，并告知建设工程所在地的市、县人民政府负责管理地震工作的部门或者机构。

省、自治区、直辖市人民政府负责管理地震工作的部门或者机构应当将其确定的建设工程抗震设防要求报国务院地震工作主管部门备案。

第五章　监督管理

第十九条　县级以上人民政府负责项目审批的部门，应当将抗震设防要求纳入建设工程可行性研究报告的审查内容。对可行性研究报告中未包含抗震设防要求的项目，不予批准。

第二十条　国务院建设行政主管部门和国务院铁路、交通、民用航空、水利和其他有关专业主管部门制定的抗震设计规范，应当明确规定按照抗震设防要求进行抗震设计的方法和措施。

第二十一条　建设工程设计单位应当按照抗震设防要求和抗震设计规范，进行抗震设计。

第二十二条　国务院地震工作主管部门和县级以上地方人民政府负责管理地震工作的部门或者机构，应当会同有关专业主管部门，加强对地震安全性评价工作的监督检查。

第六章　罚　　则

第二十三条　违反本条例的规定，未取得地震安全性评价资质证书的单位承揽地震安全性评价业务的，由国务院地震工作主管部门或者县级以上地方人民政府负责管理地震工作的部门或者机构依据职权，责令改正，没收违法所得，并处 1 万元以上 5 万元以下的罚款。

第二十四条　违反本条例的规定，地震安全性评价单位有下列行为之一的，由国务院地震工作主管部门或者县级以上地方人民政府负责管理地震工作的部门或者机构依据职权，责令改正，没收违法所得，并处 1 万元以上 5 万元以下的罚款；情节严重的，由颁发资质证书的部门或者机构吊销资质证书：

（一）超越其资质许可的范围承揽地震安全性评价业务的；

（二）以其他地震安全性评价单位的名义承揽地震安全性评价业务的；（三）允许其他单位以本单位名义承揽地震安全性评价业务的。

第二十五条　违反本条例的规定，国务院地震工作主管部门或者机构向不符合条件的单位颁发地震安全性评价资质证书和审定地震安全性评价报告，国务院地震工作主管部门或者县级以上地方人民政府负责管理地震工作的部门或者机构不履行监督管理职责，或者发现违法行为不予查处，致使公共财产、国家和人民利益遭受重大损失的，依法追究有关责任人的刑事责任；没有造成严重后果，尚不构成犯罪的，对部门或者机构负有责任的主管人员和其他直接责任人员给予降级或者撤职的行政处分。

第七章　附　　则

第二十六条　本条例自 2002 年 1 月 1 日起施行。

附录七　建筑工程设计文件编制深度规定

《建筑工程设计文件编制深度规定》关于结构设计的深度规定:
建筑工程设计文件编制深度规定（节选）
建设部文件
建质〔2008〕216号

方案设计深度规定:

2.2.4　结构设计说明。

1　工程概况。

1) 工程地点、工程分区、主要功能；

2) 各单体（或分区）建筑的长、宽、高，地上与地下层数，各层层高，主要结构跨度，特殊结构及造型，工业厂房的吊车吨位等。

2　设计依据。

1) 主体结构设计使用年限；

2) 自然条件：风荷载、雪荷载、抗震设防烈度等，有条件时简述工程地质概况；

3) 建设单位提出的与结构有关的符合有关法规、标准的书面要求；

4) 本专业设计所执行的主要法规和所采用的主要标准（包括标准的名称、编号、年号和版本号）。

3　建筑分类等级：建筑结构安全等级、建筑抗震设防类别、钢筋混凝土结构的抗震等级、地下室防水等级、人防地下室的抗力等级，有条件时说明地基基础的设计等级。

4　上部结构及地下室结构方案。

1) 结构缝（伸缩缝、沉降缝和防震缝）的设置；

2) 上部从地下室结构选型概述，上部及地下室结构布置说明（必要时附简图或结构方案比选）；

3) 阐述设计中拟采用的新结构、新材料及新工艺等；简要说明关键技术问题的解决方法，包括分析方法（必要时说明拟采用的进行结构分析的软件名称）及构造措施或试验方法；

4) 特殊结构宜进行方案可行性论述。

5　基础方案。有条件时阐述基础选型及持力层，必要时说明对相邻既有建筑物的影响等。

6　主要结构材料。混凝土强度等级、钢筋种类、钢绞线或高强钢丝种类、钢材牌号、砌体材料、其他特殊材料或产品（如成品拉索、铸钢件、成品支座、阻尼器等）的说明等。

7　需要特别说明的其他问题。如是否需进行风洞试验、振动台试验、节点试验等。对需要进行抗震设防专项审查或其他需要进行专项论证的项目应明确说明。3.5.1在初步设计阶段结构专业设计文件应有设计说明书和必要时提供结构布置图。

初步设计深度规定：

3.5.1　在初步设计阶段，结构专业设计文件应包括设计说明书、设计图纸和计算书。

3.5.2　设计说明书。

1　工程概况。

1) 工程地点、工程分区、主要功能；

2) 各单体（或分区）建筑的长、宽、高，地上与地下层数，各层层高，主要结构跨度，特殊结构及造型，工业厂房的吊车吨位等。

2　设计依据：

1) 主体结构设计使用年限；

2) 自然条件：基本风压、基本雪压、气温（必要时提供）、抗震设防烈度等；

3) 工程地质勘察报告或可靠的地质参考资料；

4) 场地地震安全性评价报告（必要时提供）；

5) 风洞试验报告（必要时提供）；

6) 建设单位提出的与结构有关的符合有关标准、法规的书面要求；

7) 批准的上一阶段的设计文件；

8) 本专业设计所执行的主要法规和所采用的主要标准（包括标准的名称、编号、年号和版本号）。

3　建筑分类等级。

应说明下列建筑分类等级及所依据的规范或批文：

1) 建筑结构安全等级；

2) 地基基础设计等级；

3) 建筑抗震设防类别；

4) 钢筋混凝土结构抗震等级；

5) 地下室防水等级；

6) 人防地下室的设计类别、防常规武器抗力级别和防核武器抗力级别；

7) 建筑防火分类等级和耐火等级。

4　主要荷载（作用）取值：

1) 楼（屋）面活荷载、特殊设备荷载；

2) 风荷载（包括地面粗糙度，有条件时说明体型系数、风振系数等）；

3) 雪荷载（必要时提供积雪分布系数等）；

4) 地震作用（包括设计基本地震加速度、设计地震分组、场地类别、场地特征周期、结构阻尼比、地震影响系数等）；

5) 温度作用及地下室水浮力的有关设计参数；

6) 特殊的荷载（作用）工况组合，包括分项系数及组合系数。

5　上部及地下室结构设计。

1) 结构缝（伸缩缝、沉降缝和防震缝）的设置；

2) 上部及地下室结构选型及结构布置说明；

3) 关键技术问题的解决方法；特殊技术的说明，结构重要节点、支座的说明或简图；

4）有抗浮要求的地下室应明确抗浮措施；

5）施工特殊要求及其他需要说明的内容。

　　6　地基基础设计。

1）工程地质和水文地质概况，应包括各主要土层的压缩模量和承载力特征值（或桩基设计参数）；地基液化判别，地基土冻胀性和融陷情况，特殊地质条件（如溶洞）等说明，土及地下水对钢筋、钢材和混凝土的腐蚀性；

2）基础选型说明；

3）采用天然地基时，应说明基础埋置深度和持力层情况；采用桩基时，应说明桩的类型、桩端持力层及进入持力层的深度；采用地基处理时，应说明地基处理要求；

4）关键技术问题的解决方法；

5）必要时应说明对相邻既有建筑物等的影响及保护措施；

6）施工特殊要求及其他需要说明的内容。

　　7　结构分析，

1）采用的结构分析程序名称、版本号、编制单位；复杂结构或重要建筑应至少采用两种不同的计算程序；

2）结构分析所采用的计算模型、整体计算嵌固部位，结构分析输入的主要参数，必要时附计算模型简图；

3）列出主要控制性计算结果，可以采用图表方式表示；对计算结果进行必要的分析和说明。

　　8　主要结构材料。包括混凝土强度等级、钢筋种类、砌体强度等级、砂浆强度等级、钢绞线或高强钢丝种类、钢材牌号、特殊材料或产品（如成品拉索、锚具、铸钢件、成品支座、阻尼器等）的说明等。

　　9　其他需要说明的内容。

1）必要时应提出的试验要求，如风洞试验、振动台试验、节点试验等；

2）进一步的地质勘察要求、试桩要求等；

3）尚需建设单位进一步明确的要求；

4）对需要进行抗震设防专项审查和其他专项论证的项目应明确说明；

5）提请在设计审批时需解决或确定的主要问题。

　　3.5.3　设计图纸。

　　1　基础平面图及主要基础构件的截面尺寸；

　　2　主要楼层结构平面布置图，注明主要的定位尺寸、主要构件的截面尺寸；结构平面图不能表示清楚的结构或构件，可采用立面图、剖面图、轴测图等方法表示；

　　3　结构主要或关键性节点、支座示意图；

　　4　伸缩缝、沉降缝、防震缝、施工后浇带的位置和宽度应在相应平面图中表示。

　　3.5.4　计算书。计算书应包括荷载统计，结构整体计算、基础计算等必要的内容，计算书经校审后保存。

　　施工图设计深度规定：

　　4.4.1　在施工图设计阶段，结构专业设计文件应包括图纸目录、设计说明、设计图纸、计算书。

4.4.2 图纸目录。应按图纸序号排列，先列新绘制图纸，后列选用的重复利用图和标准图。

4.4.3 结构设计总说明。每一单项工程应编写一份结构设计总说明，对多子项工程应编写统一的结构设计总说明，当工程以钢结构为主或包含较多的钢结构时，应编制钢结构设计总说明。当工程较简单时，亦可将总说明的内容分散写在相关部分的图纸中。

结构设计总说明应包括以下内容：

  1 工程概况。

1) 工程地点、工程分区、主要功能；

2) 各单体（或分区）建筑的长、宽、高，地上与地下层数，各层层高，主要结构跨度，特殊结构及造型，工业厂房的吊车吨位等。

  2 设计依据。

1) 主体结构设计使用年限；

2) 自然条件：基本风压、基本雪压、气温（必要时提供）、抗震设防烈度等；

3) 工程地质勘察报告；

4) 场地地震安全性评价报告（必要时提供）；

5) 风洞试验报告（必要时提供）；

6) 建设单位提出的与结构有关的符合有关标准、法规的书面要求；

7) 初步设计的审查、批复文件；

8) 对于超限高层建筑，应有超限高层建筑工程抗震设防专项审查意见；

9) 采用桩基础时，应有试桩报告或深层半板载荷试验报告或基岩载荷板试验报告（若试桩或试验尚未完成，应注明桩基础图不得用于实际施工）。

10) 本专业设计所执行的主要法规和所采用的主要标准（包括标准的名称、编号、年号和版本号）。

  3 图纸说明。

1) 图纸中标高、尺寸的单位；

2) 设计±0.000标高所对应的绝对标高值；

3) 当图纸按工程分区编号时，应有图纸编号说明；

4) 常用构件代码及构件编号说明；

5) 各类钢筋代码说明，型钢代码及截面尺寸标记说明；

6) 混凝土结构采用平面整体表示方法时，应注明所采用的标准图名称及编号或提供标准图。

  4 建筑分类等级。

  应说明下列建筑分类等级及所依据的规范或批文：

1) 建筑结构安全等级；

2) 地基基础设计等级；

3) 建筑抗震设防类别；

4) 钢筋混凝土结构抗震等级；

5) 地下室防水等级；

6) 人防地下室的设计类别、防常规武器抗力级别和防核武器抗力级别；

7) 建筑防火分类等级和耐火等级；

8) 混凝土构件的环境类别。

　　5　主要荷载（作用）取值。

1) 楼（屋）面面层荷载、吊挂（含吊顶）荷载；

2) 墙体荷载、特殊设备荷载；

3) 楼（屋）面活荷载；

4) 风荷载（包括地面粗糙度、体型系数、风振系数等）；

5) 雪荷载（包括积雪分布系数等）；

6) 地震作用（包括设计基本地震加速度、设计地震分组、场地类别、场地特征周期、结构阻尼比、地震影响系数等）；

7) 温度作用及地下室水浮力的有关设计参数。

　　6　设计计算程序。

1) 结构整体计算及其他计算所采用的程序名称，版本号、编制单位；

2) 结构分析所采用的计算模型、高层建筑整体计算的嵌固部位等。

　　7　主要结构材料。

1) 混凝土强度等级、防水混凝土的抗渗等级、轻骨料混凝土的密度等级；注明混凝土耐久性的基本要求；

2) 砌体的种类及其强度等级、干容重，砌筑砂浆的种类及等级，砌体结构施工质量控制等级；

3) 钢筋种类、钢绞线或高强钢丝种类及对应的产品标准，其他特殊要求（如强屈比等）；

4) 成品拉索、预腕力结构的锚具、成品支座（如各类橡胶支座、钢支座、隔震支座等）、阻尼器等特殊产品的参考型号、主要参数及所对应的产品标准；

5) 钢结构所用的材料见本条第 10 款。

　　8　基础及地下室工程。

1) 工程地质及水文地质概况，各主要土层的压缩模量及承载力特征值等；对不良地基的处理措施及技术要求，抗液化措施及要求，地基土的冰凉深度等；

2) 注明基础形式和基础持力层；采用桩基时应简述桩型、桩径、桩长、桩端持力层及桩进入持力层的深度要求，设计所采用的单桩承载力特征值（必要时尚应包括竖向抗拔承载力和水平承载力）等；

3) 地下室抗浮（防水）设计水位及抗浮措施，施工期间的降水要求及终止降水的条件等；

4) 基坑、承台坑回填要求；

5) 基础大体积混凝土的施工要求；

6) 当有人防地下室时，应图示人防部分与非人防部分的分界范围。

　　9　钢筋混凝土工程。

1) 各类混凝土构件的环境类别及其受力钢筋的保护层最小厚度；

2) 钢筋锚固长度、搭接长度、连接方式及要求；各类构件的钢筋锚固要求；

3) 预应力结构采用后张法时的孔道做法及布置要求、灌浆要求等；预应力构件张拉端、固定端构造要求及做法，锚具防护要求等；

4) 预应力结构的张拉控制应力、张拉顺序、张拉条件（如张拉时的混凝土强度等）、必要的张拉测试要求等；

5）梁、板的起拱要求及拆模条件；

6）后浇带或后浇块的施工要求（包括补浇时间要求）；

7）特殊构件施工缝的位置及处理要求；

8）预留孔洞的统一要求（如补强加固要求），各类预埋件的统一要求；

9）防雷接地要求。

　　10　钢结构工程。

1）概述采用钢结构的部位及结构形式、主要跨度等；

2）钢结构材料：钢材牌号和质量等级，及所对应的产品标准；必要时提出物理力学性能和化学成分要求；必要时提出其他要求，如强屈比、Z向性能、碳含量、耐候性能、交货状态等；

3）焊接方法及材料：各种钢材的焊接方法及对所采用焊材的要求；

4）螺栓材料：注明螺栓种类、性能等级，高强螺栓的接触面处理方法、摩擦面抗滑移系数，以及各类螺栓所对应的产品标准；

5）焊钉种类及对应的产品标准；

6）应注明钢构件的成形方式（热轧、焊接、冷弯、冷压、热弯、铸造等），圆钢管种类（无缝管、直缝焊管等）；

7）压型钢板的截面形式及产品标准；

8）焊缝质量等级及焊缝质量检查要求；

9）钢构件制作要求；

10）钢结构安装要求，对跨度较大的钢构件必要时提出起拱要求；

11）涂装要求：注明除锈方法及除锈等级以及对应的标准；注明防腐底漆的种类、干漆膜最小厚度和产品要求；当存在中间漆和面漆时，也应分别注明其种类、干漆膜最小厚度和要求；注明各类钢构件所要求的耐火极限、防火涂料类别及产品要求；注明防腐年限及定期维护要求；

12）钢结构主体与围护结构的连接要求；

13）必要时，应提出结构检测要求和特殊节点的试验要求。

　　11　砌体工程。

1）砌体墙的材料种类、厚度，填充墙成墙后的墙重限制；

2）砌体填充墙与框架梁、柱、剪力墙的连接要求或注明所引用的标准图；

3）砌体墙上门窗洞口过梁要求或注明所引用的标准图；

4）需要设置的构造柱，圈梁（拉梁）要求及附图或注明所引用的标准图。

　　12　检测（观测）要求。

1）沉降观测要求；

2）大跨度结构及特殊结构的检测或施工安装期间的监测要求；

3）高层、超高层结构成根据情况补充日照变形观测等特殊变形观测要求。

　　13　施工需特别注意的问题。

　　4.4.4　基础平面图。

　　1　绘出定位轴线、基础构件（包括承台、基础梁等）的位置、尺寸、底标高、构件编号；基础底标高不同时，应绘出放坡示意图；表示施工后浇带的位置及宽度。

2　标明砌体结构墙与墙垛、柱的位置与尺寸、编号；混凝土结构可另绘结构墙、柱平面定位图，并注明截面变化关系尺寸。

3　标明地沟、地坑和已定设备基础的平面位置、尺寸、标高，预留孔与预埋件的位置、尺寸、标高。

4　需进行沉降观测时注明观测点位置（宜附测点构造详图）。

5　基础设计说明应包括基础持力层及基础进入持力层的深度、地基的承载力特征值、持力层验槽要求、基底及基槽回填土的处理措施与要求，以及对施工的有关要求等。

6　采用桩基时，应绘出桩位平面位置、定位尺寸及桩编号；先做试桩时，应单独绘制试桩定位平面图。

7　当采用人工复合地基时．应绘出复合地基的处理范围和深度，置换桩的平面布置及其材料和性能要求、构造详图；注明复合地基的承载力特征值及变形控制值等有关参数和检测要求。

当复合地基另由有设计资质的单位设计时，基础设计方应对经处理的地基提出承载力特征值和变形控制值的要求及相应的检测要求。

4.4.5　基础详图。

1　砌体结构无筋扩展基础应绘出剖面、基础圈梁、防潮层位置，并标注总尺寸、分尺寸、标高及定位尺寸。

2　扩展基础应绘出平面、剖面及配筋、基础垫层，标注总尺寸、分尺寸、标高及定位尺寸等。

3　桩基应绘出桩详图、承台详图及桩与承台的连接构造详图。桩详图包括桩顶标高、桩长、桩身截面尺寸、配筋、预制桩的接头详图，并说明地质概况、桩持力层及桩端进入持力层的深度、成桩的施工要求、桩基的检测要求，注明单桩的承载力特征值（必要时尚应包括竖向抗拔承载力及水平承载力）。先做试桩时，应单独绘制试桩详图并提出试桩要求。承台详图包括平面、剖面、垫层、配筋，标注总尺寸、分尺寸、标高及定位尺寸。

4　筏基、箱基可参照现浇楼面梁、板详图的方法表示，但应绘出承重墙、柱的位置。当要求设后浇带时，应表示其平面位置并绘制构造详图。对箱基和地下室基础，应绘出钢筋混凝土墙的平面、剖面及其配筋。当预留孔洞、预埋件较多或复杂时，可另绘墙的模板图。

5　基础梁可参照现浇楼面梁详图方法表示。

注：对形状简单、规则的无筋扩展基础、扩展基础、基础梁和承台板，也可用列表方法表示。

4.4.6　结构平面图。

1　一般建筑的结构平面图，均应有各层结构平面图及屋面结构平面图（钢结构平面图要求见第4.4.10条），具体内容为：

1）绘出定位轴线及梁、柱、承重墙、抗震构造柱位置及必要的定位尺寸，并注明其编号和楼面结构标高；

2）采用预制板时注明预制板的跨度方向、板号，数量及板底标高，标出预留洞大小及位置；预制梁、洞口过梁的位置和型号、梁底标高；

3）现浇板应注明板厚、板面标高、配筋（亦可另绘放大的配筋图，必要时应将现浇楼面模板图和配筋图分别绘制），标高或板厚变化处绘局部剖面，有预留孔、埋件、已定设备基础时应示出规格与位置，洞边加强措施，当预留孔、埋件、设备基础复杂时亦可另绘详图；必要时尚应在平面图中表示施工后浇带的位置及宽度；电梯间机房尚应表示吊钩平面位置与详图；

4）砌体结构有圈梁时应注明位置、编号、标高，可用小比例绘制单线平面示意图；

5）楼梯间可绘斜线注明编号与所在详图号；

6）屋面结构平面布置图内容与楼层平面类同，当结构找坡时应标注屋面板的坡度、坡向、坡向起终点处的板面标高；当屋面上有预留洞或其他设施时应绘出其位置、尺寸与详图，女儿墙或女儿墙构造柱的位置、编号及详图；

7）当选用标准图中节点或另绘节点构造详图时，应在平面图中注明详图索引号。

  2 单层空旷房屋应绘制构件布置图及屋面结构布置图，应有以下内容：

1）构件布置应表示定位轴线，墙、柱、天桥、过梁、门楹、雨篷、柱间支撑、连系梁等的布置、编号、构件标高及详图索引号，并加注有关说明等；必要时应绘制剖面、立面结构布置图；

2）屋面结构布置图应表示定位轴线、屋面结构构件的位置及编号、支撑系统布置及编号、预留孔洞的位置、尺寸、节点祥图索引号，有关的说明等。

  4.4.7 钢筋混凝土构件详图。

  1 现浇构件（现浇梁、板、柱及墙等详图）应绘出：

1）纵剖面、长度、定位尺寸、标高及配筋，梁和板的支座（可利用标准图中的纵剖面图）；现浇预应力混凝土构件尚应绘出预应力筋定位图，并提出锚固及张拉要求；

2）横剖面、定位尺寸、断面尺寸、配筋（可利用标准图中的横剖面图）；

3）必要时绘制墙体立面图；

4）若钢筋较复杂不易表示清楚时，宜将钢筋分离绘出；

5）对构件受力有影响的预留洞、预埋件，应注明其位置、尺寸、标高、洞边配筋及预埋件编号等；

6）曲梁或平面折线梁宜绘制放大平面图，必要时可绘制展开详图；

7）一般的现浇结构的梁、柱、墙可采用"平面整体表示法"绘制，标注文字较密时，纵、横向梁宜分量幅平面绘制；

8）除总说明已叙述外需特别说明的附加内容，尤其是与所选用标准图不同的要求（如钢筋锚固要求、构造要求等）；

9）对建筑非结构构件及建筑附属机电设备与结构主体的连接，应绘制连接或锚固详图。
注：非结构构件自身的抗震设计，由相关专业人员分别负责进行。

  2 预制构件应绘出：

1）构件模板图。应表示模板尺寸、预留洞及预埋件位置、尺寸，预埋件编号、必要的标高等；后张预应力构件尚需表示预留孔道的定位尺寸、张拉端、锚固端等；

2）构件配筋图。纵剖面表示钢筋形式、箍筋直径与间距，配筋复杂时宜将非预应力筋分离绘出；横剖面注明断面尺寸、钢筋规格、位置、数量等；

3）需作补充说明的内容。

注；对形状简单、规则的现浇或顶制构件，在满足上述规定前提下，可用列表法绘制。

4.4.8 混凝土结构节点构造详图。

1 对于现浇钢筋混凝土结构应绘制节点构造详图（可引用标准设计、通用图集中的详图）。

2 预制装配式结构的节点、梁、柱与墙体锚拉等详图应绘出平、剖面，注明相互定位关系、构件代号、连接材料、附加钢筋（或埋件）的规格、型号、性能、数量，并注明连接方法以及对施工安装、后浇混凝土的有关要求等。

3 需作补充说明的内容。

4.4.9 其他图纸。

1 楼梯图。应绘出每层楼梯结构平面布置及剖面图，注明尺寸、构件代号、标高、梯梁、梯板详图（可用列表法绘制）。

2 预埋件。应绘出其平面、侧面或剖面，注明尺寸，钢材和锚筋的规格、型号、性能、焊接要求。

3 特种结构和构筑物：如水池、水箱、烟囱、烟道、管架、地沟、挡土墙、筒仓、大型或特殊要求的设备基础、工作平台等，均宜单独绘图；应绘出平面、特征部位剖面及配筋，注明定位关系、尺寸、标高、材料品种和规格、型号、性能。

4.4.10 钢结构设计施工图。其内容和深度应能满足进行钢结构制作详图设计的要求。钢结构制作详图一般应由具有钢结构专项设计资质的加工制作单位完成，也可由具有该项资质的其他单位完成，其设计深度由制作单位确定。钢结构设计施工图不包括钢结构制作详图的内容。

钢结构设计施工图应包括以下内容：

1 钢结构设计总说明。以钢结构为主或钢结构（包括钢骨结构）较多的工程，应单独编制钢结构（包括钢骨结构）设计总说明，应包括第4.4.3条结构设计总说明中有关钢结构的内容。

2 基础平面图及详图。应表达钢柱的平面位置及与下部混凝土构件的联结构造详图。

3 结构平面（包括各层楼面、屋面）布置图。应注明定位关系、标高、构件（可用粗单线绘制）的位置、构件编号及截面形式和尺寸、节点详图索引号等；必要时应绘制檩条、圈梁布置图和关键剖面图；空间网架应绘制上、下弦杆及腹杆平面图和关键剖面图，平面图中应有杆件编号及截面形式和尺寸、节点编号及形式和尺寸。

4 构件与节点详图：

1) 简单的钢梁、柱可用统一详图和列表法表示，注明构件钢材牌号、必要的尺寸、规格。绘制各种类型连接节点详图（可引用标准图）；

2) 格构式构件应绘出平面图、剖面图、立面图或立面展开图（对弧形构件），注明定位尺寸、总尺寸、分尺寸，注明单构件型号、规格，绘制节点详图和与其他构件的连接详图；

3) 节点详图应包括：连接板厚度及必要的尺寸、焊缝要求，螺栓的型号及其布置，焊钉布置等。

4.4.11 建筑幕墙的结构设计文件。

1 按有关规范规定，幕墙构件在竖向、水平荷载等作用下的设计计算书。

2 施工图纸，包括：

1）封面、目录（单另成册时）；

2）幕墙构件立面布置简图，途中标注墙面剖料、竖向和水平龙骨（或钢索）材料的品种、规格、型号、性能；

3）墙材与龙骨、各向龙骨间的连接、安装详图；

4）主龙骨与主体结构连接的构造详图及连接件的品种、规格、型号，性能。

注：当建筑幕墙结构设计由有设计资质的幕墙公司按建筑设计要求承担时，主体结构设计人员应复核与幕墙相连的主体结构的安全性（幕墙本身及幕墙与主体结构间的连接件的安全性由建筑幕墙设计单位负责）。

4.4.12　计算书。

1　采用手算的结构计算书，应给出构件平面布置简图和计算简图、荷载取值的计算或说明；结构计算书内容宜完整、清楚，计算步骤要条理分明，引用数据有可靠依据，采用计算图表及不常用的计算公式，应注明其来源出处、构件编号，计算结果应与图纸一致。

2　当采用计算机程序计算时，应在计算书中注明所采用的计算程序名称、代号、版本及编制单位，计算程序必须经过有效审定（或鉴定），电算结果应经分析认可；总体输入信息、计算模型、几何简图、荷载简图和输出结果应整理成册。

3　采用结构标准图或重复利用图时，宜根据图集的说明，结合工程进行必要的核算工作，且应作为结构计算书的内容。

4　所有计算书应校审，并由设计、校对、审核人（必要时包括审定人）在计算书封面上签字，作为技术文件归档。

附录八　超限高层建筑工程抗震专项审查技术要点

超限高层建筑工程抗震设防专项审查技术要点

建设部文件

建质〔2010〕109号

第一章　总　则

第一条　为做好全国及各省、自治区、直辖市超限高层建筑工程抗震设防专家委员会的专项审查工作，根据《行政许可法》和《超限高层建筑工程抗震设防管理规定》（建设部令第111号），制定本技术要点。

第二条　下列工程属于超限高层建筑工程：

（一）房屋高度超过规定，包括超过《建筑抗震设计规范》（以下简称《抗震规范》）第6章钢筋混凝土结构和第8章钢结构最大适用高度、超过《高层建筑混凝土结构技术规程》（以下简称《高层混凝土结构规程》）第7章中有较多短肢墙的剪力墙结构、第10章中错层结构和第11章混合结构最大适用高度的高层建筑工程。

（二）房屋高度不超过规定，但建筑结构布置属于《抗震规范》、《高层混凝土结构规程》规定的特别不规则的高层建筑工程。

（三）房屋高度大于24m且屋盖结构超出《网架结构设计与施工规程》和《网壳结构技术规程》规定的常用形式的大型公共建筑工程（暂不含轻型的膜结构）。

超限高层建筑工程的主要范围参考附录十-1。

第三条　在本技术要点第二条规定的超限高层建筑工程中，属于下列情况的，建议委托全国超限高层建筑工程抗震设防审查专家委员会进行抗震设防专项审查：

（一）高度超过《高层混凝土结构规程》B级高度的混凝土结构，高度超过《高层混凝土结构规程》第11章最大适用高度的混合结构；

（二）高度超过规定的错层结构，塔体显著不同或跨度大于24m的连体结构，同时具有转换层、加强层、错层、连体四种类型中三种的复杂结构，高度超过《抗震规范》规定且转换层位置超过《高层混凝土结构规程》规定层数的混凝土结构，高度超过《抗震规范》规定且水平和竖向均特别不规则的建筑结构；

（三）超过《抗震规范》第8章适用范围的钢结构；

（四）各地认为审查难度较大的其他超限高层建筑工程。

第四条　对主体结构总高度超过350m的超限高层建筑工程的抗震设防专项审查，应满足以下要求：

（一）从严把握抗震设防的各项技术性指标；

（二）全国超限高层建筑工程抗震设防审查专家委员会进行的抗震设防专项审查，应会同工程所在地省级超限高层建筑工程抗震设防审查专家委员会共同开展，或在当地超限高层建筑工程抗震设防审查专家委员会工作的基础上开展；

（三）审查后及时将审查信息录入全国重要超限高层建筑数据库，审查信息包括超限高层建筑工程抗震设防专项审查申报表项目（附录十-2）和超限高层建筑工程抗震设防专项审查情况表（附录十-3）。

第五条 建设单位申报抗震设防专项审查的申报材料应符合第二章的要求。专家组提出的专项审查意见应符合第六章的要求。

对于本技术要点第二条（三）款规定的建筑工程的抗震设防专项审查，除参照第三、四章的相关内容外，应按第五章执行。

第二章 申报材料的基本内容

第六条 建设单位申报抗震设防专项审查时，应提供以下资料：

（一）超限高层建筑工程抗震设防专项审查申报表（申报表项目见附录二，至少5份）；

（二）建筑结构工程超限设计的可行性论证报告（至少5份）；

（三）建设项目的岩土工程勘察报告；

（四）结构工程初步设计计算书（主要结果，至少5份）；

（五）初步设计文件（建筑和结构工程部分，至少5份）；

（六）当参考使用国外有关抗震设计标准、工程实例和震害资料及计算机程序时，应提供理由和相应的说明；

（七）进行模型抗震性能试验研究的结构工程，应提交抗震试验研究报告。

第七条 申报抗震设防专项审查时提供的资料，应符合下列具体要求：

（一）高层建筑工程超限设计可行性论证报告应说明其超限的类型（如高度、转换层形式和位置、多塔、连体、错层、加强层、竖向不规则、平面不规则、超限大跨空间结构等）和程度，并提出有效控制安全的技术措施，包括抗震技术措施的适用性、可靠性，整体结构及其薄弱部位的加强措施和预期的性能目标。

（二）岩土工程勘察报告应包括岩土特性参数、地基承载力、场地类别、液化评价、剪切波速测试成果及地基方案。当设计有要求时，应按规范规定提供结构工程时程分析所需的资料。

处于抗震不利地段时，应有相应的边坡稳定评价、断裂影响和地形影响等抗震性能评价内容。

（三）结构设计计算书应包括：软件名称和版本，力学模型，电算的原始参数（是否考虑扭转耦连、周期折减系数、地震作用修正系数、内力调整系数、输入地震时程记录的时间、台站名称和峰值加速度等），结构自振特性（周期，扭转周期比，对多塔、连体类含必要的振型）、位移、扭转位移比、结构总重力和地震剪力系数、楼层刚度比、墙体（或筒体）和框架承担的地震作用分配等整体计算结果，主要构件的轴压比、剪压比和应力比控制等。

对计算结果应进行分析。采用时程分析时，其结果应与振型分解反应谱法计算结果进行总剪力和层剪力沿高度分布等的比较。对多个软件的计算结果应加以比较，按规范的要求确认其合理、有效性。

（四）初步设计文件的深度应符合《建筑工程设计文件编制深度的规定》的要求，设计说明要有建筑抗震设防分类、设防烈度、设计基本地震加速度、设计地震分组、结构的抗震等级等内容。

（五）抗震试验数据和研究成果，要有明确的适用范围和结论。

第三章　专项审查的控制条件

第八条　抗震设防专项审查的重点是结构抗震安全性和预期的性能目标。为此，超限工程的抗震设计应符合下列最低要求：

（一）严格执行规范、规程的强制性条文，并注意系统掌握、全面理解其准确内涵和相关条文。

（二）不应同时具有转换层、加强层、错层、连体和多塔等五种类型中的四种及以上的复杂类型。

（三）房屋高度在《高层混凝土结构规程》B级高度范围内且比较规则的高层建筑应按《高层混凝土结构规程》执行。其余超限工程，应根据不规则项的多少、程度和薄弱部位，明确提出为达到安全而比现行规范、规程的规定更严格的针对性强的抗震措施或预期性能目标。其中，房屋高度超过《高层混凝土结构规程》的B级高度以及房屋高度、平面和竖向规则性等三方面均不满足规定时，应提供达到预期性能目标的充分依据，如试验研究成果、所采用的抗震新技术和新措施以及不同结构体系的对比分析等的详细论证。

（四）在现有技术和经济条件下，当结构安全与建筑形体等方面出现矛盾时，应以安全为重；建筑方案（包括局部方案）设计应服从结构安全的需要。

第九条　对超高很多或结构体系特别复杂、结构类型特殊的工程，当没有可借鉴的设计依据时，应选择整体结构模型、结构构件、部件或节点模型进行必要的抗震性能试验研究。

第四章　专项审查的内容

第十条　专项审查的内容主要包括：

（一）建筑抗震设防依据；

（二）场地勘察成果；

（三）地基和基础的设计方案；

（四）建筑结构的抗震概念设计和性能目标；

（五）总体计算和关键部位计算的工程判断；

（六）薄弱部位的抗震措施；

（七）可能存在的其他问题。

对于特殊体型或风洞试验结果与荷载规范规定相差较大的风荷载取值以及特殊超限高层建筑工程（规模大、高宽比大等）的隔震、减震技术，宜由相关专业的专家在抗震设防专项审查前进行专门论证。

第十一条　关于建筑结构抗震概念设计：

（一）各种类型的结构应有其合适的使用高度、单位面积自重和墙体厚度。结构的总体刚度应适当（含两个主轴方向的刚度协调符合规范的要求），变形特征应合理；楼层最大层间位移和扭转位移比符合规范、规程的要求。

（二）应明确多道防线的要求。框架与墙体、筒体共同抗侧力的各类结构中，框架部分地震剪力的调整应依据其超限程度比规范的规定适当增加。主要抗侧力构件中沿全高不开洞的单肢墙，应针对其延性不足采取相应措施。

（三）超高时应从严掌握建筑结构规则性的要求，明确竖向不规则和水平向不规则的程度，应注意楼板局部开大洞导致较多数量的长短柱共用和细腰形平面可能造成的不利影响，避免过大的地震扭转效应。对不规则建筑的抗震设计要求，可依据抗震设防烈度和高度的不同有所区别。

主楼与裙房间设置防震缝时，缝宽应适当加大或采取其他措施。

（四）应避免软弱层和薄弱层出现在同一楼层。

（五）转换层应严格控制上下刚度比；墙体通过次梁转换和柱顶墙体开洞，应有针对性的加强措施。水平加强层的设置数量、位置、结构形式，应认真分析比较；伸臂的构件内力计算宜采用弹性楼板假定，上下弦杆应贯通核心筒的墙体，墙体在伸臂斜腹杆的节点处应采取措施避免应力集中导致破坏。

（六）多塔、连体、错层等复杂体型的结构，应尽量减少不规则的类型和不规则的程度；应注意分析局部区域或沿某个地震作用方向上可能存在的问题，分别采取相应加强措施。

（七）当几部分结构的连接薄弱时，应考虑连接部位各构件的实际构造和连接的可靠程度，必要时可取结构整体模型和分开模型计算的不利情况，或要求某部分结构在设防烈度下保持弹性工作状态。

（八）注意加强楼板的整体性，避免楼板的削弱部位在大震下受剪破坏；当楼板在板面或板厚内开洞较大时，宜进行截面受剪承载力验算。

（九）出屋面结构和装饰构架自身较高或体型相对复杂时，应参与整体结构分析，材料不同时还需适当考虑阻尼比不同的影响，应特别加强其与主体结构的连接部位。

（十）高宽比较大时，应注意复核地震下地基基础的承载力和稳定。

第十二条　关于结构抗震性能目标：

（一）根据结构超限情况、震后损失、修复难易程度和大震不倒等确定抗震性能目标。即在预期水准（如中震、大震或某些重现期的地震）的地震作用下结构、部位或结构构件的承载力、变形、损坏程度及延性的要求。

（二）选择预期水准的地震作用设计参数时，中震和大震可仍按规范的设计参数采用。

（三）结构提高抗震承载力目标举例：水平转换构件在大震下受弯、受剪极限承载力复核。竖向构件和关键部位构件在中震下偏压、偏拉、受剪屈服承载力复核，同时受剪截面满足大震下的截面控制条件。竖向构件和关键部位构件中震下偏压、偏拉、受剪承载力设计值复核。

（四）确定所需的延性构造等级。中震时出现小偏心受拉的混凝土构件应采用《高层混凝土结构规程》中规定的特一级构造，拉应力超过混凝土抗拉强度标准值时宜设置型钢。

（五）按抗震性能目标论证抗震措施（如内力增大系数、配筋率、配箍率和含钢率）的合理可行性。

第十三条　关于结构计算分析模型和计算结果：

（一）正确判断计算结果的合理性和可靠性，注意计算假定与实际受力的差异（包括刚性板、弹性膜、分块刚性板的区别），通过结构各部分受力分布的变化，以及最大层间位移的位置和分布特征，判断结构受力特征的不利情况。

（二）结构总地震剪力以及各层的地震剪力与其以上各层总重力荷载代表值的比值，应符合抗震规范的要求，Ⅲ、Ⅳ类场地时尚宜适当增加（如10%左右）。当结构底部的总地震剪力偏小需调整时，其以上各层的剪力也均应适当调整。

（三）结构时程分析的嵌固端应与反应谱分析一致，所用的水平、竖向地震时程曲线应符合规范要求，持续时间一般不小于结构基本周期的5倍（即结构屋面对应于基本周期的位移反应不少于5次往复）；弹性时程分析的结果也应符合规范的要求，即采用三组时程时宜取包络值，采用七组时程时可取平均值。

（四）软弱层地震剪力和不落地构件传给水平转换构件的地震内力的调整系数取值，应依据超限的具体情况大于规范的规定值；楼层刚度比值的控制值仍需符合规范的要求。

（五）上部墙体开设边门洞等的水平转换构件，应根据具体情况加强；必要时，宜采用重力荷载下不考虑墙体共同工作的手算复核。

（六）跨度大于24m的连体计算竖向地震作用时，宜参照竖向时程分析结果确定。

（七）错层结构各分块楼盖的扭转位移比，应利用电算结果进行手算复核。

（八）对于结构的弹塑性分析，高度超过200m应采用动力弹塑性分析；高度超过300m应做两个独立的动力弹塑性分析。计算应以构件的实际承载力为基础，着重于发现薄弱部位和提出相应加强措施。

（九）必要时（如特别复杂的结构、高度超过200m的混合结构、大跨空间结构、静载下构件竖向压缩变形差异较大的结构等），应有重力荷载下的结构施工模拟分析，当施工方案与施工模拟计算分析不同时，应重新调整相应的计算。

（十）当计算结果有明显疑问时，应另行专项复核。

第十四条　关于结构抗震加强措施：

（一）对抗震等级、内力调整、轴压比、剪压比、钢材的材质选取等方面的加强，应根据烈度、超限程度和构件在结构中所处部位及其破坏影响的不同，区别对待、综合考虑。

（二）根据结构的实际情况，采用增设芯柱、约束边缘构件、型钢混凝土或钢管混凝土构件，以及减震耗能部件等提高延性的措施。

（三）抗震薄弱部位应在承载力和细部构造两方面有相应的综合措施。

第十五条　关于岩土工程勘察成果：

（一）波速测试孔数量和布置应符合规范要求；测量数据的数量应符合规定。

（二）液化判别孔和砂土、粉土层的标准贯入锤击数据以及粘粒含量分析的数量应符合要求；水位的确定应合理。

（三）场地类别划分、液化判别和液化等级评定应准确、可靠；脉动测试结果仅作为参考。

（四）处于不同场地类别的分界附近时，应要求用内插法确定计算地震作用的特征周期。

第十六条　关于地基和基础的设计方案：

（一）地基基础类型合理，地基持力层选择可靠。

（二）主楼和裙房设置沉降缝的利弊分析正确。

（三）建筑物总沉降量和差异沉降量控制在允许的范围内。

第十七条　关于试验研究成果和工程实例、震害经验：

（一）对按规定需进行抗震试验研究的项目，要明确试验模型与实际结构工程相符的程度以及试验结果可利用的部分。

（二）借鉴国外经验时，应区分抗震设计和非抗震设计，了解是否经过地震考验，并判断是否与该工程项目的具体条件相似。

（三）对超高很多或结构体系特别复杂、结构类型特殊的工程，宜要求进行实际结构工程的动力特性测试。

第五章　超限大跨空间结构的审查

第十八条　关于可行性论证报告：

（一）明确所采用的大跨屋盖的结构形式和具体的结构安全控制荷载和控制目标。

（二）列出所采用的屋盖结构形式与常用结构形式在振型、内力分布、位移分布特征等方面的不同。

（三）明确关键杆件和薄弱部位，提出有效控制屋盖构件承载力和稳定的具体措施，详细论证其技术可行性。

第十九条　关于结构计算分析：

（一）作用和作用效应组合：

设防烈度为 7 度（0.15g）及以上时，屋盖的竖向地震作用应参照时程分析结果按支承结构的高度确定。

基本风压和基本雪压应按 100 年一遇采用；屋盖体型复杂时，屋面积雪分布系数、风载体型系数和风振系数，应比规范要求增大或经风洞试验等方法确定；屋盖坡度较大时尚宜考虑积雪融化可能产生的滑落冲击荷载。尚可依据当地气象资料考虑可能超出荷载规范的风力。

温度作用应按合理的温差值确定。应分别考虑施工、合拢和使用三个不同时期各自的不利温差。

除有关规范、规程规定的作用效应组合外，应增加考虑竖向地震为主的地震作用效应组合。

（二）计算模型和设计参数

屋盖结构与支承结构的主要连接部位的构造应与计算模型相符。

计算模型应计入屋盖结构与下部结构的协同作用。

整体结构计算分析时，应考虑支承结构与屋盖结构不同阻尼比的影响。若各支承结构单元动力特性不同且彼此连接薄弱，应采用整体模型与分开单独模型进行静载、地震、风力和温度作用下各部位相互影响的计算分析的比较，合理取值。

应进行施工安装过程中的内力分析。地震作用及使用阶段的结构内力组合，应以施工全过程完成后的静载内力为初始状态。

除进行重力荷载下几何非线性稳定分析外，必要时应进行罕遇地震下考虑几何和材料非线性的弹塑性分析。

超长结构（如大于 400m）应按《抗震规范》的要求考虑行波效应的多点和多方向地震输入的分析比较。

第二十条　关于屋盖构件的抗震措施：

（一）明确主要传力结构杆件，采取加强措施。

（二）从严控制关键杆件应力比及稳定要求。在重力和中震组合下以及重力与风力组合下，关键杆件的应力比控制应比规范的规定适当加严

（三）特殊连接构造及其支座在罕遇地震下安全可靠，并确保屋盖的地震作用直接传

递到下部支承结构。

（四）对某些复杂结构形式，应考虑个别关键构件失效导致屋盖整体连续倒塌的可能。

第二十一条 关于屋盖的支承结构：

（一）支座（支承结构）差异沉降应严格控制。

（二）支承结构应确保抗震安全，不应先于屋盖破坏；当其不规则性属于超限专项审查范围时，应符合本技术要点的有关要求。

（三）支座采用隔震、滑移或减震等技术时，应有可行性论证。

第六章 专项审查意见

第二十二条 抗震设防专项审查意见主要包括下列三方面内容：

（一）总评。对抗震设防标准、建筑体型规则性、结构体系、场地评价、构造措施、计算结果等做简要评定。

（二）问题。对影响结构抗震安全的问题，应进行讨论、研究，主要安全问题应写入书面审查意见中，并提出便于施工图设计文件审查机构审查的主要控制指标（含性能目标）。

（三）结论。分为"通过"、"修改"、"复审"三种。

审查结论"通过"，指抗震设防标准正确，抗震措施和性能设计目标基本符合要求；对专项审查所列举的问题和修改意见，勘察设计单位应明确其落实方法。依法办理行政许可手续后，在施工图审查时由施工图审查机构检查落实情况。

审查结论"修改"，指抗震设防标准正确，建筑和结构的布置、计算和构造不尽合理、存在明显缺陷；对专项审查所列举的问题和修改意见，勘察设计单位落实后所能达到的具体指标尚需经原专项审查专家组再次检查。因此，补充修改后提出的书面报告需经原专项审查专家组确认已达到"通过"的要求，依法办理行政许可手续后，方可进行施工图设计并由施工图审查机构检查落实。

审查结论"复审"，指存在明显的抗震安全问题、不符合抗震设防要求、建筑和结构的工程方案均需大调整。修改后提出修改内容的详细报告，由建设单位按申报程序重新申报审查。

第七章 附 则

第二十三条 本技术要点由全国超限高层建筑工程抗震设防审查专家委员会办公室负责解释。

附录八-1：超限高层建筑工程主要范围的参照简表

房屋高度（m）超过下列规定的高层建筑工程　　　　表F8-1

结构类型		6度	7度 （含0.15g）	8度 （0.20g）	8度 （0.30g）	9度
混凝土结构	框架	60	50	40	35	24
	框架-抗震墙	130	120	100	80	50
	抗震墙	140	120	100	80	60
	部分框支抗震墙	120	100	80	50	不应采用
	框架-核心筒	150	130	100	90	70

续表

结构类型		6 度	7 度 (含 0.15g)	8 度 (0.20g)	8 度 (0.30g)	9 度
混凝土结构	筒中筒	180	150	120	100	80
	板柱-抗震墙	80	70	55	40	不应采用
	较多短肢墙		100	60	60	不应采用
	错层的抗震墙和框架-抗震墙		80	60	60	不应采用
混合结构	钢外框-钢筋混凝土筒	200	160	120	120	70
	型钢混凝土外框-钢筋混凝土筒	220	190	150	150	70
钢结构	框架	110	110	90	70	50
	框架-支撑(抗震墙板)	220	220	200	180	140
	各类筒体和巨型结构	300	300	260	240	180

注：当平面和竖向均不规则（部分框支结构指框支层以上的楼层不规则）时，其高度应比表内数值降低至少 10%。

同时具有下列三项及以上不规则的高层建筑工程（不论高度是否大于表一）　　**表 F8-2**

序　号	不规则类型	简要含义	备注
1a	扭转不规则	考虑偶然偏心的扭转位移比大于 1.2	参见 GB50011-3.4.2
1b	偏心布置	偏心率大于 0.15 或相邻层质心相差大于相应边长 15%	参见 JGJ99-3.2.2
2a	凹凸不规则	平面凹凸尺寸大于相应边长 30%等	参见 GB50011-3.4.2
2b	组合平面	细腰形或角部重叠形	参见 JGJ3-4.3.3
3	楼板不连续	有效宽度小于 50%，开洞面积大于 30%，错层大于梁高	参见 GB50011-3.4.2
4a	刚度突变	相邻层刚度变化大于 70%或连续三层变化大于 80%	参见 GB50011-3.4.2
4b	尺寸突变	竖向构件位置缩进大于 25%，或外挑大于 10%和 4m，多塔	参见 JGJ3-4.4.5
5	构件间断	上下墙、柱、支撑不连续，含加强层、连体类	参见 GB50011-3.4.2
6	承载力突变	相邻层受剪承载力变化大于 80%	参见 GB50011-3.4.2
7	其他不规则	如局部的穿层柱、斜柱、夹层、个别构件错层或转换	已计入 1～6 项者除外

注：深凹进平面在凹口设置连梁，其两侧的变形不同时仍视为凹凸不规则，不按楼板不连续中的开洞对待；序号 a、b 不重复计算不规则项；局部的不规则，视其位置、数量等对整个结构影响的大小判断是否计入不规则的一项。

具有下列某一项不规则的高层建筑工程（不论高度是否大于表一）　　**表 F8-3**

序　号	不规则类型	简要含义
1	扭转偏大	裙房以上的较多楼层，考虑偶然偏心的扭转位移比大于 1.4
2	抗扭刚度弱	扭转周期比大于 0.9，混合结构扭转周期比大于 0.85
3	层刚度偏小	本层侧向刚度小于相邻上层的 50%
4	高位转换	框支墙体的转换构件位置：7 度超过 5 层，8 度超过 3 层
5	厚板转换	7～9 度设防的厚板转换结构
6	塔楼偏置	单塔或多塔与大底盘的质心偏心距大于底盘相应边长 20%
7	复杂连接	各部分层数、刚度、布置不同的错层 连体两端塔楼高度、体型或者沿大底盘某个主轴方向的振动周期显著不同的结构
8	多重复杂	结构同时具有转换层、加强层、错层、连体和多塔等复杂类型的 3 种

注：仅前后错层或左右错层属于表二中的一项不规则，多数楼层同时前后、左右错层属于本表的复杂连接。

其他高层建筑　　　　　　　　　　　　　　　　　　　　　　表 F8-4

序　号	简　　称	简要含义
1	特殊类型高层建筑	抗震规范、高层混凝土结构规程和高层钢结构规程暂未列入的其他高层建筑结构，特殊形式的大型公共建筑及超长悬挑结构，特大跨度的连体结构等
2	超限大跨空间结构	屋盖的跨度大于 120m 或悬挑长度大于 40m 或单向长度大于 300m，屋盖结构形式超出常用空间结构形式的大型列车客运候车室、一级汽车客运候车楼、一级港口客运站、大型航站楼、大型体育场馆、大型影剧院、大型商场、大型博物馆、大型展览馆、大型会展中心，以及特大型机库等

注：表中大型建筑工程的范围，参见《建筑工程抗震设防分类标准》GB 50223。

说明：

1. 当规范、规程修订后，最大适用高度等数据相应调整。

2. 具体工程的界定遇到问题时，可从严考虑或向全国、工程所在地省级超限高层建筑工程抗震设防专项审查委员会咨询。

附录八-2：超限高层建筑工程抗震设防专项审查申报表项目

1. 基本情况（包括：建设单位，工程名称，建设地点，建筑面积，申报日期，勘察单位及资质，设计单位及资质，联系人和方式等）

2. 抗震设防标准（包括：设防烈度或设计地震动参数，抗震设防分类等）

3. 勘察报告基本数据（包括：场地类别，等效剪切波速和覆盖层厚度，液化判别，持力层名称和埋深，地基承载力和基础方案，不利地段评价等）

4. 基础设计概况（包括：主楼和裙房的基础类型，基础埋深，地下室底板和顶板的厚度，桩型和单桩承载力，承台的主要截面等）

5. 建筑结构布置和选型（包括：主楼高度和层数，出屋面高度和层数，裙房高度和层数，特大型屋盖的尺寸；防震缝设置；建筑平面和竖向的规则性；结构类型是否属于复杂类型；特大型屋盖结构的形式；混凝土结构抗震等级等）

6. 结构分析主要结果（包括：计算软件；总剪力和周期调整系数，结构总重力和地震剪力系数，竖向地震取值；纵横扭方向的基本周期；最大层位移角和位置、扭转位移比；框架柱、墙体最大轴压比；构件最大剪压比和钢结构应力比；楼层刚度比；框架部分承担的地震作用；时程法的波形和数量，时程法与反应谱法结果比较，隔震支座的位移；大型空间结构屋盖稳定性等）

7. 超限设计的抗震构造（包括：结构构件的混凝土、钢筋、钢材的最高和最低材料强度；关键部位梁柱的最大和最小截面，关键墙体和筒体的最大和最小厚度；短柱和穿层柱的分布范围；错层、连体、转换梁、转换桁架和加强层的主要构造；关键钢结构构件的截面形式、基本的连接构造；型钢混凝土构件的含钢率和构造等）

8. 需要重点说明的问题（包括：性能设计目标简述；超限工程设计的主要加强措施，有待解决的问题，试验结果等）

注：填表人根据工程项目的具体情况增减，自行制表，以下为示例。

超限高层建筑工程初步设计抗震设防审查申报表（示例）

编号： 申报时间： 表 F8-5

工程名称			申报人联系方式	
建设单位			建筑面积	地上万　m² 地下万　m²
设计单位			设防烈度	度（　g），设计组
勘察单位			设防类别	类
建设地点			建筑高度和层数	主楼　m（n=　）出屋面 地下　m（n=　）相连裙房　m
场地类别 液化判别	类，波速覆盖层 液化等级液化处理		平面尺寸和规则性	长宽比
基础 持力层	类型埋深桩长（或底板厚度） 名称承载力		竖向 规则性	高宽比
结构类型			抗震等级	框架墙、筒 框支层加强层错层
计算软件			材料强度（范围）	梁柱 墙楼板
计算参数	周期折减楼面刚度（刚□弹□分段□） 地震方向（单□双□斜□竖□）		梁截面	下部剪压比 标准层
地上总重剪力系数（%）	$G_E=$　　　　　平均重力 $X=$ $Y=$		柱截面	下部轴压比 中部轴压比 顶部轴压比
自振周期（s）	X： Y： T：		墙厚	下部轴压比 中部轴压比 顶部轴压比
最大层间位移角	$X=$　　　　（n=　）对应扭转比 $Y=$　　　　（n=　）对应扭转比		钢梁 柱 支撑	截面形式长细比
扭转位移比（偏心5%）	$X=$　　　（n=　）对应位移角 $Y=$　　　（n=　）对应位移角		短柱 穿层柱	位置范围剪压比 位置范围穿层数
时程分析	波形峰值	1　　　2　　　3	转换层 刚度比	位置n=　转换梁截面 $X=$　　　　$Y=$
	剪力比较	$X=$　（底部），$X=$　（顶部） $Y=$　（底部），$Y=$　（顶部）	错层	满布局部（位置范围） 错层高度平层间距
	位移比较	$X=$　　（n=　） $Y=$　　（n=　）	连体 含连廊	数量支座高度 竖向地震系数跨度
弹塑性位移角	$X=$　　　（n=　） $Y=$　　　（n=　）		加强层刚度比	数量位置形式（梁□桁架□） $X=$　　　　$Y=$
框架承担的比例	倾覆力矩 $X=$　　　$Y=$ 总剪力 $X=$　　　$Y=$		多塔 上下偏心	数量形式（等高□对称□大小不等□） $X=$　　　　$Y=$
大型屋盖	结构形式尺寸支座高度支座连接方式最大位移 竖向振动周期竖向地震系数构件应力比范围			
超限设计简要说明	（性能设计目标简述；超限工程设计的主要加强措施，有待解决的问题等等）			

附录八-3：超限高层建筑工程专项审查情况表

工程名称				
审查主持单位				
审查时间			审查地点	
审查专家组	姓名	职称	单位	
组长				
副组长				
审查组成员 （按实际人数增减）				
专家组审查意见				
审查结论	通过□修改□复审□			
主管部门给建设单位的复函	（扫描件）			

参 考 文 献

[1] 中国大百科全书. 土木工程（第二版）. 北京：中国大百科全书出版社，2012

[2] 项海帆，沈祖炎，范立础主编.《21世纪交通版高等学校教材土木工程概论》. 北京：人民交通出版社，2007

[3] 项海帆，潘洪萱，张圣城等. 中国桥梁史纲（新版）. 上海：同济大学出版社，2013

[4] 建设工程咨询分类标准. 2013

[5] 杨筱平. 传承·发展·超越——关于西安历史文化名城保护与发展的思考 [C]，建筑与文化论文集第八卷. 北京：机械工业出版社，2006

[6] 吴科如，张雄. 土木工程材料（第2版）[M]. 上海：同济大学出版社，2008

[7] 地震工程局工程力学研究所等编. 建筑工程抗震性态设计通则（试用）[S]，CECS160：2004

[8] 杨嗣信，建筑工程与环境保护 [M]. 北京：中国建筑工业出版社，2005

[9] 范重. 使用高层建筑结构设计软件时需要注意的问题 [J]. 工程设计 CAD 与智能建筑，1995 (5)：5-7

[10] The Engineer of 2020 Visions of Engineering in the New Century [M]. Washington, DC：The National Academics Press，2004

[11] 姜涌汪克，刘克峰. 职业建筑师业务指导手册 [M]. 北京：中国计划出版社，2010

[12] 罗吉·弗兰根，乔治·诺曼著. 李世蓉，徐波译. 工程建筑风险管理 [M]. 北京：中国建筑工业出版社，2000.

[13] The Institution of Structural Engineers. Structural Design——The Enginee's Role [M]. published by The Institution of Structural Engineers，Sep. 2011

[14] 周云，李伍平等. 土木工程防灾减灾概论 [M]. 北京：高等教育出版社，2005

[15] CTBUH，F. R. Khan and W. P. Moore，Tall building systems and concepts [M]. American Society of Civil Engineers，1980

[16] Bungale S. Taranath，Reinforecd concrete design of tall buildings [M]. New York，CRC Press，2009

[17] 林同炎. 结构概念与体系（第二版）[M]. 北京：中国建筑工业出版社，1999

[18] 傅学怡. 实用高层建筑结构设计（第二版）[M]. 北京：中国建筑工业出版社，2010

[19] 沈祖炎，陈扬骥. 网架与网壳 [M]. 上海：同济大学出版社，1997

[20] 丁洁民，张峥. 大跨度建筑钢屋盖结构选型与设计 [M]. 上海：同济大学出版社，2013

[21] 陈志华. 张弦结构体系 [M]. 北京：科学出版社，2013

[22] 刘锡良. 现代空间结构 [M]. 天津：天津大学出版社，2003

[23] 上海市城乡建设和交通委员会科学技术委员会. 上海大型公共建筑设计：办公和商业建筑 [M]. 上海：上海科学技术出版社，2010

[24] 上海市城乡建设和交通委员会科学技术委员会. 上海大型公共建筑设计：教育科研和展演建筑 [M]. 上海：上海科学技术出版社，2010

[25] 上海市城乡建设和交通委员会科学技术委员会. 上海大型公共建筑设计：体育医疗和交通建筑 [M]. 上海：上海科学技术出版社，2010

［26］　何亚伯. 建筑经济与企业管理［M］. 武汉：武汉理工大学出版社，2005

［27］　布正伟. 结构构思论——现代建筑创作结构运用的思路与技巧［M］. 北京：机械工业出版社

［28］　吕西林等. 建筑结构抗震设计理论与实例［M］. 上海：同济大学出版社，2002

［29］　吕西林主编. 超限高层建筑工程抗震设计指南（第二版）［M］. 上海：同济大学出版社，2009

［30］　胡玉银，吴欣之. 建筑施工新技术及应用［M］. 北京：中国电力出版社，2011

［31］　余流. 施工临时结构设计与应用［M］. 北京：中国建筑工业出版社，2010

［32］　张立人. 建筑结构鉴定、检测与加固［M］. 武汉：武汉理工大学出版社，2003

［33］　姚秋来，王忠海，王亚勇等. 厦门中山南音宫结构加固改造工程设计［J］. 工程抗震与加固改造，2007，29（4）

［34］　山东省建设厅执业资格注册中心. 工程建设执业资格注册管理文件汇编［M］. 北京：中国海洋大学出版社，2008

［35］　李辉. 建设工程法规［M］，上海：同济大学出版社，2006

［36］　中华人民共和国建设部. 中华人民共和国工程建设标准体系（城乡规划、城镇建设、房屋建筑部分）［Z］. 北京：中国建筑工业出版社，2003